財務預算與控制

江濤 編著

崧燁文化

目　　錄

第一章
概論

財務預算是財務管理課程的自然延續，本章在對財務管理課程基本內容進行回顧的基礎上，說明財務管理、財務預算、全面預算三者的關係，然后通過對預算發展過程的回顧，規範預算的內涵與外延，並結合企業發展階段理論說明企業的不同預算管理模式。

第一節　財務管理與財務預算

一、財務管理的基本內容

財務是社會再生產過程中資本的投入與收益活動所形成的特定經濟關係。財務管理通俗來說就是對「錢」的管理。財務管理課程的內容主要包括財務目標、財務活動、財務關係、財務方法等幾個方面。

（一）財務管理的目標及選擇

財務目標是財務學研究的起點，也是任何一本財務學教科書首先需要闡釋的問題之一。企業的目標是創造價值，財務管理作為企業管理的重要內容，就是通過資本運作實現企業的總體目標。一般而言，財務目標有五種表述方式，即利潤最大化、每股收益最大化、股東財富最大化、企業價值最大化、相關者利益最大化，這是任何學習過財務學的人所熟知的。

但是，財務目標的特點、財務目標間的邏輯關係卻較少被談及。本部分將就這兩個問題進行闡釋。

1. 財務目標的特點

研究財務目標，必須首先明確目標的特點，這是目標選擇的前提。財務目標有如下五個特點：

一是穩定性與變動性。財務目標是在一定的宏觀環境與企業經營方式下，由人們總結實踐活動而提出來的。在一定的階段，它有自身的穩定性，不能隨意更改；而隨著內外環境的變動，以及人們認識的深化，財務目標也有可能發生變化。

二是整體性與層次性。財務目標是企業財務管理這個系統順利運行的前提條件，同時其本身也是一個系統。財務管理活動有籌、投、分三個基本層次，在明確財務總體目標的同時，各分層次活動的目標必須以總目標為導向，並各有自身的特性與內容。

三是可度量性與可操作性。財務目標要有定性的要求，同時也必須可度量，以便於付諸實踐；在計量的基礎上，財務總目標及分解落實給各部門、各單位的具體目標，應該是執行者所能管得住、控製得了的。企業通過目標的制定、落實、執行、核算、分析、考核與獎懲，最終實現財務活動和預算管理的良性循環。

四是理性的標準。理性是指按照事物發展的規律和自然進化原則來考慮問題和處理事情，考慮問題時不衝動、不憑感覺做事情。同時，不能和道德的標準相混淆，如「社會責任最大化」之類的提法，很難度量，而且不同的執行人對其理解不同，故其難以起到對財務活動的引導作用。

五是短期利益與長期利益的結合。

需要指出的是，對於上述財務目標的五個特點，最為關鍵的是可度量性，它可以作為判斷各種財務目標的基本標準。

2. 各種財務目標的邏輯關係

（1）利潤最大化的兩個層次。

利潤有經濟利潤和會計利潤之分。一般認為，1900 年巴舍利耶發表的《投機理論》是財務學從經濟學中獨立出來的標誌。因此，財務學既然分支於經濟學，其在目標研究的過程中，自然首先採用了經濟利潤最大化的觀點。但是，由於隱性成本和機會成本難以準確度量，會計利潤最大化逐步取代了經濟利潤最大化，成為財務管理的目標。會計利潤雖然易於度量，但是有著四個缺陷，即絕對數指標、未考慮貨幣的時間價值、未考慮風險、容易引起短期化行為。

可以看出，正是由於經濟利潤不具備可度量性，才逐步演化出會計利潤最大化的目標，但會計利潤最大化具有缺陷，其他目標都是為了克服這四大缺陷而提出的。

（2）每股收益最大化——對會計淨利潤最大化的初步修正。

針對會計利潤最大化的第一個缺陷，即絕對數指標，每股收益最大化的目標得以提出，它作為一個相對數指標，有利於不同規模企業之間進行比較。但是，該目標仍然無法克服其他三大缺陷，因此該目標僅僅是對會計利潤最大化的初步修正。

（3）股東財富最大化——對會計利潤最大化的最終修正。

股東財富，源於股票為其持有者帶來的未來現金流，即分紅，用公式可以表示為 $P_e = \sum_{t=1}^{\infty} \frac{D_t}{(1+i)^t}$。通過公式，可以看出股東財富最大化的目標可以克服會計利潤最大化的四個缺陷。第一，D_t 有兩種解釋：若解釋為第 t 年公司的總分紅數，則 P_e 代表公司股權的總價值；若解釋為第 t 年公司每股股票的分紅數，則 P_e 代表公司股票的每股股價。因此，股東財富最大化既是絕對數指標，也是相對數指標。第二，公式對公司每年的分紅進行了折現，考慮了未來現金流的時間價值。第三，按照風險與收益相匹配的原則，更高的貼現率 i 對應了更高的風險，因此公式考慮了未來現金流的風險。第四，由於 t 的取值範圍涵蓋了持續經營公司的每個時間點，因此不可能出現短期化行為。

股東財富最大化在克服了會計利潤最大化缺陷的同時，卻由於公式中的分子 D_t 難以準確度量，分母 i 難有統一看法，最終造成了股東財富難以度量，這使得問題回到了經濟利潤最大化的起點。為解決股東財富的可度量性，必須接受法碼的有效市場假說，即假定股東財富有一個活躍的二級市場，通過這個有效的市場所形成的價格可以間接解決股東財富的度量問題，這個現實中的二級市場，即為股市。因此，當採用有效市場假設，並將財務管理的研究對象聚焦於上市公司，股東財富最大化就成為教科書所普遍接受的財務目標。

（4）企業價值最大化——對股東財富最大化的修正。

股東財富最大化將財務管理的目標定位於股東，卻忽視了上市公司另外一個重要的資本提供者，即債權人。為兼顧股東和債權人兩者的利益，企業價值最大化的目標得以提出。企業的價值，源於企業在未來存續過程中產生的現金淨流入，用公式表示為 $P_a = \sum_{t=1}^{\infty} \frac{NCF_t}{(1+i)^t}$。基於股東財富公式的相同原理，企業價值最大化可以克服會計利潤最大化的缺陷，尤其是后三個缺陷，即時間價值、風險價值、短期化行為。

然而，同樣基於股東財富公式的相同原理，由於企業價值公式的分子與分母不能準確計量，企業價值也存在度量方面的難題。解決企業價值的度量問題，比股東財富更加困難，因為現實中並不存在企業價值或公司總資產的二級市場，更不用說活躍、有效的二級市場。因此，必須通過更加迂迴的方法，解決企業價值的度量問題。首先，按照會計方程式「資產=負債+所有者權益」，企業價值可以表示為債權價值與股權價值之和，若能解決后兩者的度量問題，企業價值的度量問題便迎刃而解。其次，股權價值只要假設股市有效即可解決，而債權價值的度量存在難度——雖然債權存在二級市場，但是除了公司債券市場可以假定有效外，有關銀行借款和應付帳款等債務在現實中的二級市場根本不活躍，我們不能「掩耳盜鈴」式地假定其有效。再次，雖然債權無有效的二級市場，但是債權的價值相對於股權價值來說，其波動性極低，可以近似認為其不波動，若假定債券價值為常數，公司價值或說總資產價值就與股權價值完全正相關，其度量性問題則得以迂迴地解決。

由於企業價值最大化在克服會計利潤最大化缺陷的同時，又具有可度量性，並且兼顧了股東和債權人雙方的利益，因此教科書也廣泛採用此種觀點。但需要指出的是，按照上述的邏輯，企業價值最大化和股東財富最大化實則是同一目標的不同表述，因此在分層次的財務活動中，會有不同的表述。比如，分配活動的目標表述為「確定最佳的股利政策，實現股東財富最大化」；而籌資活動的目標則表述為「確定最佳的資本結構，實現企業價值最大化」。

(5) 相關者利益最大化——對企業價值最大化的修正。

股東財富最大化與企業價值最大化兩個目標，都是基於資本至上主義，而沒有考慮到企業其他利益相關者的訴求，因此相關者利益最大化的目標得以提出，並得到很多人的支持。筆者對此持保留意見。理論上，企業是各類利益相關者的契約的組合，兼顧各相關者的利益是符合道德標準的。但是，現實中存在兩個致命缺陷：首先該目標不具有可度量性，無法對執行者行為提供明確的指導與評價；其次，該目標是道德的，但並非理性的，各利益相關者存在著各種各樣的衝突與矛盾，且難以調和，企業內很難出現「看不見的手」引導每個利益相關者在追求自身利益最大化的同時實現企業整體福利最大化，而「囚徒困境」則成為相關者們尋求合作路徑中的「幽靈」。因此，相關者利益最大化不能成為一個科學的財務目標。

3. 財務目標的最終結論

股東財富最大化和企業價值最大化成為財務目標的最終選擇，這是遵循財務目標自身特徵而做出的理性選擇，其基本邏輯關係可以通過圖 1-1 表示。

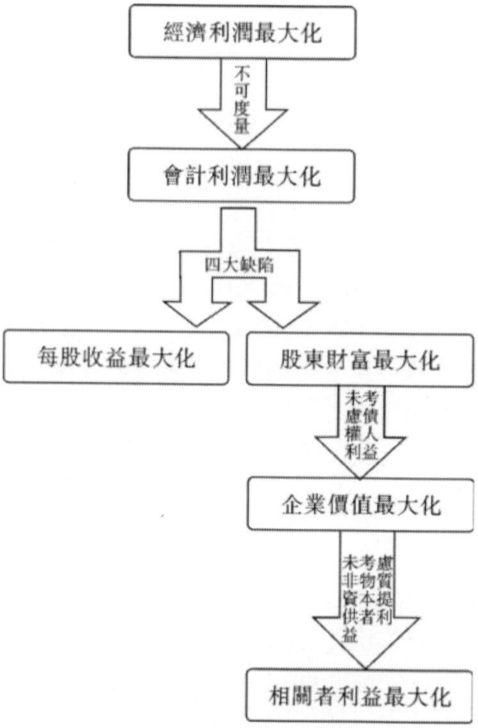

圖 1-1　財務目標邏輯圖

(二) 財務活動

財務管理作為一種資金管理活動，形象地說就是籌集材料、做大「蛋糕」、分「蛋糕」的過程，因此財務活動的基本分類就是籌資、投資和分配，簡稱「三分法」。在理論和實務中，出於不同考慮，財務活動也可以有其他的分類。如鑒於流動資產的特殊性，將「流動資產管理」從總投資的管理中分離出來，「三分法」將演化為「四分法」；「四分法」后，非流動資產主要包括兩類，即固定資產和證券投資，因此可以最終將財務活動分為籌資、流動資產投資、固定資產投資、證券投資、分配五類，這就是「五分法」。

當然，在個別教材中，也有將「三分法」濃縮為「二分法」的做法。看到這裡，建議大家先思考幾分鐘：三大活動會剔除哪個？為什麼？

答案是「分配活動」。因為分配活動的目標是選擇最佳股利政策實現股東財富最大化。股利政策的核心是股利支付率，作為硬幣的另外一面就是「留存比率」。留存收益是會計學的稱謂，在財務管理中稱為「內部融資」，因此，當企業選擇了最佳內部融資比率的同時，其實也就選擇了最佳的股利支付比率，那麼分配活動可以被納入廣義的籌資活動之中，「三分法」變成了籌資與投資的「二分法」。

其實，財務活動如何分類並不重要，重要的是對分類規則的理解。

（三）財務關係

企業是各類利益相關者所簽訂的契約的組合，各利益相關者作為理財主體，在企業中必然形成各種各樣的利益關係，這便是財務關係。企業的利益相關者主要包括股東、債權人、經營者、員工、顧客、供應商、社會行政事務組織等，其中股東、債權人和經營者是最為重要的三個利益相關者，下面將主要說明這三者相互之間的關係與矛盾協調。

1. 股東與經營者的關係

股東作為上市公司的所有者，擁有終極所有權，通過將公司的經營權委託給董事會進而委託給管理層，公司最終擁有了法人財產權。在股東與經營者的關係處理中，經營者傾向於利用信息優勢侵害股東利益，主要表現為投資過度（Jesen and Meckling，1976）、在職消費、企業不能成功清算。股東與經營者的利益衝突與協調的邏輯主要表現為：

首先，兩權分離下，經營者能夠時刻代表股東利益嗎？答案是否定的，主要原因有二：一是兩者目標不一致，二是股東不能時刻有效地監控經營者。

其次，如果經營者不能時刻代表股東利益，則會產生代理成本，那麼需要進一步回答的問題是「能否消除代理成本」。理論上這是可以的，即迴歸到獨資企業的古典模式，當然這與企業發展的歷程相悖。那麼從現實角度出發，應該解決的問題是「如何降低代理成本」。降低代理成本的方法就是激勵與約束，即「胡蘿卜加大棒」。其中，常規的激勵手段包括現金獎勵、股票獎勵等，而特殊的激勵手段包括股票期權和「金色降落傘計劃」等。約束即公司治理，包括了內部治理與外部治理。其中，內部治理即董事會治理問題；外部治理包括法律、產品市場、資本市場（用腳投票與控製權市場）、債權人治理、稅務治理等。

2. 股東之間的關係

股票分為普通股和優先股兩類，上市公司股東間的關係自然包含了普通股股東與優先股股東的關係。此外，由於股權結構的差異，普通股股東分為大股東、中小股東和機構投資者，這裡主要說明的是大股東與中小股東的關係。大股東通常利用股權優勢控製董事會而擁有信息優勢並借此侵犯中小股東的利益，實踐中的主要表現是減少分紅數量、關聯方交易、侵吞公司資產等，在金字塔的公司集團模式中，這種利益的侵害更為明顯。

3. 股東與債權人的關係

作為上市公司物質資本的提供者，股東和債權人本應擁有各自契約規定的權益，但是由於很多國家法律的規定，債權人無法進入董事會而處於信息劣勢的地位，這為股東侵害債權人的利益提供了制度支持。其表現方式主要有資產替代（Jesen and Meckling，1976）與投資不足（Myers，1977）。股東這種作為在經濟學中稱為事后的「道德風險」，而債權人將通過「保護性條款」等方式事前保護自身利益，在矛盾無法調和的情況下可能會引發事前的「逆向選擇」。

4. 小結

上述的三類關係，可以歸結為委託代理關係或者內部人與外部人的關係。所謂「委託代理」，是泛指任何一種涉及非對稱信息的交易，交易中有信息優勢的一方稱為代理人，處於信息劣勢的一方稱為委託人。

三種委託代理關係中，需要明確哪種關係是最主要的關係或最主要的矛盾，而這取決於各國的國情和公司的股權結構。在股權高度分散的上市公司中，不存在控股股東造成所有者權力弱化，從而引發「弱勢的股東」與「強勢的經營者」的現象，此時公司的主要矛盾將是股東與經營者之間的矛盾；而在股權相對集中的上市公司中，經營者自利行為首先將侵犯控股股東的利益而引發職務不保，因此經營者會依附於控股股東並代表控股股東侵犯中小股東的利益，此時公司的主要矛盾將是大股東與中小股東之間的矛盾。

另外，股東與債權人之間，其實不存在真正的委託代理關係，因為兩者只會在公司破產清算時發生直接關係，即公司權力從「股東大會」向「債權人會議」轉移。在公司日常經營過程中，兩者矛盾的表現形式是經營者站在股東的立場上侵犯債權人的利益。

（四）財務方法

在財務工作中，為了科學組織各種複雜的財務活動、處理各種財務關係並最終實現財務管理目標，必須採取一系列科學的財務管理方法。完整的財務管理方法體系包括組織、預測、決策、計劃、控製、核算、分析、監督、考核等。從財務學的角度看，財務組織、會計核算、財務監督、業績考核分別是管理學、會計學、審計學和人力資源學的內容，因此財務學更關注預測、決策、計劃、控製、分析五個內容。

其中，財務預測是對企業計劃期財務指標的測算，是在過去與現在的財務資料的基礎上，對未來財務活動和財務指標的估計；財務決策是根據企業總體目標，確定各項具體財務奮鬥目標，並在兩個以上的財務方案中選定一個達到某項財務奮鬥目標的合適方案的過程；財務計劃是規定計劃期內的利潤、收入、費用、資金占用、投資與投資規模，反映著企業與有關各方面的財務關係，是組織企業財務活動的綱領；財務控製是根據財務計劃及相關規定，對實際財務活動進行對比檢查，發現偏差、糾正偏差的過程；財務分析是對造成財務偏差的主觀與客觀因素進行揭示，並測定各影響因素對分析對象的影響程度，提出糾偏的對策的過程。

上述的各種方法，從財務學的角度看是財務管理方法體系，而從預算的角度看就是「預算管理」或「廣義預算」，其中計劃可以認為是狹義的預算，預算是量化的計劃或者說計劃的量化過程。

二、財務管理、財務預算與全面預算

通過對財務管理基本內容的回顧，我們可以發現財務目標是財務學的研究邏輯起點，財務活動和財務關係是財務學的基本內容，財務方法是組織財務活動、處理財務關係、實現財務目標的手段。而財務管理方法體系實際上就是財務預算的方法體系，這樣就可以從財務管理自然過渡到財務預算，財務預算是財務管理從理論向實踐發展的產物。

在財務目標的選擇過程中，其假設前提是有效的資本市場，而帶來的結果是財務學研究對象是上市公司。與財務管理不同，由於財務指標的差異，財務預算在不同類型的企業中存在巨大差異，本書主要選擇「製造類企業」為研究對象，其目標是「利潤最大化」。至於選擇製造類企業的原因，在於該類企業中存在著完整意義上的收入中心、成本中心和費用中心，便於預算編制、執行與控製的說明。

至於財務預算與全面預算，財務預算是指在財務預測、財務決策的基礎上，圍繞企業戰略規劃與經營目標，對一定時期內的資金取得與投放、各項收入和支出、企業經營成果及其分配等資金運動所做的具體安排；全面預算是利用財務預算對企業各類財務與非財務資源進行分配、考核、控製，以便有效地組織和協調企業的各種經濟活動，完成既定的經營目標。可以說財務預算是全面預算的重要組成部分和最終工作成果。本書從財務的視角，以管理學為基礎，主要闡述財務預算的理論與實踐問題。

第二節 預算發展史

一、政府預算的產生與發展

最早的預算是從政府預算開始萌發進而發展的。人類從奴隸制社會開始出現了國家的概念，國家與政府的有效運行需要財政收入與支出，由此產生了對財政收支合理規劃的需求，政府預算也就應運而生。

現代意義的政府預算產生於 13 世紀英格蘭金雀花王朝統治時期。連年的戰爭、

高額的稅負，引發了英格蘭國王與貴族的內部戰爭。1215 年，失地王約翰與貴族簽訂了著名的《大憲章》，並規定國王未經議會批准不能任意徵稅。此后英格蘭議會規定政府的各項財政支出必須事先做出計劃，並經議會審查通過方可執行。從 1640 年英國三級議會失敗開始，英國經歷了內戰、查理一世的死刑、克倫威爾專政、查理二世的復闢，最終於 1688 年進行了「光榮革命」，地主階級與資產階級相互妥協，國王變成名義上的君主。1689 年的《權利法案》規定財政權力永遠屬於議會，王國、皇室的開支都有明確的數額規定並不得隨意使用，國家機關和政府官吏在處理財政收支時，必須遵守相關的法律與規章。至此，現代政府預算最終形成。

在中國，清光緒帝 34 年即 1908 年頒布了《清理財政規章》，宣統帝 2 年即 1910 年起，清王朝的清理財政局主持編制預算工作，這是中國數千年封建史上第一次正式編制政府預算。

總之，這種具有一定法律形式和制度保證的國家財政分配關係，就是政府預算，其具體表現形式就是財政收支計劃。

二、企業預算的發展過程

（一）國外企業預算的發展史

企業規模的擴大是預算產生的前提，現代意義的企業預算產生於 19 世紀末，在百餘年的發展過程中，經歷了引入期、發展期和成熟期三個階段。

1. 引入期（19 世紀 90 年代—20 世紀 20 年代）

最早將預算管理應用於企業管理的是美國。19 世紀 90 年代至 20 世紀 20 年代，美國經歷了兩次併購浪潮從而使企業規模迅速擴張。1890 年，美國通過謝爾曼法案，禁止企業間的聯合定價即卡特爾行為，但並不禁止同行業的橫向兼併，由此出現了聯合鋼鐵、美國菸草、標準石油等巨型壟斷企業。1914 年，克萊頓法案的出抬逐漸平息了第一次併購浪潮。第一次世界大戰后，美國工商業得到迅猛發展，加之股市的繁榮為美國公司提供了巨額資金，以縱向兼併為代表的第二次併購浪潮開始，但其因 1929 年的金融危機戛然而止。兩次併購浪潮促成集團公司的大量湧現，企業規模擴大，管理的分權化成為必然。如何做到分權管理的同時又能有效控製企業，成為企業發展中的一個突出的問題，美國企業界、理論界開始了預算管理的探索。

企業界的代表是杜邦公司與通用汽車公司。

杜邦公司成立於 1802 年，專門從事炸藥生產並由家族控製，擁有遍布美國各地的採購、生產、銷售縱向一體化網路，分廠超過 40 家。1899 年，管理者尤金・杜邦去世，由於缺乏強有力的接班人，傳統的經營管理秩序幾近崩潰。1902 年，三名杜邦家族兄弟以 2,000 萬美元的天價接手了杜邦公司，並首創事業部管理體制，利用經營預算、現金預算和資本預算等手段有效地將財權和監督權集中起來，成為縱向一體化集團公司預算管理的典範。

通用汽車成立於 1908 年，創始人威廉・杜蘭特尤其擅長企業併購，在公司創立后兩年就通過換股等方法兼併了凱迪拉克、別克、龐蒂克、悍馬、奧兹莫比爾等20多家知名的汽車製造企業，據說其曾經因為300萬美元的資金缺口而喪失了收購福特公司的機會。由於杜蘭特缺乏對下屬公司業務的有效協調，公司陷入財務危機，最終被摩根銀行接管，杜蘭特也被擠出公司。次年杜蘭特與路易斯·雪佛蘭共同組建雪佛蘭汽車公司，並於1916年重新奪回通用汽車的控製權。但基於同樣的原因，公司再次陷入財務危機，杜蘭特於1920年永遠離開了公司。1923年，斯隆入主通用汽車公司，針對公司產品多樣化的特點，建立了多分部的組織結構，通過「分散權責、集中控製」的預算管理方法，使通用汽車擺脫了財務危機並成為横向一體化集團公司預算管理的典範。

1911年，「科學管理之父」泰勒創立「科學管理」學說，其首創的標準成本(Standard Cost)、預算控製（Budget Control)、差異分析（Variance Analysis）等方法成為其后預算管理中的常用方法。1922年，美國成本會計師協會展開了「預算的編制與使用」專題研究，並掀起了預算管理理論研究的浪潮。同年，「美國管理會計創始人」麥金西發表《預算控製論》一書，首次將預算管理的理論與方法從控製論的角度進行了系統闡釋。

1921年美國國會頒布了《預算與會計法》，首次從立法角度確立了國家預算制度，同時使預算管理的職能為大眾所瞭解，引起了工商企業紛紛效法，使預算管理成為企業管理的重要工具。

在上述30年的引入期內，美國從立法、理論、實務、研究協會等層面開展了企業預算的研究與探索，建立了自上而下的預算編制與管理模式，預算管理在當時主要資本主義國家的大型企業中得到普及。

2. 發展期（20世紀40年代—20世紀70年代）

第二次世界大戰后，由於競爭的加劇，企業利潤普遍下降，企業內部管理的科學化和靈活適應能力有了進一步的要求。現代科學技術的迅猛發展、跨國公司的大量湧現，加之西方社會對1929年金融危機的深入反思，都推動著企業管理當局開始重視預測與決策工作。彈性預算法、變動成本法、差額分析法、盈虧平衡點分析、現金流量分析等大量先進的管理理論與方法得到運用。各種新興的管理學派也紛紛出現，在這些管理思想和管理學派的影響下，預算管理的理論與實踐得到快速發展。

發展期代表性的理論有四種：

(1) 20世紀40年代，行為科學管理學派應用社會學和心理學的原理和方法，研究了如何調整人與人之間的關係，引導並激勵人們在生產經營活動中的主觀能動性。預算管理吸收該學派的思想，提出自上而下、自下而上相結合的「兩上兩下」的預算編制程序，形成了參與型的預算管理模式，使得企業各個層次的管理者和關鍵崗位的員工參與預算的編制過程。

(2) 20世紀50年代，數理管理學派將數理經濟學和運籌學的方法引入管理學研究，預算管理吸收該學派思想，建立了數學模型以描述複雜的經濟現象，並通過計算機的驗算，促進了預算管理在預測、決策、編制、執行、控製等方面的定量化與科學化。

（3）20 世紀 60 年代，系統管理學派將系統論原理引入管理學研究，認為企業是一個有一定目的、由相互聯繫的各個部分所組成的有機整體，企業管理應當處理好整體與局部、集體與個人、長期與短期的關係，該理論促成了預算的全過程預算管理體系的構建。

（4）20 世紀 70 年代，靈活管理學派促成了「零基預算」（Zero－based budgeting）理論的形成。德州儀器公司首次將零基預算的方法應用於企業費用預算的編制。由於石油危機引發的經濟滯脹，美國政府開支捉襟見肘，時任佐治亞州州長的卡特將零基預算方法引入州預算，並於 1979 年入主白宮后將該方法引入美國聯邦預算。

在上述近 40 年的發展期內，預算管理在理論層面得到完善，並在實踐中得到發展，最終成為當時西方發達國家企業管理的重要工具之一。

3. 成熟期（20 世紀 80 年代至今）

20 世紀 80 年代，人類進入信息時代，預算管理的信息化標誌著企業預算進入成熟期。

1990 年，美國加特納諮詢公司（Gartner Group）首次提出了企業資源計劃（ERP，Enterprise Resource Planning）。ERP 是建立在信息技術基礎上，以系統化的管理思想，為企業決策層及員工提供決策運行手段的管理平臺。ERP 系統支持離散型、流程型等混合製造環境，應用範圍從製造業擴展到了零售業、服務業、銀行業、電信業、政府機關和學校等事業部門，通過融合數據庫技術、圖形用戶界面、第四代查詢語言、客戶服務器結構、計算機輔助開發工具、可移植的開放系統等對企業資源進行了有效的集成。

預算管理是 ERP 系統中財務管理模塊的一個子模塊。經過多年的研發，國外出現了 Oracle（Hyperion）和 SAP（BO）兩大巨頭企業，國內的用友、金蝶、浪潮等知名的 ERP 廠商也開發了全面預算的軟件。當然這些軟件的使用花費巨大，並不是中小企業能夠承受的，而最為基本的信息化工具，即 Excel 軟件可以應對中小企業的需要，本書也將使用 Excel 作為案例講解的工具。

（二）國內企業預算的發展史

中國的企業預算發軔於 19 世紀 60 年代的洋務運動時期，在「中學為體、西學為用」思想的指導下，一些近代企業得以建立並引入預算思想的雛形。新中國成立前，由於民族工商業的緩慢發展，預算管理的實踐也處於停滯的階段。

新中國成立后近 30 年的計劃經濟時代，中國國有企業建立了計劃管理模式。「一五」期間，為加強企業管理，國家推行了企業經濟核算制度，企業內部開展了班組經濟核算；「二五」期間實行了流動資金統一計劃、分口管理。當然對於這一階段的管理是否屬於預算管理，理論界存在著一定的爭議，本書將在第二章中對該問題進行說明。

20世紀80年代是計劃經濟向市場經濟過渡的時期。1984年，全國第二次企業管理現代化座談會在總結各地經驗的基礎上，重點推薦了經濟責任制、全面計劃管理、全面質量管理、全面經濟核算、統籌法（網路技術）、優選法（正交試驗法）、系統工程、價值工程、市場預測、滾動計劃、決策技術、ABC管理法、全員設備管理、線性規劃、成組技術、看板管理、本量利分析和微型電子計算機這18種現代管理辦法，並在企業中進行了推廣與運用。

1992年中共十四大的召開標誌著中國進入社會主義市場經濟時代。1993年十四屆三中全會提出了「產權明晰、權責明確、政企分開、管理科學」的現代企業制度的概念。1994年，中國新興鑄管聯合公司率先推行了全面預算管理。客觀地說，20世紀90年代中國國有企業正經歷著新中國成立后最為困難的階段，預算管理並未得到很好的實行。

1998年，隨著國有資產管理局的撤銷，中國國有資產管理體制進入「五龍治水」的階段。2000年9月，國家經貿委在《國有大中型企業建立現代企業制度和加強管理的基本規範（試行）》中規定「建立全面預算管理制度」；2001年4月，財政部在《企業國有資本與財務管理暫行辦法》中規定「企業對年度內的資本運營與各項財務活動，應當實行財務預算管理制度」；2002年4月，財政部在《關於企業實行財務預算管理的指導意見》中進一步提出企業應實行包括財務預算在內的全面預算管理。這些行政規章的頒布，標誌著預算管理的理念得到各界的認同，並開始進入規範和實施階段。

2003年國有資產監督管理委員會成立，2007年9月國務院發布《關於試行國有資本經營預算的意見》，2008年10月第十一屆全國人大常務委員會通過《中華人民共和國企業國有資產法》，這是新一輪國有資產管理體制改革的產物。國有資本經營預算，是國家以所有者身分對國有資本實行存量調整和增量分配而發生的各項收支預算，是政府預算的重要組成部分。根據《預算法實施條例》第二十條的規定，各級政府預算按照復式預算編制，分為政府公共預算、國有資產（本）經營預算、社會保障預算和其他預算。根據政府預算統一、完整的原則，國有資本經營預算的編制、審批與執行不應脫離國家財政預算部門。作為政府復式預算的重要組成部分，其編制主體仍應為國家財政部門，並納入各級政府財政預算管理，同財政公共預算一併報請本級人民代表大會批准后執行。

21世紀以來，中國國有企業成功渡過了改革的陣痛期，躋身世界500強的企業逐年增加。隨著經濟的迅速崛起，中國企業管理水平實現了飛躍，預算管理也在各類行業的大中型企業中得到了推廣。

第三節　預算的內涵與外延

一、預算的內涵

預算，通俗地說就是對未來活動的計劃與安排。在各種政府文件、研究文獻、教科書和企業內部規章制度中，它有不同的稱謂，如企業預算、全面預算、財務預算等。

企業預算，即全面預算，是利用財務預算對企業各類財務與非財務資源進行分配、考核、控製，以便有效地組織和協調企業的各種經濟活動，完成既定的經營目標。

財務預算是指在財務預測、財務決策的基礎上，圍繞企業戰略規劃與經營目標，對一定時期內的資金取得與投放、各項收入和支出、企業經營成果及其分配等資金運動所做的具體安排。

通過概念比較可以看出，財務預算是全面預算的組成部分，主要關注價值管理，即未來資金活動的計劃與安排。本書是為財務管理和會計專業學習而編寫的教材，主要關注財務預算的研究。

二、預算的外延

預算種類繁多，可以從不同角度、按照不同的標準將其劃分為若干類型。本書主要從預算的內容和預算編制的方法兩個角度分別對其加以說明。

1. 根據內容不同，預算可以分為經營預算、專門預算和財務預算

該分類方法也是本書章節劃分的依據之一。

(1) 經營預算，亦稱業務預算，是指與企業日常經營活動直接相關的經營業務的各種預算。按照其涉及的業務內容，經營預算可以進一步細分為銷售預算、生產預算、存貨預算和期間費用預算四類。

①銷售預算是對預算期內預算執行部門銷售各種產品或勞務可能實現的銷售量和銷售單價的預算。

②生產預算是對預算期內所要達到的生產規模和產品結構的預算，主要指產量的預算。

③存貨預算是對預算期內各類存貨數量與單價的預算，由於存貨種類眾多，結合預算管理要求，可以分為採購環節、生產環節和銷售環節三類預算。

其中，採購環節的存貨包括外購商品、外購原材料、低值易耗品和包裝物等；生產環節的存貨包括直接材料、直接人工、製造費用三種，直接材料是生產產品所需的各種直接材料，直接人工是生產產品所需的直接人工和福利費，製造費用是為生產多種產品共同耗用的間接費用；銷售環節的存貨指驗收入庫后、對外銷售前的

產成品。

需要說明的是，在製造類企業中還存在輔助生產成本的核算，主要是針對預算期內輔助生產車間發生的各種費用的預算，其最終會轉化為直接材料或製造費用。

④期間費用預算是指企業在預算期內組織生產經營活動所必要的管理費用、銷售費用（營業費用）和財務費用的預算。

（2）專門預算是指企業不經常發生的、一次性的重要決策預算，主要包括長期投資預算和籌資預算兩類。

①長期投資預算亦稱資本預算，是對預算期內各種資本性投資活動的預算，主要包括固定資產投資預算、權益性投資預算、債券投資預算、研發預算。

②籌資預算是對預算期內企業各種融資方式，如長短期借款、發行債券、發行股票、利潤分配、還本付息的預算，可以細分為經營籌資預算和項目籌資預算，兩者分別是對短期融資和長期融資的預算。

（3）財務預算是指企業在預算期內反映有關財務狀況、經營成果和現金收支的預算，主要包括資產負債表預算、利潤表預算和現金預算。財務預算是在經營預算和專門預算的基礎上從價值的角度對企業預算期業務的總括反映。也就是說，業務預算和專門預算中的資料都將以貨幣金額反映在財務預算之中，從而使財務預算成為各項業務預算和專門預算的整體反映，所以財務預算亦稱「總預算」，而其他預算可以相應地認為是輔助預算或分預算。

2. 按業務量的基礎不同，預算分為固定預算和彈性預算

（1）固定預算，亦稱靜態預算，是指編制預算時，只將預算期內正常、可實現的某一固定業務量（如銷售量、產量）水平作為唯一基礎編制的預算。固定預算方法由於存在適應性差、可比性差的缺陷，一般僅適用於經營業務穩定、產品產銷量穩定，能夠相對準確預測產品需求與成本的企業。

（2）彈性預算，亦稱動態預算，是在成本性態分析的基礎上，依據業務量、成本、利潤間的聯動關係，按照預算期內可能的一系列業務量（如產量、銷量、生產工時、機器工時等）水平編制的系列預算。理論上，該方法適用於企業預算中所有與業務量相關的預算，但實務中主要用於編制成本預算和利潤預算。

3. 按與基期水平的關係，預算分為增量預算和零基預算

（1）增量預算，是以基期水平為基礎，分析預算期內業務量水平及其他相關影響因素的變動情況，通過調整基期項目及數額而編制的預算。增量預算編制的有效性有兩個前提，即現有業務活動是企業所必需的、原有業務是合理的。該方法主要適用於銷售收入預算。

（2）零基預算是以零為基礎編制的預算，預算編制時不考慮以往期間的項目和數額，而主要根據預算期內的需要和可能分析項目與數額的合理性，綜合平衡編制預算。該方法主要適用於費用預算。

4. 按預算期的時間特徵不同，預算分為定期預算和滾動預算

（1）定期預算是以固定不變的會計期間作為預算期間編制的預算。理論上，定

期預算有長期預算與短期預算之分，其中預算期在一年以上的預算稱為長期預算，預算期在一年以內（含一年）的預算稱為短期預算。實踐中，是不存在長期預算的。定期預算可以保證預算期間與會計期間在時期上配比，便於依據會計報告的數據與預算進行比較，評價與考核預算的執行情況。

（2）滾動預算是在上期預算完成的基礎上，調整和編制下期預算，並將預算期間逐期連續向后滾動推移，使預算期保持一定的時間跨度，在具體的預算編制過程中可分為逐月滾動、逐季滾動和混合滾動。理論上，滾動預算能夠保持預算的連續性，有利於考慮未來業務活動，結合企業近期和長期目標，使預算隨時間的推進不斷調整和修訂，從而充分發揮預算的指導和控製作用。

5. 按預算的主體不同，預算分為部門預算和總預算

（1）部門預算，就是以企業各職能部門或責任中心為主體編制的預算。

（2）總預算是反映企業總體情況的預算。

商業銀行總行的預算屬於總預算，而各分行、支行的預算屬於部門預算。

三、戰略規劃

戰略規劃是企業對未來發展的具體安排，是在不斷變化的內外環境中，為求得持續發展而做出的總體性規劃，是企業經營理念的理性反應，也是預算管理的前提。

制定企業的遠期發展戰略是確定企業核心價值的重要手段。每個企業要想在未來 10 年、20 年內繼續有所作為，就必須有核心價值。從 1999 年起，中國大中型國有企業開始推行戰略管理，十五屆三中全會也明確指出要重視企業發展戰略的研究，國家制訂的「十五」計劃也對戰略管理和戰略規劃進行了充分研究。

戰略規劃與企業預算的關係及內容如圖 1-2 所示。

四、預算管理模式與企業生命週期

預算管理模式是圍繞預算目標、對象、方法、方式等形成的，具有一定特徵的預算管理體系。不同企業的預算管理模式是有區別的，從不同角度對企業的預算管理模式進行的劃分也是多樣的，如從管理體制上可以將預算管理模式分為集中型、分散型和折中型模式。本書主要基於企業生命週期理論，研究不同階段預算管理的重點。

（一）企業生命週期理論簡介

企業生命週期是企業的發展與成長的動態軌跡，包括創立、成長、成熟、衰退四個階段。企業生命週期理論的研究目的就在於試圖為處於不同生命週期階段的企業找到能夠與其特點相適應，並能不斷促使其發展延續的特定組織結構形式，使得企業可以從內部管理方面找到一個相對較優的模式來保持企業的發展能力，並在每個生命週期階段內充分發揮特色優勢，進而延長企業的生命週期，幫助企業實現自身的可持續發展。

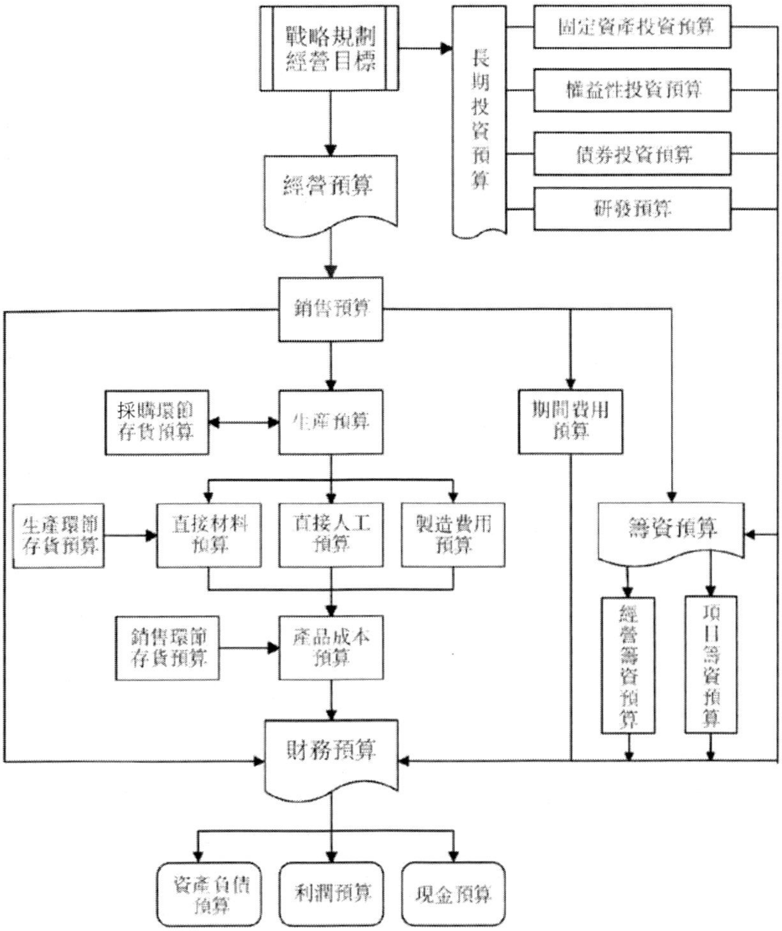

圖 1-2　企業戰略規劃與企業預算圖

有兩種主要的生命週期方法：一種是傳統地、相對機械地看待市場發展的觀點，可稱之為產品生命週期或行業生命週期；一種是觀察顧客需求如何隨著時間演變而用不同的產品和技術來滿足的觀點，可稱之為需求生命週期。

其中，行業生命週期是一種常用的方法，能夠幫助企業根據行業是否處於成長、成熟、衰退或其他狀態來制定適當的戰略。這種方法假定企業在生命週期（發展、成長、成熟、衰退）每一階段中的競爭狀況是不同的。

對需求生命週期更有建設性的應用是需求生命週期理論。這個理論假定顧客（個人、私有或國有企業）有某種特定的需求（娛樂、教育、運輸、社交、交流信息等）希望得到滿足，在不同的時候會有不同的產品來滿足這些需求。

（二）不同發展階段的預算管理模式

在企業不同的發展階段，企業管理的重點、目標、戰略、方法有重大差異，而作為管理結果的銷售收入和利潤也有重大差異，如圖 1-3 所示。企業預算管理的重點在不同發展階段也有重大差異。

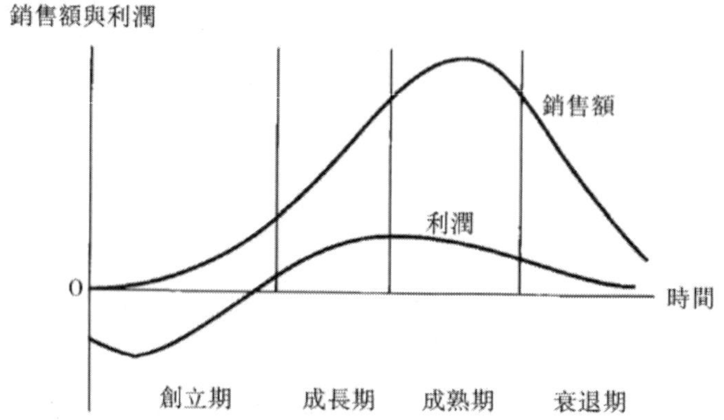

圖 1-3　企業不同發展階段的收入與利潤分析

1. 創立期的預算管理模式

創立期亦稱初創期、引入期或培育期，創立期的企業生產經營活動剛剛開始展開，市場佔有率低，營業收入很少，投入大於產出，利潤一般為負值，屬於苦熬的時期。企業主要的經營活動是通過資本投入形成生產能力與規模。該時期，企業面臨巨大的經營風險，主要表現在兩個方面：一是大量的資本支出引發的大量的現金流出，使得現金流量為負數；二是資本支出的成敗及未來現金流量的大小具有很大的不確定性，投資風險巨大。

創立期企業預算以資本預算為核心，主要對企業總支出進行全面規劃，並從機制與制度設計上確定資本預算的程序與預算方式。具體思路是，對擬投資項目的總支出進行規劃，確定投資項目的預算；加強對投資項目的可行性分析與決策，規劃未來預期現金流量，確定項目預算；結合企業具體情況進行籌資預算，以保證已經上馬的項目資本支出的要求。

總之，創立期企業預算管理的引導策略，不是利潤最大，也不是成本控製，而是資金風險的控製。

2. 成長期的預算管理模式

企業進入成長期，利潤開始由負轉正並快速增長，同時銷售收入以更快的速度增長。成長期主要分為兩個階段：在成長前期，產品開始為顧客所接受，戰略重點為市場營銷，搶占市場、提高市場佔有率是企業發展的第一要務；在成長后期，企業產品定價高，賺錢較容易，這是企業家最有成就感的時期。

在這兩個階段，企業的預算重點均在營銷上，一切資源支持營銷，銷售目標成為預算的主要考核目標。預算管理的主要內容有三：一是以市場為依託，編制積極的銷售預算；二是以「以銷定產」為原則，編制與銷售預算相銜接的採購、生產、成本、費用預算；三是以銷售預算為中心，編制現金預算、資產負債表預算和利潤表預算。

此階段盈利水平高，很少有人關心成本控製。預算管理切忌隨意削減成本，否則可能引發銷售力度的下降。即便有成本不合理的情況，也應該暫時放棄控製，在魚與熊掌中選擇熊掌。

3. 成熟期的預算管理模式

當企業進入成熟期，市場佔有狀況已成格局，這也是市場經濟的規律，即當某個領域出現超額利潤，大量資本便湧入該領域並使得超額利潤下降甚至喪失，此時企業若強行擴大市場份額，其投入與產出將不成比例。企業內部可能出現人浮於事、實干少、務虛多的現象。此時，企業的預算管理重點有兩個，一是轉型，二是控製成本。

有遠見的企業家，應該在成熟期的預算管理中重點強調轉型，包括觀念的轉型、產品的轉型、運營的轉型等，同時引導企業的現金流出方向，避免出現「報復性消費」。

當然，轉型說起來容易做起來難，當無法找到合理的轉型方向時，很多企業在利潤和收入增長放緩的局面下，通常選擇成本控製。這是一種由外部獲利向內部獲利的轉型，通過壓低成本和費用取得新的獲利點，企業將進入一種「上也上不去，下也下不來」的平臺期。該時期企業預算管理應以成本作為考核主導指標，以收入和利潤為輔助指標，但切忌成本的過度轉嫁。

4. 衰退期的預算管理模式

在成熟期轉型不成功而進入平臺期后，企業猶如走鋼絲，一旦失去平衡將迅速步入衰退期，此時的企業特點是：企業持續虧損、市場空間萎縮、企業上下惜錢如命，企業資本雖多但負債率攀升，而且存在大量的應收帳款和存貨。

衰退期的企業，或許會想到轉型的重要性，但是在成熟期不轉型而在衰退期轉型，基本上難於上青天，企業團結的氛圍不再、資金匱乏、前途無望。因此，此時企業預算內管理的重點應該是現金管理，包括現金的盡快回籠、應收帳款和存貨的壓縮。

5. 小結

在企業生命週期的不同階段，企業預算管理的重點不同，但總體而言，預算目標或預算管理的模式，還是以利潤的最大化為重點。我們可以通過表 1-1 對其進行一個總結。

表 1-1　　企業生命週期與企業預算管理

企業發展階段	關鍵預算指標	輔助預算指標
創立期	淨現值	現金收支大體平衡
成長期	銷售收入	利潤和現金回收
成熟期	成本、費用	收入與利潤
衰退期	現金流	利潤
整個生命週期	利潤	現金流

第二章
預算管理的基本理念與認識誤區

企業預算管理是一項綜合性的工程，它既是一項嚴肅的管理制度，又是一種技術性很強的管理方法，同時也是企業運行的動力機制和責權利安排。因此推行預算管理必然牽涉企業的各個方面，需要企業為預算管理提供良好的運行平臺、夯實基礎、建立預算管理的保障體系，而這一切都需要構建預算管理的基本理念，並避免誤解。

第一節　預算管理的基本理念

一、理念與基本理念的含義

《辭海》對「理念」一詞的解釋有兩條，一是「看法、思想，即思維活動的結果」，二是「觀念，通常指思想，有時亦指表象或客觀事物在人腦裡留下的概括的形象」。因此，理念與觀念關聯，上升到理性高度的觀念叫「理念」。

人類以自己的語言形式來詮釋現象——事與物時，所歸納或總結的思想、觀念、概念與法則，稱之為「理念」，如人生理念、哲學理念、學習理念、時空認知理念、成功理念、辦學理念、推銷理念、投資理念或教育理念，等等。具體的表達方式因人而不同，如「忠臣不事二主」與「良禽擇木而栖」，如「唯才是舉」與「德才兼備」，等等。

當某種理念被多數人接受和認同時，這種理念就上升為人們的共同理念，即「基本理念」。從財務角度而言，基本理念包括貨幣時間價值理念、風險與收益相匹配理念；從會計角度而言，基本理念類似於四大基本假設，即會計主體、持續經營、會計分期和貨幣計量。有了基本理念，人們就不必為以前基本的常識與慣例而爭論不休了。

二、預算管理的基本理念

如果人們對預算管理沒有一個基本的、共同的認識，每個人都依照自己的理解來進行預算，那麼結果無外乎兩個：要麼預算管理變了味，不是真正意義上的預算管理；要麼為預算管理該不該做而爭論、為誰負責預算管理而爭論、為誰編制預算而爭論，爭論不休往往會使預算工作難以為繼。預算管理制度在西方發達國家的適用度約為98%，所有跨國公司均採用該制度，更重要的是21世紀以來，中國越來越多的企業也開始實行預算管理制度並取得成功。因此，預算管理是企業的動力機制，企業離不開預算，這是預算管理的第一個基本理念。

既然企業需要預算管理，那麼如何推行？讓企業所有人投票嗎？這種「民主」能夠解決預算管理嗎？答案當然是否定的。預算需要自上而下地推行，而不是自下而上地產生。總之，預算是「一把手工程」，這是預算的第二個基本理念。

企業預算作為對未來經濟活動的一種全面規劃，涉及企業的方方面面。企業要有所建樹就必須做事情，但做任何事情都要花錢，那麼是先目標還是先資源呢？企業預算源於政府預算，而政府預算中一個重大難題就是對做事效果的準確度量。相對於政府預算，企業預算能夠對做事效果進行很好的度量，即用「收入」來度量，那麼矛盾就出現在是先考慮做事效果還是做事條件，即在目標與資源的選擇上，「先目標后資源」要形成共識，否則會出現后文將要談及的「韋爾奇死結」。因此，「價值創造第一、資源消耗第二」是企業預算管理的第三個基本理念。

第二節　預算管理的認識誤區

預算管理是一個容易理解的名詞，但是現實中越容易理解，越容易讓人望文生義、口口相傳，從中加入較多個人理解甚至完全謬誤的內容。預算管理中的認識誤區很多，一一列舉也難免掛一漏萬，在此處僅針對人們普遍存在的認識誤區進行解釋。

一、預算是全員參與嗎？

自從預算一詞前被加入了「全面」這個定語，很多人認為既然是全面管理，那麼預算是「什麼都管，什麼人都參與管理」。但是，全面預算果真如此嗎？

全面預算管理的核心在於「全面」二字，它具有全額、全程、全員的特點。「全額」是指預算金額的總體性，不僅包括財務預算，還包括業務預算、籌資預算和資本預算；不僅關注日常經營活動，還關注投資和資本運營活動。「全程」是指預算管理流程的全程化，即不能僅停留在預算指標的下達、預算的編制和匯總上，更重要的是要通過預算的執行和監控、預算的分析和調整、預算的考核與評價，真正發揮預算管理的權威性和對經營活動的指導作用。「全員」是指預算過程涉及全員，包括兩層含義：一層是指「預算目標」的層層分解，人人肩上有責任，每一個參與者都要建立「成本」「效益」意識；另一層是指企業資源在各部門間的協調和科學配置的過程。

全面預算管理中的「全面」，不是全員參與、全員動員的群眾運動，而是企業遇到的所有問題都在預算中尋求解決方案。也就是利用預算對企業內部各部門、各單位的各種財務及非財務資源進行分配、考核、控製，以便有效地組織和協調企業的生產經營活動，完成既定的經營目標。

二、預算就是財務部門的事情嗎？

全面預算是在財務收支預算基礎上的延伸和發展，以至於很多人都認為預算是財務行為，應由財務部門負責預算的制定和控製，甚至把預算理解為是財務部門控製資金支出的計劃和措施。

隨著管理的計劃性加強，全面預算逐漸受到管理層的重視，全面預算是集業務預算、投資預算、資金預算、利潤預算、工資性支出預算以及管理費用預算等於一體的綜合性預算體系，預算內容涉及業務、資金、財務、信息、人力資源、管理等眾多方面。儘管各種預算最終可以表現為財務預算，但預算的基礎是各種業務、投資、資金、人力資源以及管理，這些內容並非財務部門所能確定和左右的。財務部門在預算編制中的作用主要是從財務角度為各部門、各業務預算提供關於預算編制的原則和方法，並對各種預算進行匯總和分析，而非代替具體的部門去編制預算。

首先，預算管理是一種全面管理行為，必須由公司最高管理層進行組織和指揮；其次，預算的執行主體是具體部門，業務、投資、籌資、管理等內容只能由具體部門提出草案。所以，全面預算並非是僅可由財務部門獨立完成的。在實務中，認為預算是一種純財務行為的看法是無法使預算管理得到有效實施的，必須明確企業的董事會、財務部門、業務部門、人力資源管理部門在全面預算中各自的角色和應履行的具體職責。不過也得注意將預算指標獨立於會計核算系統之外的傾向。如企業安排部門費用預算時，不應僅考慮付現費用的預算，而應從財務會計角度將付現費用和非付現費用一併考慮，在安排收入預算時，不應僅考慮新增供貨合同的情況，而應從會計對收入確認的原則和方法角度，充分考慮原有合同在預算期間的執行以及新增合同在預算期間的實現情況，等等。

總之，雖然預算一般最后會體現為財務指標，但是財務部門也是預算的一個執行部門。全面預算管理作為管理層和業務執行層之間的戰略溝通工具，財務來主導必然會影響其作用。當然，財務部門在預算的某些方面具有很重要的作用，例如資金以及提供分析數據方面。

三、預算能否批准主要取決於管理層對預算結果的滿意度嗎？

預算草案上報后，預算的審批就成為關鍵。預算審批是企業實施預算管理的核心內容，大多數人認為這是一個討價還價的爭論過程。實務中，大多數企業的管理層在審批預算草案時，多以預算結果滿意度作為是否批准該預算的主要依據，只要預算結果在管理層可接受的滿意程度之內，預算就會被批准。這實際上是形式主義在預算管理中的表現，不符合預算管理的本質要求，滿意度的高低無法衡量，帶有很大的主觀成分，也容易產生腐敗。

為了使預算能真正起到細化戰略管理的作用，預算的審批應注重預算草案的編制假設或編制依據是否與企業發展戰略一致，預算編制的內容是否完整，預算指標的計算方法或確定原則是否與企業預算制度規定的原則和方法吻合。也就是說，預算審批應注重預算編制內容、編制過程和方法的合理性，而不能只注重預算結果。因此，在審批預算時，企業管理層應成立專門的預算管理委員會，由與預算內容有關的部門的專業人員分別從各自的專業角度提出問題，並由預算編製單位進行答辯，最終由預算管理委員會綜合考慮，決定是否批准預算草案。

四、預算與預測一樣嗎？

預算不等於預測。預測是基礎，預算是根據預測結果提出的對策性方案。可以說，預算是針對預測結果採用的一種預先的風險補救及防禦系統。預測是預算的前提，沒有預測就沒有預算。有效的預算是企業防範風險的重要措施。

預測是根據經濟活動的歷史資料，考慮現實的要求和條件，對企業未來的經營活動和經營成果做出科學預計和測算。從財務預測角度出發，它所涉及的內容包含投資預測、銷售收入預測、成本預測、利潤預測和籌資預測幾個方面。而預算是一系列專門反映企業未來一定預算期內預計經營狀況和經營成果，以及現金收支等價值指標的各種預算的總稱，從財務預算角度考慮，具體包括現金預算、預計利潤表、預計資產負債表和預計現金流量表等內容。

簡言之，預測是一個比較大的概念，通常是針對未來某一段時間，進行一個大致的估計，如國民經濟增長率預測為8%；預算則是需要有完整的過程，需要根據一定的依據、資料、方法來進行細緻計算、推論，得出相對細緻準確的計劃。

五、預算是精確的嗎？

預算是企業對未來（一般指下年度）行為的一種計劃安排，在預算確定中體現為一系列的具體指標，這些指標儘管考慮了不確定因素對未來的影響，並進行了合理的估計，但實際執行結果與預計指標仍存在差異，甚至差異很大。管理層總是希望預計值與實際執行結果盡可能接近，最好是能吻合，能夠不偏不倚地落實既定方針。但執行的結果往往是，要麼遠遠超過預算指標，要麼大大低於指標，很少有企業能夠使預算指標同實際執行結果接近或吻合。這種現象主要產生於兩種情況：①實行超計劃獎勵的企業，為了能較多地完成預計任務，往往編報較低的預算草案並給預算審批留下足夠的「加碼」空間，使預算能夠輕鬆地完成；②在實行以經營目標作為任免主要經營者依據的企業中，預算單位的經營者為了獲得經營資格，往往編報的預算很高並提出達到預算目標的理想措施，以取得預算審批部門的高度信任，當預算無法完成時，預算編報單位又會以各種客觀理由為借口為自己開脫。

如何使預算指標真正起到目標導向作用，並減少乃至取消討價還價行為，是管理層非常棘手的問題。事實上，預算指標究竟定在什麼位置，預算編報單位應該心中有數，但由於信息不對稱，管理層往往無法合理確定比較可行的方案，於是討價還價在所難免。因此，要求預算單位短時間將預算確定得很準確也不現實，需要一個漸進的過程。

國外學者為解決預算失真問題而提出的激勵引導模型值得我們借鑑。激勵引導模型的基本思路是通過優化對預算編製單位的報酬制度，引導出正確的預算信息，該模型稱為 New Soviet Incentive Model。根據該模型，管理者的收入分為三部分：①基本報酬 $B0$（與業績無關的報酬）。②基本獎勵 βYh（Yh 表示預算編製單位上報的預算值，β 表示依預算上報值確定的基本獎勵系數）。③附加獎勵或懲罰 $\alpha(Y-Yh)$ 或 $\gamma(Yh-Y)$（Y 表示實際業績，α 表示實際業績高於預算業績時依超額部分確定的加獎系數，γ 表示實際業績低於預算業績時依未完成部分確定的扣獎系數，而且三個系數存在 $0<\alpha<\beta<\gamma$ 的關係）。按照該報酬激勵引導模型，假設預算編報單位認定他們經過努力可以達到的最好業績為 Yh，則他只是在預算制定中報出 Yh 的業績，才可使其收入最大化，報出的業績無論高於或低於 Yh 都會減少其收入。當企業採用了此原理實施預算管理后，預算準確度會隨著一個個預算週期的增加而提高，但也不可能做到精確。

六、預算是企業的一種束縛嗎？

預算不是精確的，也可能不是準確的。預算一旦不準確，是否存在這樣一種可能——它不僅未起到激勵作用，反而會使執行者放棄目標？

正是因為預算的不精確甚至不準確，管理者可能以此為理由來否認預算管理。其邏輯是預算管理將企業未來的經營活動裝進了一個預先設定的框架裡，這將限制企業的靈活性、束縛企業的手腳。企業面對的是市場而不應該是預算，企業最終接受的是市場的選擇而不是企業的選擇。

上述說法似乎有一定的道理，而且在現實中，預算管理也會出現一些弊端。比如，企業年度預算銷售額 10 億元，到 10 月編制下年度預算時，前三季度的銷售額有可能有兩種極端情況，一是僅完成 4 億元，二是已經完成 9.9 億元。第一種情況下，銷售部門必然選擇「摔破罐」的方法，要麼接受完不成任務的現實，要麼選擇將大量的銷售和利潤轉作留存。第二種情況下，會出現「棘輪效應」傾向，如果本年繼續苦干，雖然今年能拿到數量可觀的獎金，但是會給明年造成一個更大的預算基數，銷售部門明智的選擇應該是停止努力，人為將銷售和利潤轉移到下一年。可以看出，無論能否完成，銷售部門的行為是類似的，即停止本年的努力，人為延遲收入和利潤。如此作為，對企業和股東都是有害的。對企業而言，兩種做法人為地降低了企業的市場份額和競爭能力，緩解了競爭對手的壓力；對股東而言，兩種做法人為地延遲了利潤和現金流的時間，降低了企業價值。

上述問題能否成為否定預算的理由，或者預算管理中能否避免上述類似問題的發生？答案是肯定的。預算當然可以解決「棘輪效應」和「摔破罐」的行為，實際操作也不繁瑣，即通過多制定幾個預算目標來解決。

預算目標應該有上、中、下之分。下等目標可稱為「保守型」目標，是一個保底的目標，如果這一目標都實現不了，責任人承擔相應后果。當然如果企業所有人都按照「保守型」目標執行預算，那麼這個企業也無發展前景可言，企業要進步必須有中等目標。

中等目標可稱為「進取型」目標，就是說執行者要付出一定的辛勞才能達到的目標。進取型目標的制定可以參考「二八」定律。二八定律亦稱二八法則、帕累托法則等，在很多學科有不同的解釋。從管理學和心理學的角度來看，當一件事情有80%成功的可能性時，大多數人都會去做；當可能性低於80%時，就逐漸有人放棄；當可能性低於70%時，大部分人將選擇放棄。因此，制定「進取型」目標的關鍵是找到「80%」的節點，保證目標對大多數人的激勵作用。

如果所有人員都按照「二八」定律行事，企業會有較快的發展，但也很難成為微軟、蘋果公司那樣輝煌的企業。「進取型」目標可能會扼殺組織內創造奇跡的可能性，因此企業有必要制定一個上等目標。上等目標可以稱為「挑戰型」目標，與「進取型」目標相反，成功的可能性只有20%，但高難度也可能帶來高收益。

當然，企業可以根據自身情況制定不同等級的目標，不一定僅分為三等，可以適當增加一些，當然也並非多多益善。

七、財務制度和預算是一回事嗎？

財務制度是由各級政府財政部門制定的、企業組織財務活動和處理財務關係的行為規範，以及企業根據財政部門制定的財務制度而制定的企業內部財務制度。前者稱為國家統一財務制度，后者稱為企業內部財務制度。

企業內部財務制度一般應當包括資金管理制度、成本管理制度、利潤管理制度。其中，資金管理制度主要包括資金指標的分解、歸口分級管理辦法、資金使用的審批權限、信用制度、收帳制度、進貨制度；成本管理制度包括成本開支範圍和開支標準、費用審批權限、成本降低指標以及分解等；利潤管理制度主要包括利潤分配程序、利潤分配原則、股利政策等。

在國家統一財務制度方面，20世紀90年代開始，中國出現了「兩則兩制」的說法。1992年財政部頒布了《企業會計準則——基本準則》和《企業財務通則》，並於1993年7月1日起在所有企業實施，其后發布了分行業的10個財務制度和14個會計制度。2006年12月4日，財政部頒發了新的《企業財務通則》（財政部令第41號），該通則於2007年1月1日起施行。修訂的《通則》對財政財務活動的管理方式、政府投資等財政性資金的財務處理政策、企業職工福利費的財務制度、規範職工激勵制度、強化企業財務風險管理等方面進行了改革。

那麼，財務制度和預算是不是一回事？有人認為，財務制度是計劃經濟的產物，預算是市場經濟的產物，這種非此即彼的觀點，是一種錯誤的理解。但是財務制度與預算管理存在差異是肯定的，從傳統財務制度向預算管理的演進，是企業管理逐漸科學化的一種表現。就傳統財務制度而言，它是一種事先的規定，比如餐費、交通費、住宿費等的標準，一旦超標無法報銷，導致的結果是有些部門為了節約費用，削減了一些必要的活動，從而產生消極怠工的現象。因此，企業是否允許一些特例存在？什麼事件應該歸類為特例？如果是特例，標準該如何制定？下次出現類似情況是否還會調整標準？種種原因，最終會導致「事前的規定」變成「事后的管理」，而事后管理最無效。在事后管理無效、事前請示無意義的情況下，「總量管理」的方法應運而生，即事前確定一個費用總的額度，額度內由執行部門控製，這實際上就是「預算管理」。

由此可見，預算管理是財務制度發展的產物。

八、預算管理中的「韋爾奇死結」

杰克·韋爾奇在其《贏》一書中提及預算管理時是這樣評價的：「預算是美國公司的禍根，它根本不應該存在。制定預算就等於追求最低績效。你永遠只能得到員工最低水平的貢獻，因為每個人都在討價還價，爭取制定最低標準。」

企業預算管理中的「韋爾奇死結」現象很多，最典型的有兩種，一是花錢越來越多，二是做事越來越少。

第一種情況源於「總量控製」下的預算編制與執行過程，其會進一步引發「年初搶指標、年末搶花錢」的現象。這也是定期預算和增量預算的重大弊端之一。經過幾年的「兩搶預算」，企業業務量增長會遠遠落后於費用的增長。

第二種情況源於企業對第一種情況的反制，其還會引發執行部門的進一步反制，這是一個動態博弈的過程。企業要控製費用，經常本著少花錢、多辦事的原則，甚至將費用與目標的完成程度掛鈎。執行單位在完成保守性目標后便不再進取，少花錢、少辦事甚至演化為不花錢、不辦事。

其實，「預算是禍根」的說法等於輸棋后把棋子當成棄子，預算管理中的弊端不應該通過「廢除預算」的方法來解決，而應通過滾動預算與零基預算的方法來解決。這些預算編制的具體方法我們將在第四章講述。

第三章
企業預算的組織機構

建立科學的預算管理組織機構是企業推行預算管理的首要工作和重要內容，本章主要在說明預算管理的決策結構、工作機構和執行機構的人員構成和職能劃分的基礎上，研究各類機構如何進行預算編制、審批、執行、控製、調整、監督、核算、分析、考核、獎懲等一系列工作。

第一節　預算組織機構建立的前提

預算組織機構的構建必須秉持「一把手工程」的頂層設計基本理念，並在此基礎上建立科學的組織機構體系。

一、頂層設計理念的構建

實施預算管理涉及企業的方方面面，制度變遷可能直接觸及某些部門、領導、員工的既得利益，這是一種改革，是一種責權利的再分配，也必將受到各種既得利益者的阻礙。因此企業預算必須得到高層領導的重視，各級「一把手」親自抓、親自管，否則預算管理必將流於形式或半途夭折。

二、預算組織機構體系的設計原理

企業設置預算管理體制，應遵循合法科學、高效有力、經濟適度、全面系統、權責明確等基本原則，一般包括預算管理決策機構、工作機構和執行機構三個層次的基本架構。

其中，預算管理決策機構是組織領導企業管理的最高權力組織，包括股東大會、董事會與預算管理委員會；預算管理工作機構是負責預算的編制、審查、協調、控製、調整、核算、分析、回饋、考評與獎懲的組織機構；預算管理執行機構是指負責預算執行的各個責任預算執行主體，也稱為預算責任中心。

預算管理決策機構和工作機構不僅承擔相應的預算管理責任，而且這兩個機構的某些成員也在預算管理執行機構中擔任不同的職務。參與式預算的普遍推廣，使得企業絕大多數職能管理部門兼具預算管理工作機構和預算管理執行機構的雙重身分。因此，預算管理的三個機構並非絕對分離的三個層面。

企業預算組織機構圖如圖 3-1 所示。

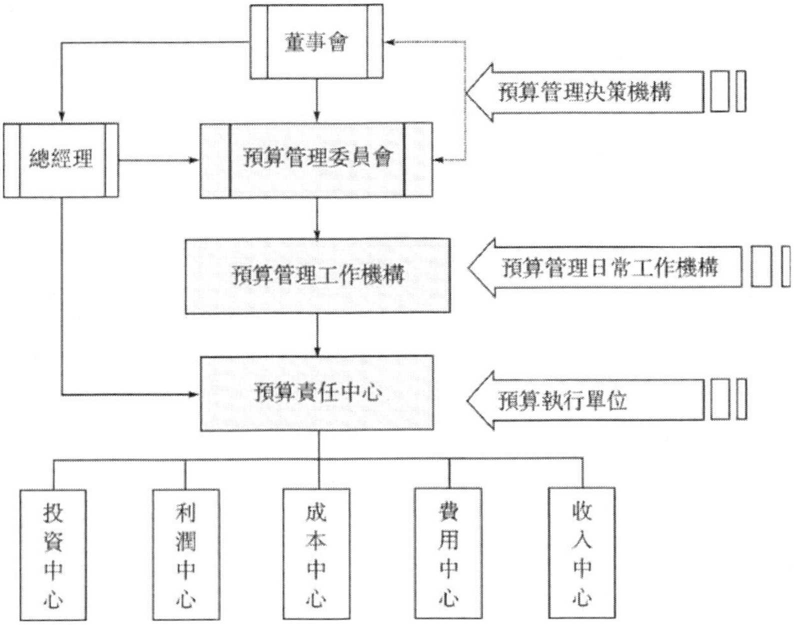

圖 3-1　企業預算組織機構圖

第二節　預算管理決策機構

一、預算管理決策機構的人員構成

根據《中華人民共和國公司法》的相關規定，公司董事會負責制定財務預算，公司股東（大）會負責審定財務預算。

企業應當設立預算管理委員會，作為專門履行企業預算管理職責的決策機構。預算管理委員會成員由企業負責人及內部相關部門負責人組成，總會計師或分管會計工作的負責人應當協助企業負責人負責企業全面預算管理工作的組織領導。具體而言，預算管理委員會一般由企業負責人（董事長或總經理）任主任，總會計師（或財務總監、分管財會工作的副總經理）任副主任，其成員一般還包括各副總經理、主要職能部門（財務、戰略發展、生產、銷售、投資、人力資源等部門）和分（子）公司負責人等。

二、預算管理決策機構的職能

預算管理委員會的主要職責一般是：①制定並頒布企業預算管理制度，包括預算管理的政策、措施、辦法、要求等；②根據企業戰略規劃和年度經營目標，擬定預算目標，並確定預算目標分解方案、預算編制方法和程序；③組織編制、綜合平衡預算草案；④下達經批准的正式年度預算；⑤協調解決預算編制和執行中的重大問題；⑥審議預算調整方案，依據授權進行審批；⑦審議預算考核和獎懲方案；⑧對企業預算總的執行情況進行考核；⑨其他預算管理事宜。

三、預算管理決策機構中的形式主義

國內很多企業其實都已經建立了「預算管理委員會」這種組織，但是不少企業其實就是一種形式主義，根本沒有起到實際作用。最明顯的一個例子是中國的「獨立董事制度」與「監事會制度」——為了加強公司治理，從美國引入「獨立董事制度」，從德國引入「監事會制度」，但是最終結果不言自明，大多都在形式中認真地執行著形式主義的東西。

造成形式主義的原因主要有兩個：一是預算管理委員會中的很多成員並不瞭解預算，他們關心的不是企業整體的管理績效提升，而是其所在部門的利益，這是人的因素；二是預算管理的績效與「預算管理委員會」成員自身利益無關，這是制度的因素。如果在企業預算管理出現如下情況時，如沒有達到預期的管理效果、指標設計不合理、所有人都沒有完成預算、所有人都超額完成了預算、出現嚴重的預算外審批問題，等等，預算管理委員會成員必須負領導責任，並將預算管理成效獎作為各成員年終獎的主要部分，如75%，而將其所在部門的業績下調至年終獎的四分之一，「預算管理委員會」的形式主義自然會解決。

第三節　預算管理工作機構

一、預算管理工作機構的人員構成

由於預算管理委員會一般為非常設機構，因此企業應當在該委員會下設立預算管理工作機構，由其履行預算管理委員會的日常管理職責。預算管理工作機構一般設在財會部門，其主任一般由總會計師（或財務總監、分管財會工作的副總經理）兼任，參與的工作人員除了財務部門人員外，還應有計劃、人力資源、生產、銷售、研發等業務部門人員。

主要的工作機構可以分為預算管理的常務機構、核算機構、監控機構和考評機構。

（1）預算管理的常務機構是企業行使日常預算管理工作的部門，一般可在預算

管理委員會下設一個「預算管理辦公室」。實踐中，該辦公室有三種具體的設計方法，一是單獨設立，二是採用與財務部門「一班人馬、兩塊牌子」的做法，三是在財務部門下設立一個專司預算管理的科室。對於規模較大、組織結構複雜的企業，應盡量採取相對獨立的常務機構組織形式。預算辦公室主任一般由總會計師或財務經理兼任。

（2）預算管理核算機構是對預算執行過程和結果進行反映、控製、核算和信息反饋的部門，這主要是會計部門的職責。和預算管理相適應的會計體系不是財務會計，而是責任會計。責任會計屬於管理會計的範疇，是以責任中心為會計對象，對責任中心的經營活動過程及其結果進行核算、分析、考核與評價的一種內部會計制度。責任會計核算素有雙軌制與單軌制的爭論，即是否要建立兩套會計核算體系的問題。作為企業內部的管理活動，企業應根據自身具體情況，因時、因地制宜。

（3）預算管理監控機構是對管理執行過程和結果進行監控的部門，其相關部門很多，如價格監控、信息監控、質量監控、資金監控等。由於預算管理涵蓋了企業的各個環節和各個部門，企業不可能也沒有必要設置一個獨立的預算管理監控部門，而是採取某一職能部門牽頭、其他相關專業部門按職能分工進行監控的辦法。

（4）預算管理考評機構是對預算管理執行過程和結果進行考核、評價和獎懲的部門。由於預算考評的對象是各個執行部門，是各個責任中心執行預算的結果和過程。企業各個部門既是預算的執行者也是預算的考評者。因此，企業應該採取以一個職能部門為主，其他相關專業部門按照職能分工進行考評的辦法。一般而言，考評機構的牽頭部門是預算管理辦公室或人力資源部。

二、預算管理工作機構的職能

預算管理工作機構的主要職責一般是：①擬訂企業各項預算管理制度，並負責檢查落實預算管理制度的執行；②擬定年度預算總目標分解方案及有關預算編制程序、方法的草案，報預算管理委員會審定；③組織和指導各級預算單位開展預算編制工作；④預審各預算單位的預算初稿，進行綜合平衡，並提出修改意見和建議；⑤匯總編制企業預算草案，提交預算管理委員會審查；⑥跟蹤、監控企業預算執行情況；⑦定期匯總、分析各預算單位預算執行情況，並向預算管理委員會提交預算執行分析報告，為委員會進一步採取行動擬定建議方案；⑧接受各預算單位的預算調整申請，根據企業預算管理制度進行審查，集中制定年度預算調整方案，報預算管理委員會審議；⑨協調解決企業預算編制和執行中的有關問題；⑩提出預算考核和獎懲方案，報預算管理委員會審議；⑪組織開展對企業二級預算執行單位（企業內部各職能部門、所屬分/子企業等，下同）預算執行情況的考核，提出考核結果和獎懲建議，報預算管理委員會審議；⑫預算管理委員會授權的其他工作。

三、預算管理工作機構中的形式主義

按照前面所說的，構建的預算管理工作機構將是一個科學的體系，在預算管理委員會的指導下，具體工作由各部門相關人員負責。但預算編制、預測、決策、分析、考核等一系列流程，都是很具體的工作，需要有一個工作班子加以組織。一般而言，可以構建如圖 3-2 所示的組織形式。

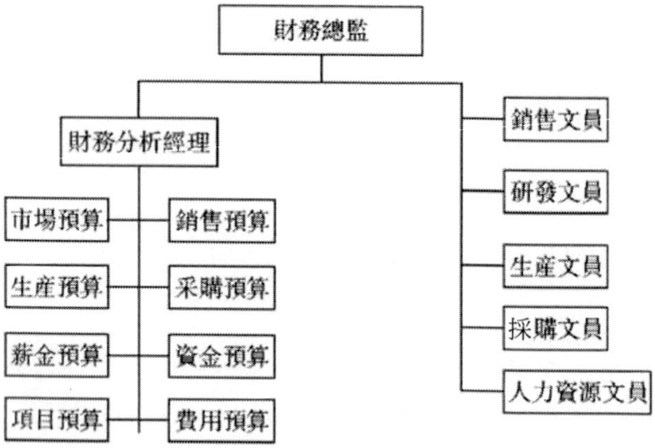

圖 3-2　預算管理工作機構組織形式

但是，在這個組織運作的過程中經常會出問題。一開始，採購部、銷售部、生產部、研發部和人力資源部的文員分散在各自的部門中。每次進行預算編制等工作時，都要將相關人員從其所在部門調來，由於部門利益等問題，相關部門經理可能不會心甘情願地配合。為了減少內部矛盾，有的企業開始將這些人員集中起來，並在財務系統中成立一個單獨的預算部門，結果新的「形式主義」又開始出現，預算管理又變成了財務部門的預算管理。

因此，企業的預算管理工作機構要保持一定的鬆散性，既有利於財務人員瞭解各業務系統的具體情況，便於與業務部門管理人員進行有效溝通，又能強化業務系統的預算參與和預算管理責任。

第四節　預算管理執行機構

一、預算管理執行機構的構成

預算管理執行機構是指根據其在企業預算總目標實現過程中的作用和職責劃分的，承擔一定經濟責任，並享有相應權力和利益的企業內部單位，包括企業內部各職能部門、所屬分（子）企業等。企業內部預算責任單位的劃分應當遵循分級分層、權責利相結合、責任可控、目標一致的原則，並與企業的組織機構設置相適應。根據權責範圍，企業內部預算責任單位可以分為投資中心、利潤中心、成本中心、費用中心和收入中心。預算執行機構在預算管理部門（包括預算管理委員會及其工作機構）的指導下，組織開展本部門或本企業預算的編制工作，嚴格執行批准下達的預算。

二、預算管理執行機構的職能

各預算管理執行機構的主要職責一般是：①提供編制預算的各項基礎資料；②負責本單位預算的編制和上報工作；③將本單位預算指標層層分解，落實到各部門、各環節和各崗位；④嚴格執行經批准的預算，監督檢查本單位預算執行情況；⑤及時分析、報告本單位的預算執行情況，解決預算執行中的問題；⑥根據內外部環境變化及企業預算管理制度，提出預算調整申請；⑦組織實施本單位內部的預算考核和獎懲工作；⑧配合預算管理部門做好企業總預算的綜合平衡、執行監控、考核獎懲等工作；⑨執行預算管理部門下達的其他預算管理任務。

各預算執行單位負責人應當對本單位預算的執行結果負責。

三、預算管理執行機構的具體分類

預算管理執行機構也稱責任中心，有不同的分類方法，最詳細的分類是五分法，即投資中心、利潤中心、收入中心、成本中心、費用中心，下面我們將各種責任中心的特點進行說明。

（一）投資中心

投資中心是預算管理體系的最高層次。投資中心不僅能控製成本與收入，而且能夠對投資進行控製，它實質上就是企業全面預算的執行人。正因為如此，只有具備經營決策權和投資權的獨立經營單位才能成為投資中心。一般而言，一個獨立經營的法人單位就是一個投資中心。投資中心的具體負責人是以董事長和總經理為首的企業最高決策層，投資中心的預算目標就是企業的總預算目標。

在大型集團公司中，各子公司、分公司或事業部在分權管理模式下，也可以成為投資中心。

除考核利潤指標外，投資中心主要考核能集中反映利潤與投資額之間關係的指標，包括投資利潤率和剩餘收益。

1. 投資利潤率

投資利潤率又稱投資收益率，是指投資中心所獲得的利潤與投資額之間的比率，可用於評價和考核由投資中心掌握、使用的全部淨資產的盈利能力。其計算公式為：

投資利潤率＝利潤÷投資額

或

投資利潤率＝資本週轉率×銷售成本率×成本費用利潤率

其中，投資額是指投資中心的總資產扣除對外負債后的餘額，即投資中心的淨資產。

為了評價和考核由投資中心掌握、使用的全部資產的總體盈利能力，還可以使用總資產息稅前利潤率指標。其計算公式為：

總資產息稅前利潤率=息稅前利潤÷總資產

投資利潤率指標的優點有：能反映投資中心的綜合盈利能力；具有橫向可比性；可以作為選擇投資機會的依據；可以正確引導投資中心的經營管理行為，使其長期化。該指標的最大局限性在於會造成投資中心與整個企業利益的不一致。

2. 剩餘收益

剩餘收益是指投資中心獲得的利潤，扣減其投資額（或淨資產占用額）按規定（或預期）的最低收益率計算的投資收益后的餘額。其計算公式為：

剩餘收益=利潤-投資額（或淨資產占用額）×規定或預期的最低投資收益率

或剩餘收益=息稅前利潤-總資產占用額×規定或預期的總資產息稅前利潤率

剩餘收益指標能夠反映投入與產出的關係，能避免本位主義，使個別投資中心的利益與整個企業集團的利益統一起來。

（二）利潤中心

利潤中心屬於預算管理體系的較高層級，具有較大的自主經營權，同時具有生產和銷售的職能。它不擁有投資決策權，只需要對收入、成本、費用和利潤負責。

在公司內部，利潤中心等同於一個獨立的經營個體，在原材料採購、產品開發、製造、銷售、人事管理、流動資金使用等經營上享有很高的獨立性和自主權，能夠編制獨立的利潤表，並以其盈虧金額來評估其經營績效。

一般說來，利潤中心應將其產品大部分銷售給外部客戶，而且對大部分原材料、商品和服務都有權選擇供應來源。在利潤中心，由於管理者沒有責任和權力決定該中心資產的投資水平，因而利潤就是其唯一的最佳業績計量標準。但同時這些利潤數字水平還需要補充大量短期業績的非財務指標。採用適當方法計量的利潤是判定中心管理者運用他們所取得的資源和其他投入要素創造價值能力的一個短期指標。在利潤中心，管理者具有幾乎全部的經營決策權，並可根據利潤指標對其做出評價。

1. 利潤中心的類型

能否成為利潤中心的衡量標準是該責任單位有無收入與利潤，凡是能獲得收入並形成利潤的責任單位均可成為利潤中心。根據收入、利潤形成方式的不同，利潤中心的類型可分為自然利潤中心和人為利潤中心兩種。

自然利潤中心是指能夠通過對外銷售自然形成銷售收入，從而形成利潤的責任單位，如公司的事業部。

人為利潤中心則是指不直接對外銷售，而是通過內部轉移價格結算形成收入從而形成內部利潤的責任單位。如輔助生產車間、銀行的儲蓄所和信貸部。

自然利潤中心具有全面的產品銷售權、價格制定權、材料採購權及生產決策權。人為利潤中心只有部分的經營權，能自主決定自身的產品品種（含勞務）、產品產量、作業方法、人員調配、資金使用等。一般來說，只要能夠制定出合理的內部轉移價格，就可以將企業大多數生產半成品或提供勞務的成本中心改造成人為利潤中心。

2. 利潤中心的成本計算

在共同成本難以合理分攤或無須共同分攤的情況下，人為利潤中心通常只計算可控成本，而不分擔不可控成本；在共同成本易於合理分攤或者不存在共同成本分攤的情況下，自然利潤中心不僅要計算可控成本，也應計算不可控成本。

3. 利潤中心的考核指標

（1）當利潤中心不計算共同成本或不可控成本時，其考核指標是利潤中心邊際貢獻總額，該指標等於利潤中心銷售收入總額與可控成本總額（或變動成本總額）的差額。

（2）當利潤中心計算共同成本或不可控成本，並採取變動成本法計算成本時，其考核指標包括：利潤中心邊際貢獻總額、利潤中心負責人可控利潤總額、利潤中心可控利潤總額。

4. 利潤中心的運作機制

企業為追求未來的發展與營運績效，現行的功能性組織已無法適應。利潤中心制度的推行，在於變革組織結構以達成公司的策略規劃。

5. 利潤中心與目標管理

企業採用利潤中心，事實上就是實施分權的制度。但為求適當的控製，總公司的最高主管仍需對各利潤中心承擔應負的責任，即由雙方經過咨商訂立各中心的目標，同時負責執行，並對最后的成果負責。在目標執行過程中，設置一套完整的、客觀的報告制度，定期提出績效報告，從中顯示出的目標達成的差異，不但可以促進各中心採取改善的措施，還可作為總公司考核及獎懲的依據。

因此，利潤中心的推行，必須結合目標管理制度，才不致空有組織構架而缺乏達成公司目標及評估各利潤中心績效的管理方式。

6. 利潤中心與預算制度

為使總公司的目標能夠分化為各利潤中心的目標，並且能夠公正正確地評估各利潤中心的績效，目標的設定必須量化。此等量化的績效目標，大致上可分為財務性目標及非財務性目標。凡屬財務性指標，如營業收入、資產報酬率、人均獲利能力等，均能以預算制度所產生的資料與數字作為目標設定的參考與依據。換言之，利潤中心的推行有賴於預算制度提供財務及會計的資訊。實際上，預算只是績效標準而非目標。若能根據預算建立目標，通過預算控製協助目標達成，將使預算制度不只是「資料庫」，而是財務性目標設定的「下限值」。如此，利潤中心的績效指標將更具有挑戰性。

7. 利潤中心與人事考核

在利潤中心制度建立后，各中心的主管必定急於得知各月份的經營成果，以瞭解差異原因，以為次月執行提供參酌或改進的建議。但是執行每月的績效評估，投入的人力物力必然不少，還可能造成利潤中心「急功近利」的做法，妨礙企業長期目標的達成。

因此，比較理想的利潤中心績效考評方式，應該是每個月追蹤，即由利潤中心按月填寫實績並與目標值比較，然后說明差異原因，必要時採取改善措施；推行利潤中心的督導單位，每季度將各利潤中心的績效做綜合分析和檢討，提供給管理當局參酌；上半年結束后進行試評，並酌發獎金，必要時申請修改目標；年度結束后，依據累計十二個月的實際值，計算應得獎金，扣除上半年預發金額后補發差額。

利潤中心的績效考評以目標的達成狀況為評估對象，也就是「考事」，這與傳統上以員工的工作態度、能力與知識作為考核內容，也就是「考人」的方法有很大的不同。

（三）收入中心

收入中心是指負有銷售收入和銷售費用責任的銷售部門、銷售公司或銷售單位，以及相應的管理責任人。

1. 收入中心的管理責任人

收入中心的管理責任人對本單位的整體產品銷售活動負責。管理責任人具有決策權，其決策能夠影響決定本單位銷售收入和銷售費用的主要因素，包括銷售量、銷售折扣、銷售回款、銷售員佣金等。管理責任人以銷售收入和銷售費用為決策準則。收入中心的控製目標是特定財務期間內的銷售收入、銷售回款和銷售費用指標，並據此評估達成效果。

2. 確定收入中心的目的

確定收入中心的目的是組織營銷活動。典型的收入中心通常是從生產部門取得產成品並負責銷售和分配的部門，如公司所屬的銷售分公司或銷售部。若收入中心有制定價格的權力，則該中心的管理者就要對獲取的毛收益負責；若收入中心無制定價格的權力，則該中心的管理者只需對實際銷售量和銷售結構負責。為使收入中心不僅僅是追求銷售收入達到最大，更重要的是追求邊際貢獻達到最大，企業在考核收入中心業績的指標中，應加入某種產品的邊際成本等概念。隨著分配、營銷和銷售活動中作業成本法的逐漸應用，銷售單位能夠把它們的銷售成本和對每個消費者提供服務的成本考慮進去，這樣企業就能夠用作業成本制度把履行營銷和銷售活動的收入中心變成利潤中心，從而對銷售部門的利潤貢獻加以評估。如今，將許多分散的經營單位僅僅作為收入中心的情況越來越少了。

3. 對收入中心的控製

對收入中心的控製，主要包括三個方面：

(1) 控製企業銷售目標的實現。

①核查各收入中心的分目標與企業整體的銷售目標是否協調一致。保證依據企業整體目標利潤所確定的銷售目標得到落實。

②檢查各收入中心是否為實現其銷售分目標制定了確實可行的推銷措施。包括推銷策略、推銷手段、推銷方法、推銷技術、推銷力量，以及瞭解掌握市場行情等。

(2) 控製銷售收入的資金回收。

銷售過程是企業的成品資金向貨幣資金轉化的過程，對銷售款回收的控製要求主要有：

①各收入中心對貨款的回收必須建有完善的控製制度，包括對銷售人員是否都定有明確的收款責任制度，對已過付款期限的客戶是否定有催款制度。

②將銷貨款的回收列入各收入中心的考核範圍，將收入中心各推銷人員的個人利益與銷貨款的回收情況有效地結合起來考核。

③收入中心與財務部門應建立有效的聯繫制度，以及時瞭解與掌握銷貨款的回收情況。

(3) 控製壞帳的發生。

對壞帳的控製要求主要有：

①每項銷售業務都要簽訂銷售合同，並在合同中對有關付款的條款做明確的陳述。

②在發生銷售業務時，特別是與一些不熟悉的客戶初次發生重要交易時，必須對客戶的信用情況、財務狀況、付款能力和經營情況等進行詳細的瞭解，以預測銷貨款的安全性和及時回收的可能性。

4. 收入中心的考核

同收入中心的控製一樣，對收入中心的考核也包括三個方面的指標。

(1) 銷售收入目標完成百分比。其計算公式為：

銷售收入目標完成百分比=實際實現銷售收入額÷目標銷售收入額

(2) 銷售款回收平均天數，即應收帳款週轉期。其計算公式為：

銷售款回收平均天數=365÷（當期營業收入÷應收帳款平均餘額）

(3) 壞帳損失發生率。其計算公式為：

壞帳損失發生率=當期壞帳損失額÷當期銷售收入

(四) 費用中心

費用中心指企業的職能管理部門，如財務部、計劃部、辦公室等，其目的是在支出預算內提供最佳的服務。該中心最大的優點是既可控製費用又可提供最佳的服務質量，其缺點則是不易衡量績效。在這一點上，費用中心和政府預算非常類似。

1. 費用中心的種類

費用中心有兩種類型：固定費用和變動費用。其中，固定費用是有必要理由的正常支出，如工廠中的直接費用、材料費用、設備支出、零配件支出等；這裡的變動費用，也稱隨機費用，其合理的限度是由管理者在一定的條件下做出的判斷。如果該費用中心的費用絕大部分是固定費用，那麼它是一個固定費用中心；如果絕大部分是變動費用，那麼它是變動費用中心。

2. 費用中心的劃分原則

費用中心管理責任人對本單位涉及的有關期間費用負責。費用中心管理責任人具有決策權，其決策能夠影響本單位期間費用的主要因素，包括各項管理費用、財務費用的明細項。管理責任人以管理費用、財務費用為決策準則。

3. 費用中心的控製目標

費用中心的控製目標是指特定財務期間內的管理費用、財務費用等各明細項指標，並據此評估達成效果。

(五) 成本中心

成本中心的範圍最廣，只要有成本費用發生的地方，都可以建立成本中心，從而在企業形成逐級控製、層層負責的成本中心體系。成本中心大多是只負責產品生產的生產部門、勞務提供部門或給予一定費用指標的企業管理科室。

1. 成本中心的類型

(1) 基本成本中心和複合成本中心。前者沒有下屬成本中心，如一個工段是一個成本中心，后者有若干個下屬成本中心。基本成本中心對其可控成本向上一級責任中心負責。

(2) 技術性成本中心和酌量性成本中心。技術性成本是指發生的數額通過技術分析可以相對可靠地估算出來的成本，如產品生產過程中發生的直接材料、直接人工、間接製造費用等。技術性成本的投入量與產出量之間有著密切聯繫，可以通過彈性預算予以控製。酌量性成本是否發生以及發生數額的多少是由管理人員的決策決定的，主要包括各種管理費用和某些間接成本項目，如研究開發費用、廣告宣傳費用、職工培訓費等。酌量性成本的投入量與產出量之間沒有直接關係，其控製應著重於預算總額的審批。

2. 成本中心的特點

成本中心具有只考慮成本費用、只對可控成本承擔責任、只對責任成本進行考核和控製的特點。其中，可控成本具備三個條件，即可以預計、可以計量和可以控製。

3. 成本中心的考核指標

成本中心的考核指標包括成本（費用）變動額和成本（費用）變動率兩項。

(1) 成本（費用）變動額=實際責任成本（費用）-預算責任成本（費用）

(2) 成本（費用）變動率=成本（費用）變動額÷預算責任成本（費用）

四、對責任中心的總結

作為預算管理執行機構，針對責任中心的上述五種分類及其特點，本書在此要對其進行重新梳理，為大家學習后面的章節打下基礎。

(1) 從預算管理層級來看，投資中心處於最高層級，利潤中心處於中間層級，收入、成本、費用三個責任中心處於管理層級的最底層。

(2) 由於內部轉移價格的存在，收入中心可以轉換為人為利潤中心，與天然利潤中心合併為利潤中心。以銷售部門為例，其作為收入中心，只核算銷售收入和銷售費用，作為人為利潤中心，銷售部門的利潤等於銷售收入減去按內部價格計算的產品成本和銷售部門發生的銷售費用。

（3）成本中心與費用中心有一定類似性，很多時候被直接合併為成本中心或稱成本費用中心。但是，從預算管理的角度來看，兩者具有較大差異，有必要將之分開。此外，雖然從理論上來說成本中心與費用中心均可轉化為人為利潤中心，但從財務預算與成本控製的角度考慮，並不將其納入利潤中心。

（4）銷售部門的預算涉及銷售量、銷售單價預算，是企業預算的起點，因此本書不從人為利潤中心的角度分析銷售部門，而僅僅從收入中心的角度研究。

總之，本書后面的章節將預算管理執行機構即責任中心區分為四種，分別是收入中心、成本中心、費用中心、投資中心。

第四章
預算編制的程序與方法

預算編制程序不規範，橫向、縱向信息溝通不暢，預算編制方法選擇不當，或強調採用單一的方法，均可能導致預算目標缺乏科學性與可行性。本章主要介紹合理的預算編制程序和科學的預算編制方法這兩個問題。

第一節　預算編制程序

對於任何一個企業而言，選擇適合自己的預算編制程序是預算目標科學、預算編制合理的前提條件。在實際工作中，預算的編制程序因企業所處的環境和管理思想的不同，通常採用三種基本方式，即自上而下、自下而上、上下結合。具體的操作流程包括啓動、編制和審批三個環節。

一、預算編制的基本方式

（一）自上而下的方式

自上而下的方式是指企業的最高管理層或預算管理委員會根據企業的總體發展目標和下一年度的發展預期，結合企業所處行業的市場環境等，確定預算目標，編制年度預算的總額與標準，最終按照一定比例分解並分配給企業各個職能部門或責任中心的年度預算編制程序。

作為一種傳統的預算方式，自上而下的方式是集權制管理思想的體現，其主要特徵是具有強制性和權威性，更適合於規模較小的集權制企業。採用自上而下的預算方式，管理層確定預算目標，可以更準確地將企業發展戰略直接體現在預算之中，有利於保證企業整體利益的實現。但是，由於企業的各個職能部門或責任中心只是預算的被動執行者，難以充分發揮其參與預算管理的積極性。在信息溝通方面存在缺陷、管理層對基層信息掌握有限的情況下，預算的編制會脫離企業實際，此種閉門造車的狀況會導致預算難以發揮預測、協調、控製、考核的重要功能。

（二）自下而上的方式

自下而上的方式是指企業的最高管理層或預算管理委員會明確預算編制的關鍵

績效指標和要求后，各職能部門或責任中心編報本部門的年度預算方案，然后按照一定的層級關係自下而上逐級匯總，最終形成企業年度預算的預算編制程序。

與自上而下的方式相對照，自下而上的方式是現代分權管理思想的體現，其主要特徵是具有誘導性和參與性，更適用於分權制的企業。自下而上的預算方式，強調基層管理者與職工的參與度，給予各職能部門或責任中心一定的決策權。一方面，預算依據企業基層直接參與生產經營的人員提供的信息資料，使預算的編制更切合實際；另一方面，通過充分發揮基層各職能部門或責任中心的積極性、認同感，有利於預算目標的實現。但是，各職能部門或責任中心在過多考慮自身利益且與企業發展戰略出現不一致的情況下，編制的預算會影響企業整體戰略發展目標，並增加企業資金管理、費用管理失控的可能性，使得預算鬆弛問題更為嚴重。

（三）上下結合的方式

上下結合的方式是自上而下與自下而上方式的有機結合，且兼具兩種方法的優勢。上下結合的方式是指在編制預算的過程中，企業的最高管理層或預算管理委員會擬定年度預算目標、原則和要求，各職能部門或責任中心在此指導下編報本部門預算，經自上而下與自下而上地溝通、匯總、平衡后，形成企業年度預算的預算編制過程。

根據財政部制定的《關於企業實行財務預算管理的指導意見》，上下結合的全面預算管理程序包括下達指標、編制上報、審查平衡、審議批准和下達執行等。

（1）下達目標。企業董事會或經理辦公會根據企業發展戰略和對預算期經濟形勢的初步預測，在決策的基礎上，一般於每年 9 月底以前提出下一年度企業財務預算目標，包括銷售或營業目標、成本費用目標、利潤目標和現金流量目標，並確定財務預算編制的政策，由財務預算委員會下達至各預算執行單位。

（2）編制上報。各預算執行單位按照企業財務預算委員會下達的財務預算目標和政策，結合自身特點以及預測的執行條件，提出詳細的本單位財務預算方案，於 10 月底以前上報企業財務管理部門。

（3）審查平衡。企業財務管理部門對各預算執行單位上報的財務預算方案進行審查、匯總，提出綜合平衡的建議。在審查、平衡過程中，財務預算委員會應當進行充分協調，對發現的問題提出初步調整的意見，並反饋給有關預算執行單位予以修正。

（4）審議批准。企業財務管理部門在有關預算執行單位修正調整的基礎上，編制出企業財務預算方案，報財務預算委員會討論。對於不符合企業發展戰略或者財務預算目標的事項，企業財務預算委員會應當責成有關預算執行單位進一步修訂、調整。在討論、調整的基礎上，企業財務管理部門正式編制企業年度財務預算草案，提交董事會或經理辦公會審議批准。

（5）下達執行。企業財務管理部門對董事會或經理辦公會審議批准的年度總預算，一般在次年 3 月底以前，將其分解成一系列的指標體系，由財務預算委員會逐級下達至各預算執行單位執行。在下達后 15 日內，母公司應當將企業財務預算報送主管財政機關備案。

二、預算編制的操作流程

在實踐中，企業應該以《關於企業實行財務預算管理的指導意見》為指導，根據自身情況靈活掌握，尤其是民營企業不一定嚴格按照指導意見中的時間要求編制預算。但無論採用何種辦法，預算編制一般都分為啓動、編制、審批三個基本環節。

(一) 啓動環節

啓動環節是預算管理機構根據預算年度面臨的形勢，在對本年度預算完成情況和下一年度經營環境等進行綜合分析的基礎上，依照企業發展戰略，提出下一年度指導原則，確定預算關鍵績效指標、預算編制具體時間進度要求等，並下發啓動預算編制的流程。

為保證企業預算編制的科學性、合理性和效率性，企業在啓動環節應當重點做好以下工作：

第一，全面充分地搜集預算編制所需資料，包括反映外部經營環境並與預算編制相關的現在及未來期間發展變化的資料，企業內部與預算編制相關的歷史、現在及未來期間發展變化的資料，尤其不能忽視歷史經驗、制約因素等信息資料，為全面分析影響預算目標的各種因素從而確定科學的預算方針、指標等奠定基礎。

第二，統籌兼顧並協調企業的人財物等各項資源，從實現企業利潤最大化目標出發，在努力挖掘能夠提高經濟效益的各種潛力，綜合平衡企業資金運用與資金來源、財務收入與財務支出的基礎上制定財務指標。

第三，確定合適的預算編制時間。預算編制是一個系統的整體，其具體時間進度的要求直接影響到預算編制工作的質量和效率，如果不能在預算年度開始前完成預算的編制工作，必然會影響到預算的執行，最終造成預算管理無法正常實施。取定合適的預算編制時間，要考慮企業自身規模大小、組織結構和產品結構的複雜性，預算編制工具和預算開展的廣度與深度等因素，以合理安排預算編制的時間。

(二) 編制環節

編制環節是預算編製單位根據下達的報表格式和編報要求，編制初步預算草案並上報審核，直至形成企業預算報表的編制流程。其中的重點工作內容包括：

第一，各單位根據預算制定指導原則和經營目標，編制本單位的預算草案。

第二，財務部門根據指導原則和企業經營目標，平衡各職能部門或責任中心的預算草案，編制企業預算草案。

第三，預算管理機構召開各職能部門或責任中心預算規劃會議，討論、平衡各單位預算草案，編制平衡后的企業預算草案。

第四，各職能部門或責任中心結合目標、平衡結果，調整、修改本單位或部門的預算草案。

第五，財務部門匯總調整后的各職能部門或責任中心的預算，上報預算管理機構。

（三）審批環節

審批環節是預算管理機構對各職能部門或責任中心上報的預算進行審核，在分析企業生產經營情況和預算的主要因素后，對預算編制存在的問題提出修改意見，並對審核結束后經修改匯總編制的企業預算進行批覆的流程。其中的重點工作內容包括：

第一，預算管理機構通過召開企業預算質詢會等方式，對各職能部門或責任中心回報的預算組織、編制流程、編制依據、編制方法、預算結果等進行審核。

第二，預算管理機構依照權限審批企業預算。企業根據批覆的預算目標修正企業預算，並將指標逐級分解，下達至各相關職能部門或責任中心執行。

三、預算編制時間表

通過 ABC 公司預算編制時間表（見表 4-1），可以瞭解企業預算編制的具體情況。

表 4-1　　預算時間表

編制環節	工作內容	時間	相關單位	
			發自	送達
啓動階段	當年財務狀況分析報告	10.1—10.10	各責任中心	最高管理層
	第四季度滾動預算	10.1—10.10	財務部、銷售部	最高管理層
	人力資源市場預測及薪金調查報告	10.1—10.10	人力資源部	最高管理層、各部門
	市場預測和發展方案	10.1—10.10	企劃部、市場部	最高管理層
	公司發展戰略修訂	10.10—10.15	最高管理層	企劃部、市場部
	主要經營指標設想	10.10—10.15	最高管理層	市場、銷售、財務部
編制階段之方案提交	市場競爭方案	10.15—11.15	企劃、市場、銷售部	最高管理層
	價格調整方案	10.15—11.15	市場、銷售、財務部	最高管理層、財務部
	銷售量及結構調整方案	10.15—11.15	市場、銷售部	財務部
	生產方案	10.15—11.15	生產、採購、銷售部	財務部
	採購方案	10.15—11.15	生產、採購部	財務部
	生產組織結構及崗位配置	10.15—11.15	生產部	人力資源部
	生產員工薪金調整方案	10.15—11.15	生產部	人力資源部
	非工資性製造費用預算	10.15—11.15	生產部	財務部
	生產用固定資產投入方案	10.15—11.15	生產部	財務部
	生產設備維修方案	10.15—11.15	生產部	財務部
	銷售組織結構及崗位配置圖	10.15—11.15	銷售部	人力資源部
	銷售員工薪金調整方案	10.15—11.15	銷售部	人力資源部
	銷售系統固定資產投入方案	10.15—11.15	銷售部	財務部

表4-1(續)

編制環節	工作內容	時間	相關單位	
			發自	送達
編制階段之方案提交	非工資性銷售費用預算	10.15—11.15	銷售部	財務部
	行政管理結構及崗位配置圖	10.15—11.15	人力資源部	
	行政管理部門員工新建調整方案	10.15—11.15	人力資源部	
	行政管理部門非工資性費用預算	10.15—11.15	財務部	
	行政管理部門固定資產投入方案	10.15—11.15	財務部	
	產品新技術開發方案	10.15—11.15	研發部	市場、企劃部
	研發部門組織結構及崗位配置圖	10.15—11.15	研發部	人力資源部
	研發人員薪金調整方案	10.15—11.15	研發部	人力資源部
	研發部門固定資產投入方案	10.15—11.15	研發部	財務部
	非工資性研發費用預算	10.15—11.15	研發部	財務部
	對外投資方案	10.15—11.15	企劃、市場部	財務部
	融資方案	10.15—11.15	財務部	
編制階段之草案調整	公司組織結構及崗位配置圖	11.15—11.30	人力資源部	最高管理層
	公司員工薪金調整匯總	11.15—11.30	人力資源部	最高管理層、財務部
	固定資產投入匯總	11.15—11.30	財務部	最高管理層
	收帳期、存貨期、生產期、付款期測定	11.15—11.30	財務部	最高管理層
	編制利潤預算表	11.15—11.30	財務部	最高管理層
	編制資產負債預算表	11.15—11.30	財務部	最高管理層
	編制現金預算	11.15—11.30	財務部	最高管理層
	員工培訓方案	11.15—11.30	人力資源部	最高管理層
	員工福利方案	11.15—11.30	人力資源部	最高管理層
	預算說明書	11.15—11.30	財務部	最高管理層
	預算草案審查會議	11.15—11.30	最高管理層	
審批階段之預算審批	預算編制通知	12.1—12.15	集團事業部	成員企業
	預算修改意見	12.1—12.15	集團事業部	成員企業
	預算批覆	12.1—12.15	集團事業部	成員企業
	預算考核辦法	12.1—12.15	集團事業部	成員企業
	預算獎懲辦法	12.15—12.31	集團事業部	成員企業
審批階段之指標分解	責任中心預算下達	12.15—12.31	最高管理層	各責任中心
	預算月度分解	12.15—12.31	財務部	各責任中心
	企業內部核算考核辦法	12.15—12.31	最高管理層	
	存貨結構控製指標	12.15—12.31	財務、生產部	
	信貸結構控製指標	12.15—12.31	財務、銷售部	
	會計科目調整	12.15—12.31	財務部	
	預算數據輸入會計系統	12.15—12.31	財務部	

第二節 預算編制方法

財政部會計司《解讀〈企業內部控製應用指引第 15 號——全面預算〉》一文在談及預算編制方法時指出，企業應當本著遵循經濟活動規律，充分考慮符合企業自身經濟業務特點、基礎數據管理水平、生產經營週期和管理需要的原則，選擇或綜合運用固定預算、彈性預算、滾動預算等方法編制預算。當然，預算編制方法不只這三種，還包括概率預算、增量預算、零基預算等。下面我們將對這幾種方法進行逐一說明。

一、固定預算法

（一）固定預算法的含義

固定預算法，亦稱靜態預算法，是指編制預算時，只根據預算期內正常、可實現的某一固定業務量（如銷售量、產量）水平作為唯一基礎編制預算的方法。企業在傳統的預算管理中，大多採用該法，因此它是編制預算最基本的方法。

固定預算法的基本原理是不考慮預算期內業務量水平可能發生的變動，只以某一確定的業務量水平為基礎制定有關的預算，並在預算執行期末將預算的實際執行結果與固定的預算水平加以比較，據此進行業績考評。

（二）應用舉例

【例 4-1】ABC 公司 2016 年度分季度預計 A 產品銷售量分別為 100 噸、120 噸、150 噸、130 噸，銷售單價為 1 萬元/噸，預計當季收回貨款的 80%，剩餘貨款下季收回。預算期初應收帳款餘額為 0。（為簡化計算不考慮稅金因素）

採用固定預算法編制的銷售預算表如表 4-2 所示。

表 4-2　　ABC 公司 2016 年產品銷售預算表

項目	單位	一季度	二季度	三季度	四季度	全年
A 產品銷量	噸	100	120	150	130	500
銷售單價	萬元	1	1	1	1	1
銷售收入	萬元	100	120	150	130	500
一季度現金收入	萬元	80	20			100
二季度現金收入	萬元		96	24		120
三季度現金收入	萬元			120	30	150
四季度現金收入	萬元				104	104
現金收入合計	萬元	80	116	144	134	474

(三) 優缺點和適用範圍

(1) 固定預算法的優點：簡便易行。

(2) 固定預算法的缺點：固定預算不考慮預算期內業務量水平可能發生的變動，當固定預算預計業務量與實際業務量出現較大差異時，會導致實際結果與預算水平因業務量基礎不同不具有可比性，使預算失去了客觀性，從而不利於對經濟活動進行控製與考核。

(3) 固定預算法的適用範圍：適用於業務量比較穩定的企業，以及企業中某些相對固定的成本費用支出。

二、彈性預算法

(一) 彈性預算法的含義

彈性預算法，亦稱動態預算法，是指在成本性態分析的基礎上，依據業務量、成本、利潤間的聯動關係，按照預算期內可能的一系列業務量（如產量、銷量、生產工時、機器工時等）水平編制預算的方法。該方法是針對固定預算法的缺陷而設計的。

彈性預算法的重點在於業務量與業務範圍的確定。其中，業務量的選擇通常包括產量、銷量、直接人工工時、機器工時、材料消耗量或直接人工工資等；業務量範圍即彈性預算所使用的業務量區間，一般根據企業的實際情況而定，如選擇企業正常生產能力的 70%～110%，或選取歷史上最高業務量水平和最低業務量水平為其上下限。

(二) 彈性預算法分類與應用舉例

彈性預算的具體編制方法有列表法和迴歸分析法兩種。

(1) 列表法也稱多水平法，是在確定業務量範圍內，按照一定的業務量標準，將其劃分為若干不同的水平，然后分別計算各項預算數額，最后匯總列入一個預算表格中的方法。應用列表法時，業務量的間隔應根據實際情況確定。間隔越大，水平級別就越少，可簡化預算編制工作，但間隔太大就會喪失彈性預算法的優勢；間隔越小，用來控製成本費用的標準就較為準確，但又會增加預算編制的工作量。一般情況下，業務量的間隔以 5%～10%為宜。

【例 4-2】ABC 公司 2016 年預計 B 產品銷量為 500～600 噸，單價為 1 萬元/噸，平均可變成本為 0.6 萬元/噸，固定成本為 100 萬元。

採用列表法，按 5%的間隔編制收入、費用和利潤預算表，如表 4-3 所示。

表 4-3　　收入、費用、利潤彈性預算表（列表法）

項目	單位	方案 1	方案 2	方案 3	方案 4	方案 5
銷售量	噸	500	525	550	575	600
銷售收入	萬元	500	525	550	575	600

表4-3(續)

項目	單位	方案 1	方案 2	方案 3	方案 4	方案 5
變動成本	萬元	300	315	330	345	360
邊際貢獻	萬元	200	210	220	230	240
固定成本	萬元	100	100	100	100	100
利潤	萬元	100	110	120	130	140

(2) 迴歸分析法也稱公式法，是利用系列歷史數據求得某項預算變量與業務量之間的函數關係的方法。通常假設預算變量與業務量之間存在線性關係，使用直線方程 $Y=a+bX$，根據歷史資料和迴歸分析的最小二乘法切除直線方程的系數 a 和 b，然后將業務量的預測數帶入方程求得預算變量的預測數值。

迴歸分析法的優點在於便於計算任何業務量所對應的預算變量。但是任何事物都是一個從量變到質變的過程，當業務量變化到一定限度時，代表固定成本的 a 和代表單位變動成本的 b 就會發生變化。從統計學和計量經濟學的角度看，a 與 b 兩個系數的確定取決於很多數學假設和統計假設，尤其在預售期業務量偏離歷史業務量均值較大時，Y 的預測將極不準確。

【例 4-3】ABC 公司 2012 年至 2016 年的銷售量與管理費用的歷史資料如表 4-4 所示，假定 2017 年預計銷售量為 1,500 萬件，試預測 2017 年的管理費用。

表 4-4　　六年銷售量與管理費用資料

年度	銷售量 x（萬件）	管理費用 y（萬元）
2011	1,200	1,000
2012	1,100	950
2013	1,000	900
2014	1,200	1,000
2015	1,300	1,050
2016	1,400	1,100

計算公式：

$$\sum_{i=1}^{n} y_i = na + b\sum_{i=1}^{n} x_i$$

$$\sum_{i=1}^{n} x_i y_i = a\sum_{i=1}^{n} x_i + b\sum_{i=1}^{n} x_i^2$$

利用克萊姆法則可以計算 a 與 b：

$$a = \frac{\sum_{i=1}^{n} x^2 \times \sum_{i=1}^{n} y - \sum_{i=1}^{n} x \times \sum_{i=1}^{n} xy}{n\sum_{i=1}^{n} x^2 - (\sum_{i=1}^{n} x)^2}$$

$$b = \frac{n\sum_{i=1}^{n}xy - \sum_{i=1}^{n}x \times \sum_{i=1}^{n}y}{n\sum_{i=1}^{n}x^2 - (\sum_{i=1}^{n}x)^2}$$

根據上述公式，可以計算相關的條件，如表 4-5 所示。

表 4-5　　係數 a 與 b 的相關條件

年度	銷售量 x（萬件）	資金需求量 y（萬元）	xy	x^2
2011	1, 200	1, 000	1, 200, 000	1, 440, 000
2012	1, 100	950	1, 045, 000	1, 210, 000
2013	1, 000	900	900, 000	1, 000, 000
2014	1, 200	1, 000	1, 200, 000	1, 440, 000
2015	1, 300	1, 050	1, 365, 000	1, 690, 000
2016	1, 400	1, 100	1, 540, 000	1, 960, 000
合計	7, 200	6, 000	7, 250, 000	8, 740, 000

代入公式之中，可得 $a=400$，$b=0.5$，2017 年的管理費用 $y=400+1,500\times0.5=1,150$（萬元）。

（三）彈性預算法的優缺點和適用範圍

（1）彈性預算法的優點：提供了與預算期內和一定相關範圍內可預見的多種業務量水平相對應的不同預算額，擴大了預算的適用範圍；在預算期實際業務量與預計業務量不一致的情況下，可以將實際指標與實際業務量相應的預算額進行對比，使企業對預算執行的評價與考核的基礎更加客觀，從而更好地發揮預算的控製作用。

（2）彈性預算法的缺點：工作量大，其靈活性如果掌握不好就會使預算控製作用的有效性大大降低。

（3）彈性預算法的適用範圍：經營活動變動比較大的企業在經營活動中的某些變動性成本費用和企業利潤預算。

三、概率預算法

（一）概率預算法的含義

概率預算法是指根據客觀條件對預算期內不確定的各種預算構成變量進行分析、預測，估計其可能的變動範圍及其出現在各個變動範圍的概率，再通過加權平均計算有關變量在預期內的期望值的一種預算編制方法。該方法實際上就是一種修正的彈性預算，即將每一事項可能發生的概率結合應用到彈性預算的變化之中。

（二）編制概率預算的基本程序

首先，在預測分析的基礎上，測算相關變量預計發生的水平，估計相關變量的可能值及其出現的概率；其次，根據估計的概率與條件，計算聯合概率，編制預期價值分析表；最后，根據預期價值表的預算指標以及與之對應的聯合概率，計算出預算對象的期望值，編制概率預算。

【例 4-4】ABC 公司 2016 年預計的有關數據如表 4-6 所示。

表 4-6　　預算基礎數據預計表

銷售量		銷售單價（萬元）	單位變動成本		固定成本（萬元）
數量（噸）	概率		金額（萬元）	概率	
500	0.2	1	0.58	0.3	100
			0.60	0.5	
			0.62	0.2	
550	0.5	1	0.58	0.3	
			0.60	0.5	
			0.62	0.2	
600	0.3	1	0.58	0.3	
			0.60	0.5	
			0.62	0.2	

用文字表達，即銷量有三種可能，分別為 500 噸、550 噸、600 噸，對應概率為 0.2、0.5、0.3，而單位可變成本的三種可能為 0.58、0.60、0.62，對應概率為 0.3、0.5、0.2。根據已知的預算基礎資料，採用概率預算法編制利潤期望值表，如表 4-7 所示。

表 4-7　　利潤期望值表

銷售量		銷售單價	單位變動成本		固定成本	各種銷售數量對應的實現利潤	聯合概率	期望利潤
數量（噸）	概率		金額	概率				
①	②	③	④	⑤	⑥	⑦=①×③-（①×④+⑥）	⑧=②×⑤	⑨=⑦×⑧
500	0.2	1	0.58	0.3	100	110	0.06	6.6
500	0.2	1	0.60	0.5	100	100	0.10	10
500	0.2	1	0.62	0.2	100	90	0.04	3.6
550	0.5	1	0.58	0.3	100	131	0.15	19.65
550	0.5	1	0.60	0.5	100	120	0.25	30
550	0.5	1	0.62	0.2	100	109	0.10	10.9
600	0.3	1	0.58	0.3	100	152	0.09	13.68
600	0.3	1	0.60	0.5	100	140	0.15	21
600	0.3	1	0.62	0.2	100	128	0.06	7.68
Σ	1.00	123.11						

（三）優缺點和適用範圍

（1）概率預算法的優點：概率預算法充分考慮了各項預算變量在預算期內可能發生的概率，企業能夠在預算構成變量複雜多變的情況下，編制出比較接近實際的預算。

（2）概率預算法的缺點：要求編制者有較高的預測水平，預算構成變量的概率易受主觀因素的影響。

（3）概率預算法的適用範圍：經營活動波動比較大、不確定因素多的企業；市場的供應、產銷變動比較大的情況下編制銷售預算、成本預算和利潤預算。

四、增量預算法

（一）增量預算法的含義

增量預算法亦稱調整預算法，是在基期預算項目水平的基礎上，充分考慮預算期內各種因素的變動，結合預算期業務量水平及有關降低成本的措施，通過調整有關原有預算項目而編制預算的方法。

增量預算法的顯著特點是，從基期實際水平出發，對預算期內業務活動預測一個變動量，然后按比例測算收入和支出指標。也就是說，根據業務活動的增減對基期預算的實際發生額進行增減調整，確定預算期的收支預算指標。

增量預算法有三個假定前提：一是基期的各項業務活動都是企業所必需的；二是基期的各項成本費用支出都是合理的、必需的；三是預算期內根據業務量變動增加或減少項目指標是合理的。

（二）增量預算法的優缺點和適用範圍

（1）增量預算法的優點：編制方法簡單，容易操作，便於理解；同時，由於考慮了上年度預算的實際情況，所編制出的收支預算易得到公司各層級的理解與認同。

（2）增量預算法的缺點：由於假定上年度的經濟活動在新的預算期內仍然會發生，而且過去發生數額是合理、必需的，該預算法就有可能保護落后，使得一些不合理的開支合理化。同時出現「年初搶指標、年末搶花錢」的「兩搶預算」，不合理因素因而得到長期沿襲，在制度經濟學中稱之為「路徑依賴」。

（3）增量預算法的適用範圍：適用於以前年度預算基本合理的企業和項目。從中國目前的整體發展情況來看，在銷售收入的預算中更適合使用增量預算法。這一點我們將在第五章經營預算中專門說明。

（三）增量預算編制程序與例題

【例4-5】ABC公司2017年營業收入預算為500萬元，比2016年增長10%，採用增量預算法編制2017年的銷售費用預算。

銷售費用中的折舊費用、銷售管理人員工資等項目一般為固定費用，不會因產品銷售收入的增減而發生變化，因此，只對變動費用項目按增量預算法預算相應的增加預算數額。預算編制的基本程序如下：

第一，分析成本習性，區分固定成本與可變成本。

第二，固定成本採用固定預算法確定預算指標，變動成本採用增量預算法。

第三，匯總明細費用指標，確定銷售費用總額。

採用增量預算法編制的銷售費用預算如表 4-8 所示。

表 4-8　　ABC 公司的銷售費用增量預算表

金額單位：萬元

	明細項目	2016 年實際發生額	2017 年增減比率(%)	增減額	10 年預算指標
一	固定費用小計	15	0	0	15
1	銷售管理人員工資	3	0	0	3
2	租賃費	7	0	0	7
3	固定資產折舊費	3	0	0	3
4	其他固定費用	2	0	0	2
二	變動費用小計	50	10	5	55
1	銷售人員工資	10	10	1	11
2	運輸費	10	10	1	11
3	差旅費、會務費	5	10	0.5	5.5
4	廣告宣傳費	15	10	1.5	16.5
5	業務招待費	5	10	0.5	5.5
6	其他變動費用	5	10	0.5	5.5
三	合計	65	10	5	70

五、零基預算法

(一) 零基預算法的含義

零基預算法的全稱為「以零為基礎編制預算的方法」，是指在預算編制時，不受過去實際情況的約束，不以已有預算、上期實際發生項目及發生額為基礎，而從實際需要和可能出發，逐項審議預算期內各項費用，在費用-效果分析基礎上，編制當期預算的方法。

預算編制前須明確的四個問題：①業務活動的目標是什麼？②能從此項活動中獲得什麼效益？此項活動為什麼是必要的，不開展行不行？③可選擇的方案有哪些？目前方案是不是最好的？④各項業務次序如何排列，從實現目標的角度看需要多少資金？

(二) 零基預算法的編制程序

零基預算的編制總共有四個步驟：

(1) 提出預算目標。在正式編制預算之前，應根據企業的戰略規劃與經營目標，綜合考慮各種資源條件，提出預算構想和預算目標，規範各預算部門的預算行為。

(2) 確定部門預算目標。企業內部各有關單位根據企業的總體目標和本部門的具體目標，以零為基礎，提出本部門在預算期內未完成預算目標需要發生哪些費用開支項目，並對每一費用項目詳細說明開支的性質、用途、必要性及開支的具體數額。

（3）成本–效益分析。公司預算管理部門對各部門提報的預算項目進行成本–效益分析，將其投入和產出進行對比，根據輕重緩急將費用項目歸納為「確保開支項目」和「可適當增減項目」，前者一般為約束性費用，后者一般為酌量性開支項目。

（4）分配資金，落實與編制預算。根據預算項目的排列順序，對預算期內可動用的資金進行合理安排，首先滿足確保開支項目，剩餘的資金再按成本效益率或緩急程度進行分配，做到保證重點、兼顧一般。

【例 4–6】ABC 公司擬採用零基預算法編制 2017 年年度管理費用預算，根據公司經營目標和總體預算安排，2017 年年度管理費用方面的資金支出總額為 60 萬元。

（1）公司管理部門編制的管理費用預案如表 4–9 所示。

表 4–9　　　　管理部門管理費用方案

	項目	支出金額（萬元）
1	工資	20
2	辦公費	8
3	差旅費	10
4	技術開發費	5
5	培訓費	15
6	保險費	3
7	業務招待費	7
8	稅金	2
	合計	70

（2）由於費用預案超過公司的要求，管理部門經過對各項費用的分析研究，將八類費用項目區分為約束性費用項目與酌量性開支的費用項目，認為 1 工資、3 差旅費、4 技術開發費、6 保險費、8 稅金為約束性費用，應首先滿足；而 2 辦公費、5 培訓費、7 業務招待費為酌量性開支項目，其三者的重要程度通過「成本—效益分析」來確定，如表 4–10 所示。

表 4–10　　　　成本效益分析表

金額單位：萬元

項目	前三年平均發生額	各期平均收益額	收益率(%)	重要性程度
辦公費	7	35	5	0. 357
培訓費	12	72	6	0. 429
業務招待費	6	18	3	0. 214
合計	35	125	14	1

(3) 資金分配:

首先滿足約束性費用的資金需求，總額為: 20+10+5+3+2=40 (萬元); 然后將剩餘資金 20 萬元按照成本收益分析確定的重要程度在剩下的三種酌量性費用項目間分配:

辦公費分配資金數=20×0.357=7.14 (萬元)

培訓費分配資金數=20×0.429=8.58 (萬元)

業務招待費分配資金數=20×0.214=4.28 (萬元)

(4) 編制 2017 年管理費用資金支出預算，如表 4-11 所示。

表 4-11　　管理費用資金預算表

	項目	支出金額 (萬元)
一	約束性費用支出	40
1	工資	20
2	差旅費	10
3	稅金	2
4	技術開發費	5
5	保險費	3
二	酌量性費用支出	20
6	培訓費	7.14
7	辦公費	8.58
8	業務招待費	4.28
三	合計	60

(三) 零基預算法的優缺點和適用範圍

(1) 零基預算法的優點: 以零為起點，不受過去的限制，不受現行預算的約束，單獨考慮預算期業務需要來確定各項費用。預算細緻、具體，將有限的資金按照功能、重要性等相關因素進行合理、有效的資源配置，有利於合理使用資金，提高資金使用效率。

(2) 零基預算法的缺點: 同樣是由於一切以零為起點，需要對歷史資料、現有情況和投入產出進行分析，預算編制工作相對繁重，需要花費大量的人財物和時間，預算成本較高，編制時間較長。

(3) 適用範圍: 主要適用於銷售費用、管理費用等間接費用的預算，包括各職能部門的費用預算和行政事業單位的費用預算。

六、從定期預算到滾動預算法

(一) 定期預算的特點

前面已經介紹了五種預算編制方法，即固定預算法、彈性預算法、概率預算法、增量預算法、零基預算法。這五種方法都是以一個會計年度、季度或月度作為預算編制的時期，所編制的預算都可以稱為「定期預算」。

定期預算的優點在於預算期與會計期一致，便於實際數與預算數的相互比較，有利於對預算執行情況和執行結果進行分析和評價。

但是定期預算的缺點也是明顯的，主要包括：第一，定期預算編制時間始於預算年度前 3 個月左右，此時預算編制部門對預算期內企業的一些經營活動情況並不是十分瞭解，從而無法做到準確預算，尤其是預算后半期的預算數據較為粗略，使得在預算執行中可能遇到較多的困難和障礙；第二，未來情況可能有較大變化，定期預算不能及時根據變化了的情況進行適時的調整；第三，預算時期是固定的，隨著預算的執行，預算期會越來越短，使得管理人員只考慮較短的預算期間的經營活動，尤其是預算后期常常引發「突擊花錢」等短期化行為；第四，市場經濟體制下，很多企業靠客戶的產品訂單組織生產，而訂單產品生產時段可能很短，甚至只有一兩週，此種情況下，按年、月編制預算不僅難度大，而且編制的預算可能是「閉門造車」，缺乏可執行性。

正是針對定期預算的上述缺陷，出現了滾動預算的概念。

（二）滾動預算法的基本原理

滾動預算法是指隨著時間的推移與預算的執行，其預算時間不斷延伸，預算內容不斷補充，整個預算處於永續滾動狀態的一種預算。

滾動預算的基本原理是預算期始終保持在一個固定時期，一般為一年。當基期年度預算編制完成后，每過一個月或一個季度，便補充下一月或下一季的預算，逐期向后滾動，使整個預算處於一種永續滾動狀態，從而在任何一個時期都能使預算保持 12 個月的時間跨度。

滾動預算法按照「近細遠粗」的原則，採用了長計劃、短安排方法，即在基期編制年度預算時，先將第一季度按月劃分，建立各月份的明細預算數字，以方便執行與控製；至於其他三個季度的預算則可「粗」一些，只列各季度的總數，等到第一季度臨近結束時，再將第二季度的預算按月細分；第三、四季度以及新增列的下一年度的第一季度預算，則只需列出各季度的預算總數，以此類推，使預算不斷滾動下去。這種方式的預算有利於管理人員對預算資料做經常性的分析研究，並能根據當前預算的執行情況加以修改，這都是傳統的定期預算編制方式所不具備的。其基本方式如圖 4-1 所示。

（三）滾動預算的優缺點與適用範圍

1. 滾動預算的優點

理論上，滾動預算彌補了定期預算的幾乎所有缺陷，其優點主要包括以下四個方面：

第一，滾動預算能夠從動態的角度、發展的觀點把握企業短期經營目標和遠期發展戰略，使預算具有較高的透明度，有利於企業管理決策人員以長遠的眼光去統籌企業的各種經營活動，將企業的長期預算與短期預算很好地聯繫和銜接起來。

```
          ┌─────────── 20×1年預算 ───────────┐
          │ 1 │ 2 │ 3 │ 4 │ 5 │ 6 │ 7 │ 8 │ 9 │10 │11 │12 │
          │ 月│ 月│ 月│ 月│ 月│ 月│ 月│ 月│ 月│ 月│ 月│ 月│
執行
 與   ───▶
調整
              ┌─────────── 20×1年預算 ───────────┐ 20×2年
              │ 2 │ 3 │ 4 │ 5 │ 6 │ 7 │ 8 │ 9 │10 │11 │12 │ 1 │
              │ 月│ 月│ 月│ 月│ 月│ 月│ 月│ 月│ 月│ 月│ 月│ 月│
執行
 與   ───▶
調整
                  ┌─────────── 20×1年預算 ───────────┐ 20×2年
                  │ 3 │ 4 │ 5 │ 6 │ 7 │ 8 │ 9 │10 │11 │12 │ 1 │ 2 │
                  │ 月│ 月│ 月│ 月│ 月│ 月│ 月│ 月│ 月│ 月│ 月│ 月│
```

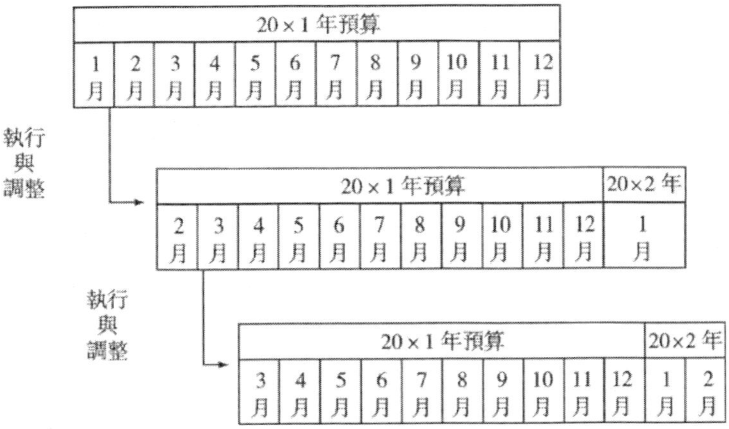

圖4-1　滾動預算法編制示意圖

第二，滾動預算遵循了企業生產經營活動的變動規律，在時間上不受會計年度的限制，能夠根據前期預算的執行情況及時調整和修訂近期預算，在保證預算的連續性和完整性的同時，有助於確保企業各項工作的連續性和完整性。

第三，滾動預算能使企業各級管理人員對未來永遠保持著12個月的工作時間概念，有利於穩定而有序地開展經營活動，避免短期行為。

第四，滾動預算採取長計劃、短安排的具體做法，可根據預算執行結果和企業經營環境的變化，對以后執行期的預算不斷加以調整和修正，使預算更接近和適應變化了的實際情況，從而更有效地發揮預算的計劃與控製作用，有利於預算的順利進行。

2. 滾動預算的缺點

理論上完美的滾動預算，在實踐中會遇到巨大的困難，即工作量太大，如果月月滾動，企業幾乎就是月月在做預算。因此，理論上最完美的東西，在實踐中往往可能最無用。

3. 滾動預算的適用範圍

理論上的滾動預算要保持12個月的固定預算期，進而引發了月月編制預算的尷尬。但是定期預算的確會出現由於客觀情況發生重大變化，需要調整預算的情況。因此，現實中的滾動預算經常作為預算調整的一種方式，其調整不是未來的12個月，而是本年度剩餘的月份。在第八章年度預算編制中，我們會對滾動預算的編制進行詳盡說明。

第五章
經營預算

第三章談論了預算管理執行機構即責任中心的分類，第四章談論了編制預算的多種方法。本章將在這兩章的基礎上，對預算期內企業日常生產經營活動所引發的收入、成本、費用的預算編制進行闡釋。本章內容涉及責任中心中的收入中心、成本中心和費用中心，而投資中心將在第六章專門預算中講述。

第一節　經營預算概論

經營預算，亦稱業務預算，是指與企業日常經營活動直接相關的經營業務的各種預算。經營預算主要包括銷售預算、生產預算、存貨預算和期間費用預算四類。銷售預算是對預算期內預算執行部門銷售各種產品或勞務可能實現的銷售量和銷售單價的預算。生產預算是對預算期內所要達到的生產規模和產品結構的預算，主要指產量的預算。存貨預算是對預算期內各類存貨數量與單價的預算，由於存貨種類眾多，結合預算管理要求，可以分為採購環節、生產環節和銷售環節三類預算。其中，採購環節的存貨包括外購商品、外購原材料、低值易耗品和包裝物；生產環節的存貨包括生產成本中的直接材料、直接人工、製造費用；銷售環節的存貨指驗收入庫后至對外銷售前的產成品。需要說明的是，在製造類企業中還存在輔助生產成本的核算，主要是針對預算期內輔助生產車間發生的各種費用的預算，其最終會轉化為直接材料或製造費用。期間費用預算是指企業在預算期內組織生產經營活動所必要的管理費用、銷售費用（營業費用）和財務費用的預算。

經營預算涉及採購部門、生產部門、銷售部門、研發部門、財務部門等，分別歸屬於收入中心、成本中心和費用中心。

講述經營預算編制，有兩種方法：一是按照預算的內容依次說明銷售預算、生產預算、存貨預算和期間費用預算；二是根據不同的責任中心的特點，講述其預算編制的方法。

鑒於預算編制、執行、分析、控製、考核的完整性，本章的第二至四節將從責任中心的角度講述預算編制，並在最后一節中講述其他相關的預算編制。

第二節　收入中心的預算編制

收入中心是為企業帶來直接收入的部門，負責完成馬克思所言的「驚險跳躍」，其在製造類企業中主要是指銷售部門。

一、預算編制的起點與方法的選擇

(一) 預算編制的起點

實務中，受企業產品在市場上的供求關係影響，預算編制的起點有兩種，一是以生產預算為起點，二是以銷售預算為起點。

在產品處於賣方市場的情況下，產品供不應求，企業生產多少就能銷售多少，生產決定銷售，如曾經的蘋果手機。這種情況下，預算編制的起點自然是生產預算。

在產品處於買方市場的情況下，產品競爭激烈，銷售決定生產。這時，企業的生產必須貼近市場、適應市場，必然以銷售預算作為預算編制的起點。

在市場經濟條件下，除少數壟斷行業和特殊企業外，多數企業接受市場的競爭，因此本書對於經營預算的編制以銷售預算為起點。

(二) 預算編制方法的選擇

銷售部門預算的編制涉及很多方面，如銷售量預算、銷售價格預算、銷售費用預算、應收帳款預算等。從銷售量預算而言，在多種預算編制方法中，應當選擇「增量預算法」。這主要基於兩個原因：一是增量預算法體現了企業不斷發展的訴求，每個企業都希望在上年的基礎上「芝麻開花節節高」，加上企業發展存在一定的慣性，可以使用增量預算；二是得益於中國經濟的大環境，改革開放后，尤其是 21 世紀以來，中國企業包括國有企業都取得了快速的發展。雖然近年來受世界經濟危機影響和歐美貿易保護主義的干擾，中國經濟增速有所放緩，部分受西方經濟思想影響的人不斷宣稱中國經濟進入結構性減速的階段，但是否如此，相信時間會給他們否定的答案。中國經濟的長期快速發展，為企業發展提供了良好的外部環境，整體蛋糕變大，即便市場佔有率不變，企業仍可取得進展。因此，微觀與宏觀兩個方面的原因，使得使用增量預算法編制銷售量預算成為必然。

二、銷售量的預算方法

銷售部門的預算內容包括銷售量預算、銷售單價預算、銷售費用預算、應收帳款預算等。本節將重點分析銷售量預算與銷售單價預算，銷售費用和應收帳款預算將在本章第五節講述。

銷售量預算是指在充分調查研究的基礎上，預計市場對企業產品在未來期間的需求趨勢。其主要有兩大類方法，即定性預測法和定量預算法。

(一) 定性預測方法

定性預測方法是依據預算人員的實踐經驗、知識及分析能力，在充分考慮各種因素對企業經營活動影響的前提下，對預測目標的性質和發展趨勢進行預測的分析方法。預算是一個計劃的量化過程，即是一種定量的方法。但是，鑒於未來因素的千變萬化和難以量化的原因，定性預測方法可以作為一種輔助方法使用。具體有高級經理意見法、銷售人員意見法、購買者期望法和德爾菲法。

高級經理意見法是依據銷售經理或其他高級經理的經驗與直覺，通過一個人或所有參與者的評價意見得出銷售預測大體數值的方法。此方法不需要經過精確設計即可迅速簡單地進行預測，對於預測資料不足而預測者經驗豐富的情況，該方法非常實用。

銷售人員意見法是利用銷售人員的經驗和直覺對未來銷售進行預測。它既可以由每個銷售人員單獨做出預測，也可以由銷售人員與銷售經理共同討論做出預測。預測結果層層匯總，最終得出企業的銷售量預測結果。該方法簡單明了、廣泛，作為一種參與式預算使得銷售目標的制定更具有群眾基礎。使用該方法時，需要避免「泛民主」的負面影響。

購買者期望法是通過徵詢客戶的潛在需求或未來購買產品計劃的情況，瞭解客戶購買產品的活動變化及特徵，然后在收集客戶意見的基礎上分析市場變化，預計未來的市場需求。在預測實踐中，這種方法常用於中高檔耐用消費品的銷售預測。這種方法一般準確率較高，但不適合於長期預測。這是因為長期內市場變化因素大，消費者不一定能按長期購買產品計劃安排實際購買活動。

德爾菲法亦稱專家意見法，是根據有關專家的直接意見，採用系統的程序、互不見面和反覆進行的方式，對某一未來問題進行判斷的預算方法。其最大優點是能夠充分收集專家意見、把握市場特徵，具有匿名性、費用低、節省時間的特點。但是，這種方法類似於高級經理意見法，主觀性較強。

(二) 定量預算方法

定量預算方法依據過去比較完備的統計資料，應用一定的數學模型或數理統計方法對各種數量資料進行科學加工處理，借以揭示有關變量間的規律性聯繫，作為對未來事物發展趨勢預測的依據。下面主要介紹四種方法，即趨勢預測法、迴歸分析法、市場增量法、客戶增量法。其中前兩種方法偏重理論，后兩種方法偏重實務，是典型的增量預算法。

1. 趨勢預測法

趨勢預測法又稱時間序列預測法，是將歷史資料和數據按時間順序排列成一組數字序列，根據時間順序所反映的經濟現象的發展過程、方向和趨勢，將時間序列外推或延伸，利用變量與時間的相關關係，分析、預測未來數據的方法。該方法又分為簡單平均法、移動平均法、指數平滑法。

(1) 簡單平均法就是通過計算預算期前若干期銷售量的算術平均數，以此平均數作為預算期銷售量預算數的方法。其計算公式如下：

$$y_t = \frac{x_{t-1} + x_{t-2} + \cdots + x_{t-n}}{n} = \frac{1}{n}\sum_{i=t-n}^{t-1} x_i$$

式中，y_t 表示第 t 期即預算期的銷售量預算值，x_i 表示第 i 期的實際銷售量，n 為觀察期期數，n 的選擇根據企業的經驗自行確定。

（2）移動平均法是在計算平均數時，不同等地對待各時間序列的數據——給近期的數據比較大的比重，越接近預測期的數據，其權數越大，對預測值的影響也越大，使其對移動平均數有較大的影響，從而使預測值更接近於實際。

此種方法的關鍵是對每個時間序列的數據插上一個合適的加權系數，值得注意的是，每個時間序列的權數可以不同，但各時間序列的權數之和必須等於 1。其計算公式如下：

$$y_t = \sum_{i=t-n}^{t-1} k_i x_i$$

式中，y_t 表示第 t 期即預算期的銷售量預算值，x_i 表示第 i 期的實際銷售量，k_i 表示第 i 期實際銷售量的權重。

（3）指數平滑法是指以某種指標的本期實際數和本期預測數為基礎，引入一個簡化的加權因子，即平滑系數，以求得平均數的一種指數平滑預算法。它反映了近期事件的數值對預測值的影響。這是一種在移動平均法基礎上發展起來的特殊加權移動平均法。

指數平滑法包括一次指數平滑法、二次指數平滑法和多次指數平滑法。一次指數平滑法適用於水平型變動的時間序列預測；二次指數平滑法適用於線性趨勢型變動的時間序列預測；多次指數平滑法適用於非線性趨勢變動的時間序列分析。僅以一次指數平滑法為例，其計算公式如下：

$$s_t = a x_{t-1} + (1 - a) s_{t-1}$$

式中，s_t 表示第 t 期銷售量預算值，x_{t-1} 表示第 t-1 期實際銷售量，s_{t-1} 表示第 t-1 期的銷售量預測值，a 表示指數平滑系數，取值範圍為［0，1］。

應用一次指數平滑法進行預測，平滑系數 a 的選擇是關鍵。a 取值不同，預測結果就不同。平滑系數越大，則近期傾向性變動影響越大，反之亦然。平滑系數 a 的大小可以根據過去的預測數和實際數比較而定。

2. 迴歸分析法

迴歸分析法是利用事物發展的因果關係來推測事物發展趨勢的方法。它一般是根據所掌握的歷史資料，找出所要預測的變量與其相關變量之間的依存關係，來建立相應的因果預測的數學模型，最后通過該數學模型確定預算對象在預算期內的銷售量或銷售額。迴歸分析法試圖找到自變量與因變量的因果關係，所以也被稱作「因果預測分析法」，但是更多時候得到的不過是一種相關關係而已，因此稱為「迴歸分析法」更為準確。按是否需要加入控製變量，迴歸分析法分為一元迴歸分析法和多元迴歸分析法。

一元迴歸分析法是根據直線方程，按照最小二乘法原理來確定一條能正確反映自變量 x 與因變量 y 之間的最小離差平方和的直線進行預測。其數學表達式為：$y=a+bx$。其中 a 和 b 是需要估計的待定參數。第四章例 4-3 就是一元迴歸分析法的一個最簡單的例子。

現實中，由於影響因變量的因素不止一個，當研究某個因變量對自變量的影響時，為解決內生性問題，需要加入其他因變量，一般稱為控製變量，一元迴歸方程的數學表達式可以擴展為：

$$y=\beta_0+\beta_1 x_1+\beta_2 x_2+\cdots\beta_n x_n$$

式中，y 為因變量，x_1 為自變量，x_2 至 x_n 為控製變量，β_0 至 β_n 為需要估計的待定參數。

對於上述兩類定量分析法，無論是時間序列預測法還是迴歸分析預測法，其優缺點在統計學和計量經濟學的教科書中有更詳盡的說明，限於篇幅關係，本書不再做相關敘述，有興趣的同學可以參考統計學和計量經濟學的相關書籍。

3. 市場增量法

市場增量法亦稱宏觀預算法，是指預算單位對宏觀經濟帶來的市場空間以及所處行業的競爭態勢進行分析，進而確定銷售量或銷售額期望值的一種預算方法。其計算公式如下：

預算期市場成長增量=基期本區域生產總值×預算期生產總值預期增長率×行業相關係數×本企業市場份額

其中行業相關係數是指所處行業產值占該區域生產總值的比重。

【例 5-1】2015 年四川地區生產總值為 30, 103 億元，其中智能手機占 5%，市場份額統計如表 5-1 所示，請計算小米公司的預測銷售額。

表 5-1　　智能手機業市場份額

廠商	市場份額（%）	應完成的銷售收入（億元）
華為	19	
三星	15.4	
蘋果	7.6	
OPPO	5	
小米	4	
其他	52	

根據上表可知，小米公司在四川地區的預計銷售額=30, 103×5%×4%=60(億元)。

如果 2016 年四川省地區生產總值增速可達 10%，則小米公司 2016 年的市場成長量=60×10%=6（億元）

在收入中心的預算編制中，銷售部門還要與市場部門一起研究另一個重要領域，即研究如何從競爭對手手中搶占份額，這就是「競爭回報增量/額」。

競爭回報增額=競爭性投入÷邊際貢獻率

邊際貢獻率=（銷售收入-變動成本）÷銷售收入

上述公式的含義是要計算出需要多少銷售增量才可以將投入賺回來，達到盈虧平衡。同時說明，如果企業固定成本比重較高的話，需要的回報會減少。我們在之后有關費用中心預算的內容中會說明，企業從穩健性的角度出發，要將固定費用比重增加。

仍以小米公司為例。其本年售出小米 5 手機 360 萬臺，經市場調研，公司決定將該型號手機（2,000 元）降價 5%，同時增加廣告費 1,500 萬元，如果該型號手機的邊際貢獻率為 40%，請計算競爭回報增量。

競爭性投入=360×2,000×5%+1,500=37,500（萬元）

競爭回報增額=37,500÷40%=93,750（萬元）

競爭回報增量=93,750÷（2,000×95%）=49（萬臺）

也就是說小米公司必須多賣出 49 萬臺手機才能彌補降價損失和廣告投入。

對上述例子，還要注意一點，若同學們習慣了會計對已確認項目的精確性的渴望，經常會追求小數點后至少兩位數，比如本例中精確計算是 49.34 萬臺。但是，同學們需要牢記的是，小數點后的兩位數基本沒有管理價值。管理追求的是價值，而不是精細。一項管理活動的價值在於這項活動對人的行為的指導與改變。

市場增量法是從宏觀角度考慮問題的，但是，當企業達不到一定規模水平的話，該方法很難實施。

4. 客戶增量法

客戶增量法也稱微觀增量法，是按照企業所面向的客戶群體設定增量期望值的一種預算方法，它實際是前面談到的定性預測方法中的購買者期望法的一種量化過程。

「顧客是上帝」說明只有客戶存在，企業才能存在。銷售量完全是客戶規模派生的，所以，銷售量預算實際上就是客戶量預測。客戶增量法就是把銷售量預算編制到客戶的一種方法。

客戶群體分為三種，即市場客戶、工作客戶、購買客戶。

市場客戶平臺（Marketing Platform，MP），即某種產品或服務的潛在受眾群體。市場客戶的數量是由產品和服務的設計定位來決定的，任何產品都必須有特定的客戶指向，所謂老少皆宜、男女通用、包治百病的產品是不可能成功的。

在市場客戶平臺上，市場部門需要通過各種手段讓受眾群體瞭解企業的產品或服務。這個階段要花錢，有些產品要花很多錢，營銷預算就是為搭建這個平臺所準備的，這個時期的費用支出稱之為「客戶影響成本」，市場部的主要考核指標是「客戶訪問量/競爭投入量」。

工作客戶是指那些對企業某種產品或服務有所瞭解並有購買意向的人。在工作客戶平臺（Working Platform，WP）上，銷售部門需要花費銷售費用，其費用支出稱為「客戶開發成本」，銷售部門的主要考核指標是「銷售費用/WP 客戶總量」。

購買客戶是已經購買了企業某項產品或服務的客戶。這些客戶是需要予以售后服務的群體，他們是服務與技術支持部門的工作指向，在購買客戶平臺（Buying Platform，BP）上，服務與技術支持部門的費用支出稱之為「客戶維護成本」，該成本用於考核老客戶的維護有效性，成本數額會因為銷售量的增加而增大。

客戶影響成本、客戶開發成本、客戶維護成本，三者構成了營銷成本或銷售費用，這種劃分方法有利於責任中心的確定。很多現代企業，製造成本甚至低於營銷成本，所以企業絲毫不需要因為在製造成本方面降低幾個百分點而沾沾自喜。

上述的三種客戶可以簡稱為 MP 客戶、WP 客戶和 BP 客戶。企業要增加銷量，必然是需要交易量的增加，而交易量來自客戶，更直接說是 BP 客戶。維持與不斷壯大 BP 客戶是銷售預算的重心，BP 客戶形成的交易量源於兩個：一是 BP 客戶的反覆購買次數的增加，二是 WP 客戶的轉入。如蘋果公司通過更新系統的方法增加「果粉」購買次數，通過產品創新和廣告宣傳吸引安卓客戶轉投 IOS 系統。

銷售預算的公式如下：

銷售預算＝Σ（BP 客戶上年交易量+BP 客戶明年新增交易量+WP 客戶轉入量）

客戶增量法彌補了市場增量法的不足，同時也汲取了市場增量法的優點，使得銷售量預算更為理性和具有針對性。市場增量法和客戶增量法建立了一個重要的平臺，迫使企業市場部門、銷售部門永遠緊盯市場、緊盯競爭對手，迫使他們去研究和把握企業的發展機會和現實空間，去考慮在機會和空間面前能做什麼和該做什麼。

此外，區分新老客戶，是客戶增量預算方法的重要一環，需要針對不同客戶的增量對銷售部門等責任中心實行不同的獎勵。

三、銷售價格的預算

銷售額是銷售數量和銷售價格的乘積，在銷量一定的情況下，產品價格的高低直接決定著企業銷售收入的高低和盈利的多少。因此，科學合理地制定銷售價格是編制銷售預算的另一項重要內容。

（一）影響銷售價格的因素

1. 產品成本

馬克思主義理論告訴我們，商品的價值是價格的基礎。商品的價值由 C、V 和 M 構成，其中 C 和 V 是生產過程中物化勞動轉移的價值和勞動力的使用價格，它們是構成成本的因素，並會影響產品的定價。

企業在實踐中，通常按成本、稅金和利潤三部分制定產品價格。根據有關資料統計，目前中國國內工業製成品的成本占出廠價格的 70%左右，因此產品成本是構成產品價格的重要因素之一，這也是銷售價格定價方法中「成本導向定價法」的成因。

但是，有個基本的觀念必須澄清。定價時要考慮成本，否則所有企業都會虧損。然而，在市場競爭條件下，市場承認的是社會必要勞動時間而不是個別勞動時間。除了壟斷企業，其他企業沒有資格或能力說「因為成本提高了所以要提高價格」，如果成本提高就要提高價格，那麼實質上是將成本轉嫁給消費者，那麼還有虧損企業嗎？

2. 市場需求

價格是以價值為中心並受到供求的影響而波動的，這裡不再贅述「供求定理」。

3. 競爭因素

不同的市場類型，競爭程度不同。完全競爭和完全壟斷是兩個極端的情形。現實中更多存在的是不完全競爭，在此條件下，競爭的強度對企業產品定價策略影響重大。在不同的競爭條件下進行產品價格制定時，企業首先要瞭解市場競爭的強度，這主要取決於產品製作技術的難易、是否有專利保護、供求形勢、競爭格局等；其次要瞭解競爭對手的價格策略和對手的實力；最后要瞭解企業在市場中的經濟地位。

4. 技術因素

技術是提高競爭能力的關鍵之一，企業產品技術主要表現為四個方面，即關鍵技術的先進性、功能增強型技術、外觀改進型技術、品質保證型技術。這些問題我們將在后面的「技術定價法」中詳細說明。

（二）產品定價方法

產品定價方法的種類有很多，在學習了銷售價格的影響因素之后，我們將主要介紹三種產品定價方法，即成本導向定價法、技術導向定價法和市場導向定價法。

1. 成本導向定價法

成本是企業生產和銷售產品所耗費的各項費用之和，它是構成價格的基本要素。所謂成本導向定價法，就是以成本為基礎，加上預期利潤來制定價格的一種方法。它操作簡單，也是一種常用的定價方法。

在實際應用過程中，成本導向定價法還可以細分為成本加成定價法、邊際貢獻定價法和目標利潤定價法。

（1）成本加成定價法是在產品成本的基礎上，加上一定比例的利潤作為產品銷售價格的一種方法。其計算公式如下：

產品價格＝產品成本×(1+成本加成率)＋單位產品稅金及附加

其中：

①增值稅是價外稅，不包含在稅金及附加之內，因此產品價格是不含增值稅的價格。

②作為加成基礎的產品成本是由完全成本構成的，包括產品製造成本、管理費用、銷售費用和財務費用。

③單位稅金及附加是公司應交消費稅、城建稅和教育費附加。

④成本加成率就是企業產品成本利潤率，其具體數額可以在行業水平的基礎上結合企業實際情況確定，其計算公式為：

成本加成率=預期利潤÷產品成本總額×100%

成本加成定價法是一種最普遍的定價方法，它適用於產品成本相對穩定、市場競爭較弱行業的產品定價。其優點是定價方法簡單易行，缺點是只從賣方和成本角度考慮價格，忽視了市場需求和競爭。

(2) 邊際貢獻定價法是在產品單位變動成本的基礎上，加上一定邊際貢獻率來核定產品價格的一種方法。其計算公式如下：

產品價格=產品單位變動成本÷變動成本率=產品單位變動成本÷(1-邊際貢獻率)

其中：

邊際貢獻率=邊際貢獻÷產品價格

邊際貢獻=產品價格-產品變動成本-單位產品稅金及附加

邊際貢獻定價法的內涵是：只要所定的產品價格高於產品的變動成本，企業即可獲得對固定成本的邊際貢獻。而當企業獲得邊際貢獻總額超過固定成本總額時，企業就可以獲得利潤。這其實都是微觀經濟學一些最基礎的知識，同學們有興趣可以看看經濟學的相關內容。

當企業生產能力過剩，而客戶又不願意接受正常產品銷售價格時，採用邊際貢獻法進行產品報價可以防止客戶的流失。有時，在市場競爭激烈時要進入某個客戶市場領域，也可以採用邊際貢獻定價法。

【例 5-2】ABC 公司甲產品的設計生產能力為 100 萬臺，產品成本構成情況如表 5-2 所示。

表 5-2　　ABC 公司甲產品成本構成情況表（設計生產能力：100 萬）

項目	產品總成本（萬元）			產品單位成本（元）		
	固定成本	變動成本	總成本	固定成本	變動成本	總成本
製造成本	1,600	5,600	7,200	16	56	72
銷售費用	100	200	300	1	2	3
管理費用	200	200	400	2	2	4
財務費用	100	0	100	1	0	1
稅金及附加	0	0	0	0	0	0
產品總成本	2,000	6,000	8,000	20	60	80

顯然，當公司每月產品的產銷量達到 100 萬臺時，60 元的銷售價格是該公司的停止生產點；當售價高於 60 元時，公司的固定成本可得到不同程度的補償；如果售價高於 80 元，公司即可開始獲利。

假定 10 月份 ABC 公司已經確定了 70 萬臺甲產品的訂單，產品價格按照 20%的成本加成率定價，則甲產品的單價=80×（1+20%）=96（元/臺）。

再假定又接到另一客戶 20 萬臺的甲產品訂單，但客戶提出的最高價格為 70 元/臺，需要公司決定是否接受這個訂單。

顯然，按照成本加成定價法，70 元的價格低於產品的單位製造成本 72 元，公司是不會接受此訂單的。但是，採用邊際貢獻定價法后發現：

邊際貢獻＝70－60＝10（元/臺）

邊際貢獻率＝10÷70＝14.3%

在 10 月份生產任務不足的情況下，是否接受該訂單需要比較以下利潤情況：

①不接受訂單，10 月份的利潤情況為：

產品銷售收入＝70×96＝6,720（萬元）

產品成本＝固定成本＋變動成本＝2,000＋70×60＝6,200（萬元）

甲產品利潤＝6,720－6,200＝520（萬元）

②接受訂單，則 10 月份的利潤情況為：

產品銷售收入＝70×96＋20×70＝8,120（萬元）

產品成本＝固定成本＋變動成本＝2,000＋（70＋20）×60＝7,400（萬元）

甲產品利潤＝8,120－7,400＝720（萬元）

很明顯，企業應該接受 70 元/臺的第二筆訂單。

（3）目標利潤定價法是根據企業產品總成本和預算銷售量，確定一個目標利潤率，並以此為定價標準。其計算公式如下：

產品價格＝產品總成本×（1＋目標利潤率）÷銷售數量

從本質上看，目標利潤定價法也是一種成本加成定價法。

2. 技術導向定價法

成本是產品定價時考慮的首要因素，但是如果希望永不虧損，就必須將成本完全轉嫁給消費者或下游企業，能做到這一點的僅有壟斷企業。當然，在某些企業某些時候存在短期的超額利潤計劃的情況下，也可能出現此種情況，如前幾年的蘋果手機，再如胡慶餘堂的「真不二價」。對於后一種情形，能賣出高價的產品或服務都有一個重要的支柱，即技術。

技術導向定價法就是按照產品或服務的技術價值來確定銷售價格的一種方法。這種定價方法實際上是將研發部門引入到定價團隊，並對企業產品的的技術性做出評估。需要回答的問題主要包括四個方面：

一是關鍵技術領先。技術越先進，產品價值越高，產品銷售價格就越高，這是經濟學的常識。比如 2010 年蘋果公司推出的 iPhone4 手機，其產品設計優良、操作系統流暢，堪稱當年手機的楷模。因此，蘋果手機超高的售價、高額的利潤率就不足為奇了。蘋果手機的成本比售價低許多，卻仍有廣闊的銷售市場，這是因為決定價格的是需求而不是成本。

二是功能增強型技術。產品技術是產品功能的基礎，產品功能是產品技術的體現，所以產品技術創新必須在產品功能上有不同程度的體現。一個產品的基本功能、輔助功能越多，可以滿足或開發的需求也就會越多，客戶自然越多，確定較高價格的可能性就越大。相反，如果一種產品功能越少，市場就越少，需求就越少，價格自然會更低。這個特點在今天的智能手機上被體現得淋漓尽致，同學們作為年輕人更瞭解這個情況。所以，雖然一些企業的核心技術不再先進了，但因為其附加功能很多，在市場上仍會佔有一席之地。

三是外觀改進型技術。同樣的技術、同樣的功能，外觀不同，價格可能存在天壤之別，計劃經濟年代的茅臺酒就曾經遇到過這樣的尷尬。而韓國的產品，小到手機、大到汽車，大多以形象取勝。三星手機沒有最新的核心技術，沒有開發最新的功能，其曾經受歡迎的原因就是外觀上加分。

四是品質保證型技術。一分錢一分貨，在保證品質的前提下取得成功是一種重要的經營手段。曾經的手機業巨頭諾基亞，其研發投入的主攻點是兩個，即品質和成本。

總之，研發預算是銷售價格預算的一個重要組成部分，其回答的問題是研發投入的價值取向問題。這一點我們將在第六章專門預算中詳細說明。當然，研發部門雖然可以根據競爭產品的情況對本企業產品做出技術評估，但是，技術、功能、外觀和品質究竟與價格變動有多大的相關性，這不是研發部門的強項，這時需要市場部門和銷售部門參與進來，共同研究市場價格與產品技術間的關係，確定技術因素與產品價格的關聯繫數。

【例 5-3】ABC 公司研發部門與市場部門對乙產品所做的關聯繫數表和價格決策表如表 5-3 所示。

表 5-3　　　　乙產品銷售價格預算表

技術因素	衰敗程度	關聯繫數	價格變動幅度	基期價格(元)	預算價格(元)
關鍵技術	-10%	0.2	-2%		
功能增強	-20%	0.4	-8%		
外觀改進	-40%	0.3	-12%		
品質保證	0	0.1	0		
價格調整			-22%	3,000	2,340

通過表 5-3 可以看出，ABC 公司經過研發部門和市場部門的共同評估后，從技術層面看，明年的銷售價格應該從 3,000 元降至 2,340 元，降幅高達 22%。一般而言，產品降價達到這個程度時，意味著該產品已經進入衰敗期，公司應該考慮讓其慢慢退市了。

技術導向定價法的意義在於，該方法從四個方面向研發部門和市場部門提出了應該關注的問題，這對研發部門未來產品研發方向的確定具有重要意義。

3. 市場導向定價法

中國有句俗話：「沒有賣不出的東西，只有賣不出的價格。」成本導向定價法是從企業成本利潤角度考慮產品定價的，技術導向定價法是從技術角度和在理性基礎上給產品定價的。但是，產品究竟能賣到什麼價格，最終還是由市場說了算，從根本上說由市場供求關係決定。因此，不少企業採用市場導向定價法。

市場導向定價法是依據客戶對產品價值的感受和對產品的需求程度來定價的。其主要包括理解價值定價法、需求差別定價法、市場需求定價法、隨行就市定價法、競爭導向定價法等。

（1）市場定價法的分類。

①理解價值定價法，亦稱認知價值法，是根據購買者對產品價值的認識和理解來確定價格。產品的價格並不取決於賣方的成本，而是取決於購買者對產品價值的理解和認知，賣方可以運用各種營銷策略與手段，如優美的裝修、高雅的環境和週到的服務，去影響買方對產品的認知和感受，使之形成對賣方有利的價值觀念，然后再根據產品在買方心目中的價值來定價。

購買者對產品價值的理解與感受，很多時候不是由產品成本所決定的。例如一瓶雪花勇闖啤酒，在超市的價格是 5 元，在一般的飯店價格是 10 元，而在五星級酒店的價格是 30 元。正是由於環境氣氛、服務等因素提高了產品的附加價值，使顧客願意支付更高的價格，這就是購買者理解價值定價法。該方法定價的關鍵是準確估計購買者對企業產品的理解價值，然后根據這一點確定產品的價格。

②需求差別定價法是根據購買者對產品需求的強弱不同，定出不同的價格。需求強則定價高，需求弱則定價低。需求差別定價可以分為以顧客為基礎、以產品為基礎、以地域為基礎和以實踐為基礎四種類型。

③市場需求定價法是指企業根據市場能夠接受的價格來確定產品價格，即企業先瞭解市場環境，確定市場上可以銷售出去的產品零售價格，在這個市場零售價格的基礎上，對各種中間費用和利潤進行扣除，得到產品的出廠價，這個出廠價即是對產品的定價。

④隨行就市定價法是指企業將本行業的平均價格水平作為產品定價的標準。在產品市場競爭激烈、成本複雜、需求彈性難以確定時，隨行就市可以反映本行業的集體智慧和市場供求情況，既能保證適當的利益，又能依照現有行情定價，同時易於處理與同行間的關係，避免惡性競爭的出現。

⑤競爭導向定價法主要是以競爭者的價格為定價基礎，以成本和需求為輔助因素進行產品定價，使本企業的產品價格與競爭者的價格類似或保持一定的距離。其特點是，只要競爭者價格不變，即使成本或需求發生變動，本企業的價格也不變，反之亦然。

（2）市場導向定價法的操作。

基於上述對市場導向定價法的分類，我們可以看出，市場導向定價法就是從市場層面理解產品銷售價格的一種方法。定價主要基於兩個方面的因素，一是消費者的購買力，二是產品的競爭力。購買力的變化是改變供求關係的直接動力，競爭則是購買力再分配的重要手段。

要提高企業產品的競爭力，市場部門必須認清企業產品的競爭對手。通常情況下，在同一地區、同一客戶群、同一價位上，競爭對手只有三五個。市場部門需要隨時關注這些競爭對手的各種競爭動作，並隨時評價這些競爭動作可能給本企業產品帶來的價格壓力。

競爭壓力的大小取決於競爭對手對市場的影響力和控製力。市場部門在進行市場定價時，必須充分考慮競爭對手可能推出的新的競爭手段及其對本企業產品所產生的影響，從而隨時調整本企業產品的價格。當然，市場部門也可以採取主動出擊的方法，設計先發制人的競爭動作及期望得到的市場反應。

【例 5-4】針對乙產品，ABC 公司市場部門對明年市場購買力和競爭力做了分析，明年市場需求會增加 30%，競爭對手會降價 5%，具體情況如表 5-4 所示。

表 5-4　　乙產品銷售價格預算表

市場因素	影響程度	關聯繫數	價格變動幅度	基期價格(元)	預算價格(元)
購買力	30%	0.4	12%		
競爭力	-5%	0.6	-3%		
價格調整			9%	3,000	3,270

對比表 5-3，從技術層面上看，ABC 公司的乙產品應該降價 22%，但是從市場化層面上看，應該漲價 9%，那麼市場部門應該如何決策？一般而言，在具備漲價空間的市場面前，同時企業具有閒置生產能力或快速擴張供給能力的情況下，通常企業會選擇以價換量，即不追求價格上漲，而是追求銷量擴大。當然，這還取決於產品的需求彈性和所處行業的特徵。

第三節　成本中心的預算編制

成本中心主要涉及生產部門、採購部門和研發部門等。其預算的內容包括產量預算、直接材料預算、直接人工預算、製造費用預算、產品成本預算等。

一、產量預算

一般而言，產量預算是由企業生產部門為主導編制的，在以銷定產的前提下，其編制的直接依據是銷售量預算，同時考慮企業的生產能力、存貨數量、生產工藝、設備修理等因素，有的企業還要考慮季節性因素的影響。

因此，編制產量預算需要統籌規劃，維持產品生產與銷售及存貨間的平衡，預算期內產品產量預算的基本公式為：

產量=銷售量+期末存貨數量-期初存貨數量

上式中的銷售量可以直接從銷售量預算中取得；對於預算期內產品期初、期末的庫存量，一般可以根據產品的生產週期、一次發貨量、發貨時間等因素合理確定，同時兼顧季節性生產或要求集中供貨的訂單的影響。其基本要求是，既不能耽擱銷售，又不能造成存貨積壓。

二、直接材料預算

直接材料預算是以產量預算為基礎編制的企業在預算期內各種直接材料消耗量及其成本的預算。直接材料是企業產品製造成本的主要組成部分，搞好直接材料預算的編制，不僅可以保障預算期內產品生產的材料需要，還可以通過嚴格的材料消耗定額和預算單價的控製有效降低產品的製造成本。

編制直接材料預算涉及產品產量、材料消耗定額、材料預算價格三類數據資料。其基本計算公式如下：

產品直接材料的消耗量＝Σ（產品產量×材料消耗定額）

產品直接材料的消耗額＝Σ（產品產量×材料消耗定額×材料預算價格）

（一）材料消耗定額的預算編制

材料消耗定額是指在一定的生產技術組織條件下，製造單位產品或完成單位勞務所必須消耗的物資數量標準。按照不同的要求，成本可以分為計劃成本、定額成本和標準成本等，這一部分的內容我們將在第八章財務控製中做詳細說明。

材料消耗定額包括主要原材料、輔助材料、燃料、動力等材料消耗定額。其制定的原則是：在保證產品質量的前提下，根據生產部門的具體條件，結合產品結構和工藝要求，以理論計算和技術測定為主，以經驗估計和統計分析為輔來制定先進合理的消耗定額，其編制部門主要是生產部門和研發部門。

（二）材料預算價格

直接材料預算中的材料成本總額是由材料消耗量乘以材料預算價格得來的。因此材料預算價格的高低，將直接影響直接材料預算的數量和產品製造成本的高低。

材料預算價格是指企業編制直接材料預算、核算產品生產的材料成本時所採用的價格，是不含稅的材料價格，一般由買價加運輸費、裝卸費、保險費、包裝費、倉儲費、運輸途中的合理損耗、入庫前的挑選整理費用和按規定應計入成本的稅金組成。

編制直接材料預算所用的材料預算價格一般採用企業內部的計劃價格或標準價格。這是由於，編制預算期內直接材料預算時，材料的實際價格不可能確定下來，只能採用計劃價格或標準價格。另外，生產部門在實際核算產品製造成本時，應採用計劃價格或標準價格核算材料消耗成本，以保持材料消耗成本計算與直接材料消耗預算口徑的可比性。材料預算主要的編制部門是採購部門。

三、直接人工預算

直接人工預算是企業在預算期內為完成產量預算所需的直接人工工資和福利的

預算。直接人工範圍應確定在基本生產車間、輔助生產車間中直接參加產品或勞務活動的工人的工資與福利。車間管理人員和技術人員的工資與福利在製造費用中體現；公司職能管理部門人員工資與福利在管理費用中列支；銷售人員工資與福利在銷售費用中列支；基建項目人員工資與福利在在建工程中列支。

編制直接人工預算涉及產品產量、生產工時定額、工資預算三類數據資料。

計算每種產品的直接人工總工時公式如下：

產品直接人工的工時 = Σ（產品產量×單位生產工時定額）

其中，產品產量可以從產量預算中直接獲得；單位生產工時定額可以在綜合考慮企業現有生產技術條件的基礎上，根據直接生產人員生產單位產品所需要的合理時間來確定，該「合理時間」包括直接加工操作必不可少的時間以及必要的休息時間和設備調整時間。

計算產品耗用的直接工資公式如下：

產品直接人工的數額 = Σ（產品產量×生產工時定額×小時工資率）

上式中的小時工資率會因企業的工資制度而存在差異。

若採用計時工資制，小時工資率應根據正常生產技術條件下，一定時間的工資總額和一定時間內的工時量來確定。

若採用計件工資制，小時工資率為每生產一件合格產品預定的工資除以產品單位生產工時定額，它由不同技術等級工人的生產效率所決定。

直接人工工時預算一般由生產部門制定，小時工資率的預算由人力資源部門制定。對於其他崗位人員的工資，我們將在本章第四節「費用預算」中說明。

四、製造費用預算

製造費用是企業各個生產部門（分廠、車間）為組織和管理生產而發生的各項費用。在企業生產機械化、自動化程度越來越高的情況下，生產設備的價值也越來越高，設備折舊費、維修費、保險費也會相應增加，車間管理人員、技術人員比重也越來越高，因此製造費用在產品製造成本中的比重越來越大，製造費用的預算與控製日益成為成本管理的重點。

有一個會計學的基礎知識希望同學們瞭解，即製造費用屬於成本，是資產類要素，計劃成本法下可能有期末餘額，代表了多種產品的在產品餘額，所以製造費用預算屬於成本預算，而不是費用預算。

由於製造費用屬於生產部門發生的費用，最終會對象化到產品成本中，其預算一般由生產部門負責編制，財務部門負責指導與協助。

製造費用的預算編制遠比直接材料和直接人工複雜，直接材料和直接人工作為變動成本，與產量存在直接的線性關係，而製造費用與產量間缺乏直接的因果關係，而且製造費用既有付現成本也有沉沒成本，既有變動成本也有固定成本。更為複雜的是，製造費用中的很多項目以混合成本的形式出現，這需要通過高低點法、最小二乘法等方法將其分解為變動製造費用和固定製造費用。

在實務中，製造費用的編制方法有三種：

①變動成本法，即利用成本性態分析原理，將製造費用按其性態區分為變動製造費用和固定製造費用兩個部分。其中，變動製造費用以產量預算為基礎編制，如果企業擁有完善的標準成本資料，用單位產品的變動製造費用定額或變動製造費用標準分配率等系數與產量相乘，即可得到相應的預算金額，其編制原理和直接材料、直接人工預算類似。固定製造費用一般與產量不存在因果關係，需要運用零基預算法逐項測算。

②作業成本法，即運用作業預算的思想，分析成本動因，然后根據成本動因與製造費用間的因果關係，分別編製作業預算，再進一步匯總為製造費用預算。

③綜合法，是一種對變動成本法和作業成本法折中運用的方法，首先將製造費用分解為可控項目和不可控項目，然后對可控項目中那些數額較大或較為重要的項目分別編制業務活動計劃，據以計算相應可控製造費用項目的數額；對於不可控項目，則按零基預算等方法逐項進行測算。

上述三種方法中，更常用的是第一種方法，即將製造費用分為變動製造費用與固定製造費用兩個部分，分類時應注意盡量將更多的製造費用確定為固定成本以便於成本費用的控製與考核，這一點我們將在本章第四節費用預算中做更詳盡的說明。

五、產品成本預算

產品成本預算是反映預算期內為完成產量預算而發生的各種生產耗費的預算。它是在產品產量預算、直接材料預算、直接人工預算和製造費用預算的基礎上匯總編制的，用以反映各種產品的總成本與單位成本。因此，當直接材料預算、直接人工預算和製造費用預算編制完成后，加總后可得到產品單位成本，然后乘以產量預算數額即可得到產品總成本。

六、成本中心預算的責任歸屬

完成成本中心的預算編制，需要進一步說明產品成本各組成部分的責任歸屬問題。

直接材料、直接人工和變動製造費用的預算均包括數量與單價兩個部分，由於受到不同部門的影響，其責任中心不同。對直接材料的消耗量、直接人工工時數、變動製造費用標準分配率、固定製造費用而言，很多同學可能馬上想到生產部門，這是合理的，本書將在第九章「財務控製」中詳細分析；工資率的確定與人力資源部有關，本書將在本章第四節「費用預算」中說明。

這裡重點說明研發部門和採購部門，採購部門主要對材料單價負責，而研發部門會影響直接材料、直接人工和製造費用的數量與價格。

(一) 採購部門的預算控製問題

很多人對企業的採購部門有些誤解，認為花錢比賺錢容易，所以採購比銷售好做得多。很多人還把採購看成肥缺，認為採購中存在很多尋租空間，而且很難控製採購人員中飽私囊的行為。有的企業只好由一把手親自出馬，或者讓親信出面，或者實行「人盯人」的防守。其實從控製原理上看，這些措施意義不大，因為利益對每個人都有誘惑，有的企業一把手親自主管採購，也親自貪污受賄。所以，要想阻止採購部門中飽私囊現象的產生，唯一正確的管理措施是實行預算控製。

在經濟學的學習中，同學們對「買方壟斷」這一概念並不陌生，比如美國的三大汽車公司對眾多的零部件供應商而言就有買方壟斷的優勢，因此很多同學可能自然地認為下游企業比上游企業的利潤高。但是，中國的現實情況是，以汽車行業為例，汽車製造企業的毛利率一般是 15%～20%，而零部件供應企業的毛利率一般為 30%～40%，上游企業是下游企業的一倍。

產生這一現象的原因主要有兩個方面：

第一，中國企業的採購部門還沒有建立起像銷售部門那樣合理的業績考核制度，沒有建立起良好的積壓供應商的機制。

第二，作為第一個原因的延續，採購人員未能履行好自身的職責。很多人認為，採購人員吃回扣是個普遍現象，其實在真實採購實踐中，拿回扣的情況還是少數，更多的是「人情採購」，即和自己朋友所在的企業做生意，一方面放心，另一方面也安心。當朋友所在的企業出現資金困難時，還會出現採購人員以各種理由誘導財務部門提早付款的情況，比如強調該供應商的重要性，如果不付款，對方就無法正常供貨了。如果企業想壓低供應商的價格，採購人員也會出來勸說，比如再壓價對方就不掙錢了。因此，很多時候，公司採購部門成了供應商的「保護傘」。

那麼如何杜絕這些現象的發生？答案是建立起合理的預算管理體系，找到問題的核心，這種方法有的時候叫作「槓桿預算」。採購預算的關鍵在於採購價格，而企業中最瞭解價格的當然是採購人員。那麼如何讓採購人員避免人情採購，主動壓低原材料的採購價格？這需要對原材料進行合理的分類，對供應市場建立預算評價方案，而不是一味地「亂砍價」。這種評價方案如表 5-5 所示。

表 5-5　　供應市場分析方案

材料名稱	規格	主要供應商	供應市場評價					採購定型	採購應對				
			供求關係	市場主導	價格走勢	現行價格	價格預測		搶購	預定	競價	延遲付款	其他

公司所需的原材料中，並不是每種材料都能降價，原材料的價格主要取決於供求關係和企業的主導能力。

首先，需要把公司預算年度的採購材料列一個清單，包括採購的品種、數量、主要供應商，並將那些沒有預算價值的零星小額採購合併到「其他項目」之中。清單列好后，可以組織採購部門相關人員，對每一種材料的市場供應關係進行評價，包括材料的市場供應總量、市場主導能力、與供應商的關係、價格預測等。

做好上述工作后，接下來需要對採購進行分類，大體上說有兩大類，即供應型採購和成本型採購。供應型採購就是以保證供應為主，供應商處於主導地位，能買到就是勝利，可以用搶購、預付款等方式獲得原材料；成本型採購的材料具有與供應商談判的空間，也是採購預算控製的重點。

在對採購進行分類的基礎上，就可以開始進行採購方式調整預算方案的制定了。在這個方案裡，針對不同的材料制定不同的採購方法、付款方法、經濟訂貨批量等，同時明確招標、競價、談判等具體手段。

通過上述分析，企業也可以同時明確預算期每一種原材料的採購價格、控製目標和執行方案。

（二）研發部門的預算控製問題

一說到降低產品製造成本，很多人馬上就會想到生產部門，似乎生產部門是成本上升的罪魁禍首。所以，很多企業會把車間主任送出去培訓，學習生產組織、現場管理、精益生產等。學成歸來，就讓他們在車間裡大干快趕。結果卻是，成本並沒有怎麼降低。

事實上，生產部門對生產成本的控製能力是較低的，真正起作用的是研發部門。變動成本通常在工業設計階段就已經基本確定，通常，產品成本中80%～90%的份額是由研發設計系統固化而來的，如果設計環節出現成本浪費，其損失是驚人而持久的，並且具有極強的隱蔽性。目前，設計環節的腐敗也很嚴重，有的供應商買通企業的設計人員，在產品設計環節將其產品設計進去，在規格、品質上進行唯一設計，使得后續供應沒有選擇，採購部門有苦難言。研發部門人為地將成本型採購變為供應型採購，嚴重增加了后續成本。

那麼，如何杜絕這些現象的發生？讓研發部門自省嗎？醫者難自醫，更何況還有那麼多的利益誘惑。讓生產部門給研發部門提意見嗎？研發人員往往又和生產部門的工作人員缺乏主動交流。研發部門之所以沒有降低成本的意願，從制度層面來看，就是因為他們沒有降低成本的目標和任務。因此，必須編制成本優化研發預算方案，給研發部門壓力，研發部門也就自然有了降低成本的動力。預算方案如表5-6所示。

表5-6　　研發部門成本優化預算

項目負責人	項目前期投入	本年項目預算											
		材料預算		人工預算		製造費用預算		其他支出		投入合計	成本降低預算		
		標準	金額	標準	金額	標準	金額	標準	金額		保守	進取	挑戰

第四節　費用中心的預算編制

費用是企業為了獲利而產生的必要的支出，是為了辦事而提供的條件。企業中的費用中心主要有行政部門、財務部門、人力資源部門等，而非營利組織如行政單位、部分事業單位，也可以認為是費用中心。本節的內容主要包括費用預算的基本原則、費用的分類方法以及各種費用預算的編制方法。

一、費用預算的基本原則

費用預算是對人財物等資源消耗的事前配置，其基本原則是：從「辦事結果」出發，同時考慮「辦事條件」，避免「先資源還是先目的的爭論」。

如果企業的費用預算均以「資源」為起點，以追求資源節省為目的，必然會進入從「少花錢、少辦事」到「少辦事、少花錢」的怪圈，最終變成「不花錢、不辦事」。很多企業之所以走入如此怪圈，就是因為其熱衷於將費用和目標的完成程度相關聯，如將銷售費用和銷售目標聯繫起來，其基本理念是「只有掙到錢才可以花錢」，如此理念必然造成銷售部門在「搶占商機」和「節約費用」間抉擇，而抉擇的結果多是「節約費用」，最終造成企業喪失商機。國有企業缺乏冒險精神、創新能力偏弱其實也是這一理念的一種結果。這就是第二章所談的「韋爾奇死結」的一種表現。

此外，本期的費用支出與上期費用支出無關，本期費用支出與本期業績無關，與本期費用真正相關的是辦事的過程。如果費用預算採用增量預算法，那麼比如出現「兩搶預算」，即「年初搶指標、年末搶花錢」，費用的增長會遠遠超過收入的增長，這是「韋爾奇死結」的另一種表現。因此，費用預算尤其是固定費用預算的編制應主要採用零基預算法。

二、費用的分類

（一）分類的方法

費用有三種分類方法，即按業務環節分類、按費用性態分類、按費用的經濟內容分類。

按業務環節的不同，費用可以分為採購費用、研發費用、製造費用、銷售費用、管理費用、技術支持費用等。

按照費用性態的不同，費用可以分為變動費用和固定費用，這類似於本章第三節中的變動成本與固定成本的分類。

按費用的經濟內容的不同，費用可以分為工資性費用、差旅費、會議費、培訓費、業務招待費、電話費、文具費等。其中工資性費用分為工資與獎金，工資是剛性費用或不可控費用，而獎金和其他費用均屬於可控費用。

從預算管理的角度看，費用分類的著眼點應該是費用性態，不同的費用採用不同的預算編制方法。而在預算的具體編制中，則應按照經濟內容的不同，編制不同費用的預算。

（二）費用預算編制中需要注意的問題

（1）費用預算編制過程中，費用的處理方法與會計核算過程中的處理方法不同。如在成本會計中，車間一線生產工人工資，無論是固定工資還是變動工資，均記錄於基本生產成本的「直接人工」的明細科目中。而費用預算編制中需要將兩者分開，比如，生產工人的計件工資等變動性項目，應列入變動成本下的直接人工，而底薪部門則作為固定成本處理。再比如，賓館的費用預算中，所有公共區域的電費應該按照固定費用處理，而客房的電費則屬於變動費用，應在會計核算中統一作為「電費」處理。

（2）與製造費用類似（注意，製造費用是成本），很多費用項目並不能簡單地劃分為固定費用和變動費用，而是表現為混合費用或半變動費用。當然，可以採用一定的技術方法，如高低點法、最小二乘法等將其分開。當然，技術的方法無法做到精確，不過這對預算影響不大，因為預算管理本身也不追求精確。

針對這種情況，國外企業有一種慣例，即如果某項費用在業務停止后，仍會有20%左右的費用發生，那麼這種費用就是固定費用，否則為變動費用。這種劃分方法的基本原則是盡可能多地將混合費用歸類為固定費用。這樣做的原因有二：

一是將費用的控製方式由相對控製改為絕對控製。固定費用的控製是絕對的，預算確定后，無論業務量發生何種變化，固定費用都會受到總額的決定控製；而變動費用的控製是相對的，主要控製的是費用與業務量的關係。從財務控製的效果看，絕對控製要好於相對控製。

二是符合穩健性原則。同學們在財務管理和管理會計的相關學科中，學過經營槓桿系數（DOL）、保本點分析等，應該知道固定費用越大，企業的盈虧平衡點越高、經營風險越大。如果將混合費用過多地定義為變動費用，就會造成經營錯覺，低估企業的實際負擔，不符合穩健性原則。

DOL＝(息稅前利潤+固定成本)÷息稅前利潤

盈虧平衡點銷售量＝固定成本÷(銷售單價−單位變動成本)

（3）變動費用預算的特點。變動費用是指與企業業務發展直接相關的支出，即業務量越大，變動費用越大。比較常見的變動費用有銷售佣金、保修費用、業績獎金等。變動費用不可能進行絕對額預算控製，因為它不可能固定在一個數據上，而是隨著業務量的變化而變化，所以，變動費用預算需要確定的不是某一個絕對額，而是變化的程度。

在變動費用預算中，關注的重點是因變量（變動費用）與自變量的關係，而非自變量本身。即f：$X \rightarrow Y$這個映射。「f」的設定與不同的自變量有關，如銷售佣金與銷量的關係由公司銷售政策決定；銷售費用與效率的關係由市場情況和公司的可接受能力決定；保修費用根據歷史數據和公司政策等因素來預測。

（4）固定費用預算的特點。固定費用是指企業某項業務停止后仍會繼續發生財務支出的費用，即在一定範圍內不隨銷售量的變動而變動的費用。根據費用發生的強度，可以進一步將固定費用分類為剛性費用和柔性費用。剛性費用指已經支付、無法放棄或壓縮的費用，如工資費用、折舊費用等。柔性費用是企業即期支付、即期承擔的費用，如差旅費等，這些費用可以壓縮，但難以停止。在企業實務中，為控製剛性費用的過度增長，有企業將費用分為工資性費用與非工資性費用。

此外，固定費用預算切忌使用彈性預算法。一是模糊了費用的習性，將所有費用都視為變動費用，隨銷售收入增長，無法合理控製費用增長。二是明年的費用預算建立在本年的實際支出基礎上，從而出現「兩搶預算」，即「年初搶資源、年末搶花錢」。

三、費用預算的編制

（一）工資性費用預算

1. 工資性費用的特點

工資性費用由工資和獎金兩部分組成，兩者性質差異很大，切忌將其混為一談。

工資屬於剛性費用，隨著經濟的發展、人民生活水平的提高，工資只能上升不能下降。有一種觀點是「工資是老板給的」，其實這是大錯特錯的，工資是員工用勞動力使用權換來的，通俗地說就是員工自己賺的。工資的多少並不是企業可以決定的，而是由勞動力市場供求和勞動力技能水平決定的。一個企業想付出低於市場水平的工資去雇傭人力，它唯一的選擇就是雇傭勞動技能差的員工。

獎金是變動費用，將獎金與工資混為一談，比如壓低工資、提高獎金，其實是違背經濟規律的，是將風險從企業向員工轉移。雖然這種情況目前在保險、房屋仲介等行業比較常見，但它不可能長久。工資是一種先行承諾的財務支出，由勞動力市場決定；獎金是由業績決定的，員工的業績越好，獎勵的水平就應該越高。壓低工資，尤其是工資低於主要競爭對手，這對企業來說是極度危險的，可能造成高水平員工的大量流失。

2. 工資性費用預算編制

工資性費用預算通常由人力資源部門主持完成，其預算編制主要包括以下四個方面：

（1）以業務為基礎、以做事情為目的，合理確定企業的組織機構。預算編制的首要工作是根據企業預算期內經營目標，調整和完善組織機構。

（2）以業務量為前提，確定合理的用工人數。預算中既要考慮撤銷人浮於事、冗員過度的崗位，同時也要將需要增加的崗位列入其中。

（3）以市場規律為指引，確定合理的工資水平。及時瞭解勞動力市場的價格水平，尤其是主要競爭對手的工資水平，是人力資源部門一項長期而持續的工作。在工資預算中，人力資源部門必須對所有員工的工資水平進行市場對照，對那些明顯低於市場水平的崗位及時進行工資調整。全員漲薪的做法是錯誤的，是違背市場規律的行為，起不到提高業績的作用。

（4）嚴格按照國家法律規定，確定員工的基本社會福利。五險一金已經推行了很多年，在國有企業中早就得以執行，但是在部分私企中，少繳甚至不繳的情況仍然存在。對此，企業必須執行國家的規定，履行基本的責任。工資費用預算中應該考慮未來年份計算基數的變化。

同學們可以通過表 5-7 瞭解工資預算的編制情況。

表 5-7　　　ABC 公司銷售部工資性費用預算表

金額單位：元

崗位名稱	當前人數	崗位調整	預算人數	基本工資	職務工資	市場價格	偏離率	預算調整比率	預算年度水平
經理	1		1	5,000	4,000	11,000	18%	10%	9,900
副經理	2		2	4,000	3,500	9,000	17%	10%	8,250
助理	1	1	2	3,500	3,000	8,000	19%	10%	7,150
科長	8		8	3,000	2,500	7,000	21%	10%	6,050
副科長	8	-1	7	2,500	2,500	5,500	9%	10%	5,500
職員	93	7	100	1,800	1,200	1,200	25%	20%	3,600
合計	113	7	120	227,900	165,600	539,500			487,600

可以看出，ABC 公司銷售部工資偏離問題極大，這是危險的，必須給予及時的糾正。

（二）差旅費預算

差旅費在很多企業中實行總量控製，其屬於固定費用的柔性費用，是最容易引發爭奪的領域。

比如 ABC 公司西南銷售分部，原有銷售人員 18 人，2013—2016 年銷售額分別為 500 萬元、700 萬元、960 萬元、1,550 萬元，差旅費分別為 50 萬元、90 萬元、130 萬元、150 萬元。2017 年銷售人員將增加至 20 人，銷售預算 2,400 萬元，同學們認為 2017 年銷售部門的差旅費應是多少？不管是「拍腦袋」，還是高低點或最小二乘法的計算結果，肯定要比 2016 年的 150 萬元高。

上述思維就是不知不覺將增量預算法的思想應用到了固定費用預算中來。長此以往，費用會越來越高，即便以后對其進行控製，依然會比以前要高。

因此，差旅費的預算必須使用零基預算法，即一切從零開始，既不考慮過去花了多少錢，也不考慮將來完成什麼任務，因為差旅費只和明年做事的過程相關。但是，零基預算如果從零開始，其抓手是什麼？

還是以銷售部門為例，去年差旅費的數額與去年的出差次數相關，而今年的差旅數額肯定和去年出差次數沒有直接的因果關係，進而和去年差旅費數額沒有關係。因為去年去過的地方並不代表今年還要去，而且今年銷售任務的良好完成情況也不代表出差次數多，因為如果是老客戶的話，可能打電話就能解決問題，一分錢的差旅費都不需要。如果是新產品銷售或開拓新客戶，就需要多次出差，最壞的情況是一分錢的銷售都沒有實現。但是，進一步來想，沒有銷售就不出差了嗎？恰恰相反，要出更多的差，花更多的差旅費。

因此，零基預算的關鍵或抓手就在於尋找做事與花錢的因果關係，這個因果關係被稱為「成本動因（Cost Drivers）」。

那麼，差旅費的成本動因是什麼呢？如果詢問銷售部門全體人員，你們出差的動因是什麼？估計他們很難回答。但是，如果徵求每個單獨的銷售人員意見，理由就很多也很明確了，比如拜訪客戶，外地客戶越多、出差要求越多，距離越遠、交通費越高，等等。

因此零基預算的第一要務是「崗位預算」。差旅費的成本動因主要包括：

①外地客戶量。外地客戶越多，出差越多。

②出差時間。時間越長，差旅費越高。

③出差次數。次數越多，差旅費越高。

④出差距離。出差距離決定交通方式，坐飛機肯定比坐汽車的費用高。

⑤出差標準。職位越高，標準越高。

根據上述成本動因，對不同銷售人員進行單獨的「崗位預算」，最終合併為銷售部門的差旅費預算。

（三）會議費預算

會議費是企業為了某種目的組織的群體活動而發生的各項支出。會議是群體活動，沒有個人負責，因此群體活動很容易變成集體消費，從而失去控製。

（1）會議費預算編制應考慮的因素。

①會議目的。讓資源的使用直接體現目的，是最有效率的，也是最大的節約。會議費預算首先要明確會議的目的、會議要解決的問題。

②會議的規模。包括會議地點、場所的選擇，與會人數等，在預算中必須考慮會議的規模和需要解決的問題之間的關聯程度，防止將會議變成「福利會議」，如借機旅遊等。

③對會議支出進行事前設定。

④明確會議費預算包括的內容，主要目的是防止會計核算時與其他費用發生混淆，如會議的「資料費」很容易和「辦公用品」相混淆，從而影響預算執行的核算與考核。

（2）會議費的成本動因包括參會人數、交通費、住宿費、餐費、設備及場地租賃費、資料費等，其中最根本的動因是參會人數。會議費的責任中心可以放在舉辦部門。表 5-8 是 ABC 公司的會議費預算表。

表 5-8　　　　會議費預算表

會議名稱	舉辦部門	舉辦地點	參加人數	製作費用	場租費	禮品費		餐飲費		娛樂費		其他	小計
						標準	金額	標準	金額	標準	金額		
合計													

會議費的責任歸屬是個具有爭議的話題，有人認為應該由企業總預算承擔，也有人認為應該由舉辦單位預算承擔，對此，同學們可以自行思考。

(四) 培訓費、業務招待費、車輛費預算

1. 培訓費預算

培訓是提高員工人力資本價值的一種手段，在知識經濟時代越來越受到重視。

(1) 原則：堅持向骨干傾斜，向有提升空間的人傾斜。

(2) 切忌：普及教育；干活的人沒時間培訓，不幹活的人天天培訓。

(3) 會計核算：將所有與培訓相關的費用計入其中，這類似於會議費，如不能將會議中的教材費列入「辦公用品」，也不能將「培訓差旅費」列入「商務差旅費」。

2. 業務招待費預算

招待費是社會關係的「潤滑劑」，對於高檔白酒行業，它甚至是擴大內需的手段。業務招待費預算主要是控製招待的頻率、標準、人數。

3. 車輛費預算

車輛費預算需要按照崗位預算的方法編制。需要注意的問題有：

第一，做好車輛相關費用的劃分，變動費用如油費、保養費；固定費用如保險、「五路一橋」費等。另外，還要考慮車型、新舊程度、油價波動程度等。

第二，重點關注保險費和保養費，多年前這曾經是專職司機收入的重要來源之一，是預算編制與控製的重點。

(五) 電話費與文具費預算

之所以將這兩種費用預算放在一起談，是因為電話費和文具費都是公司中的「小錢」，對其加強預算管理的目的主要不是合理分配資源，而是改變資源使用風氣、提倡節約。

1. 電話費預算

(1) 明確電話費的種類。市話、國內長途、國際長途、手機信息費是電話費的組成部分，或許這種分類有點過時了，畢竟國內長途正在成為歷史，而國際長途費用降低或許是遙遙無期——一方面打國際長途電話的人少，不是社會關注的重點；另一方面隨著網路視頻的普及，國際長途業務也逐漸減少。

(2) 確定開通權限。這裡的重點當然還是國際長途。一個國際部經理，原本每月通話費用 1.5 萬元，實行預算后只用 1,000 元，你能想到為什麼嗎？

(3) 確定合理通話時間。電話聯繫超過半小時，不如改用其他通信方式。

2. 文具費預算

(1) 特點：屬於個體開支，但必須避免「100-1=0」的問題，如高檔的打印機配備低檔的打印紙。

(2) 注意：該費用有的時候不好控製，那麼就不用控製了，比如控製成本遠遠高於費用本身時。這其實也是一個經濟學原理，比如燒烤店裡餐巾紙可以收費，但是鹽不會收費。

總之，對於小的費用，不要以滴水不漏的管理為目標。

第五節　其他相關的預算編制

前面我們從收入中心、成本中心、費用中心的角度講述了各種主要相關預算的編制方法及其需要注意的問題。但是，經營預算涵蓋的內容很多，在本節中我們將講述應收帳款、應付帳款、期間費用和應交稅費的預算。而折舊費用預算將放在第六章專門預算中與固定資產預算一起說明。

一、應收帳款預算

應收帳款預算是反映預算期內企業應收帳款的發生額、回收額及期末餘額的預算。在買方市場的情形下，企業為了擴大銷售，提高市場佔有率，往往大量採用賒銷的方式銷售產品，所以當期的銷售貨款往往有一部分不能立即收回，從而形成應收帳款。也就是說，企業預算期內的銷售回款數額並不等於銷售收入，而是等於銷售收入減去應收帳款的增加額，這點在第八章年度預算中我們也會做具體說明。

為了管理和控製預算期內銷售貨款的應收及回收情況，同時為了編制現金收入預算，企業在銷售預算編制完成后，還需要編制應收帳款預算。

應收帳款預算一般由銷售部門和財務部門共同編制。主要的編制依據是預算期內的銷售收入、現金需求、產品供求關係、應收帳款政策、客戶期初拖欠貨款數額、客戶付款能力及信用情況等信息資料。因為企業的應收帳款是按照客戶名稱設置明細帳戶，所以編制預算時，應按客戶名稱進行排序，同時反映銷售的內容，包括年銷售額、累計銷售額和累計銷售比重，以便與銷售收入預算相銜接。

當企業的應收帳款客戶過多時，可採用重點管理法編制預算。具體做法是：首先，對所有客戶按年銷售額大小排序；然后，計算各個客戶累計銷售額占企業銷售總額的比重；最后，根據客戶排序進行分類管理編制預算。其中，對累計銷售占企業銷售總額 80%左右的客戶實行重點管理（這個比例因企業而不同），在應收帳款預算中要細化到每一個客戶；對於其他客戶群體，則實行一般性管理，在應收帳款預收中按銷售區域、銷售部門或產品類別進行匯總列示。

此外，需要說明的是，為了全面反映預算期內應收帳款的數額，企業應將預算期的銷售收入全部納入應收帳款預算，會計人員做帳時，也應將銷售收入全部過渡到應收帳款帳戶中，還要注意，應收帳款預算中的銷售收入是含稅的銷售收入。

應收帳款預算表如表 5-9 所示。

表 5-9　　應收帳款預算表

序號	客戶名稱及分類	業務內容	2017 年預算			
			期初餘額	本期應收	本期收現	期末餘額
一	重點客戶					
1	甲公司	A/B 產品				
2	乙公司	A/B/C 產品				
……						
7	庚公司	B/C 產品				
二	一般客戶					
1	東北 21 戶	A/B/C 產品				
2	華北 13 戶	A/B/C 產品				
3	西南 21 戶	A/B/C 產品				
……						
8	華南 10 戶	A/B/C 產品				
三	合計					

二、應付帳款預算

應付帳款預算是反映預算期內企業應付帳款發生額、付款額及期末餘額的預算。在買方市場的情況下，企業一般可以用賒購的方式購買到所需的材料物資，當期採購材料的貨款不一定等於當期的全部支付，這樣就產生了應付帳款。為了管理和控製預算期內採購貨款的應付及支付情況，同時也為了編制現金預算，企業在材料採購預算之后，需要編制應付帳款預算。

應付帳款預算一般由採購部門和財務部門共同編制。主要編制依據是預算期內的材料採購預算、現金供給量、材料供應關係、貨款支付政策、採購合同、期初應付帳款餘額等信息資料。因為企業的應付帳款是按照供應商名稱設置明細帳戶，因此編制應付帳款預算時，也應按照供應商的名稱進行排序，同時還要反映採購業務的內容，如材料採購額、累積採購額和累計採購比重等，一般與材料採購預算相銜接。企業應付帳款戶數較多時，可以採用上面提到的與應收帳款預算類似的重點管理法編制應付帳款預算。

需要說明兩個問題：一是為了全面反映預算期內應付帳款的數額，企業應將預算期內的材料採購貨款全部納入應付帳款預算，會計人員做帳時也應將採購貨款全部過渡到應付帳款帳戶；二是應付帳款預算中的採購貨款是含稅的採購貨款。

上述內容均與應收帳款類似，在此不再舉例說明。

三、管理費用預算

管理費用預算是預算期內企業為了維持基本組織結構和經營能力，保證生產經營活動正常進行而發生的各項費用支出的預算安排。管理費用的內容繁雜，包括董事會和行政管理部門在企業經營管理中發生的，或者應由企業統一負擔的公司經費、工會經費、待業保險費、勞動保險費、董事會費、諮詢費、訴訟費、業務招待費、房產稅、車船使用稅、土地使用稅、印花稅、技術轉讓費、無形資產攤銷、職工教育經費、研發費用、排污費、存貨盤盈和盤虧等。

管理費用預算由各個管理部門負責編制，其基本程序是：

首先，由財務部門將管理費用劃分為變動費用和固定費用。

其次，將變動費用項目分解到各個相關職能部門進行編制。對於固定費用，區分兩種情形進行不同處理：一是與各職能部門直接相關的費用由歸口管理部門核定分解后落實到各部門，如工資、福利、工會經費、勞動保險費等與員工人數相關的固定費用應首先由財務部門或人力資源部門核定每個部門的費用數額，然后分解到各個部門；二是與各職能部門不直接相關的費用由歸口管理部門負責核定但不予分解，而是將總額留在歸口管理部門或設置一個綜合帳戶專門填列費用，如稅金、無形資產攤銷、礦產資源補償費等與每個部門不直接相關的費用。

最后，由財務部門匯總編制整個企業的管理費用預算。

管理費用預算編制應該採用零基預算法，按管理費用的可控性差異分為約束性管理費用和酌量性管理費用，進行編制。具體案例可見第四章例 4-6 和表 4-9。同時，本章第四節關於費用中心的預算編制，大多屬於管理費用預算，如文具費、會議費、業務招待費等。

四、銷售費用預算

銷售費用也稱營業費用，是指企業在銷售產品或提供勞務過程中發生的各項費用以及專設銷售機構的各項費用。具體包括應由企業負擔的運輸費、裝卸費、包裝費、保險費、展覽費、銷售佣金、委託代理手續費、廣告費、租賃費、銷售服務費，專設銷售機構人員工資、福利費、差旅費、辦公費、折舊費、修理費、材料消耗、低值易耗品攤銷及其他費用。

銷售費用預算是為了實現銷售預算而需支付的費用預算。正常情況下，銷售收入與銷售費用成正比，增加銷售力度必然會增加銷售費用，不能盲目地壓縮該項費用。編制銷售費用預算時，必須與銷售預算相互協調與配合。

銷售費用預算的編制需要以銷售收入預算為基礎，分析銷售收入與銷售費用間的關係，力求實現銷售費用投入產出的最佳效果。具體編制方法有三種，即銷售百分比法、零基預算法和彈性預算法。后兩種方法的基本原理我們在前面已經介紹過，這裡主要說明銷售百分比法。

銷售百分比法是指用基期銷售費用與基期銷售收入的百分比，結合預算期的銷售收入預算編制銷售費用預算的方法。其基本公式如下：

銷售費用預算＝預算期銷售收入×（基期銷售費用÷基期銷售收入）

採用銷售百分比法編制銷售費用預算時，要注意以下幾點：

第一，銷售費用中包含一些固定費用，一般不會隨銷售收入的變動而變動，因此銷售百分比法的基本計算公式只適合於核定變動銷售費用。編制銷售費用預算時，首先應將銷售費用劃分為變動費用和固定費用，然后按上述公式核定出預算期內的變動費用，固定費用則可以採用零基預算的方法編制。

第二，為了防止基期銷售百分比的偶然性，可以採用近幾年的銷售費用與銷售收入百分比加權平均的辦法核定預算期的銷售費用。第八章編制年度預算時就是採用的此種方法。

第三，在市場競爭激烈的環境下，企業每年的銷售費用一般波動較大，編制銷售費用預算必須充分考慮企業在預算期內有無新產品投放市場、新客戶的開發以及企業採取的營銷策略和促銷手段等因素，同時還要考慮企業加強內部管理、壓縮各項費用的要求等情況。

因此，採用銷售百分比法核定銷售費用時，必須將基本公式計算得到的數據經過加減校正並結合零基預算法后才能作為銷售費用預算。

五、財務費用預算

財務費用預算是預算期內企業為了維持正常生產經營活動籌集資金而發生的費用安排。其主要內容包括利息支出、利息收入、匯兌損益、相關手續費和其他財務費用。

財務費用預算比較單純，要結合企業的融資活動，由財務部門負責編制。其編制的依據有：①預算期內企業向銀行及其他金融機構借款的金額和利率；②預算期內企業應付債券的餘額和利率；③預算期內企業在銀行辦理票據貼現的額度和貼現率；④預算期內企業在銀行的平均存款餘額和存款利率；⑤預算期內企業結匯、購匯、調匯的種類、額度和匯率；⑥預算期內各種外幣帳戶的外幣期末餘額與折合為人民幣的損益率；⑦預算期內利息資本化的數額；⑧其他為籌集資金而發生的手續費和財務費用。

編制財務費用預算時，首先要將上述基礎資料和數據搞清楚，然后按照各自的計算公式測算財務費用。

對財務費用的計算，要嚴格按照財務制度規定，切實分清列支渠道，既不能將應在損益中列支的財務費用計入固定資產成本或掛帳不列，也不能將本應資本化的借款利息、融資費用進行費用化。

【例 5-5】ABC 公司財務部根據預算期公司借款額度、借款利率等各種情況編制 2017 年財務費用預算。其基礎數據和預算結果如表 5-10 和表 5-11 所示。

表 5-10　ABC 公司 2017 年財務費用基礎數據資料

項目	單位	一季度	二季度	三季度	四季度
銀行借款	萬元	2,000	2,200	1,900	2,000
借款利率	%	5	5	5	5
匯票貼現額	萬元	0	200	300	400
匯票貼現天數	天		30	40	60
匯票貼現率	%	4	4	4	4
結匯額度	萬美元	50	80	100	60
預計匯率	人民幣/美元	6.94	6.92	6.9	6.85
開具匯票額度	萬元	200	300	200	300
匯票手續費	%	0.5	0.5	0.5	0.5
存款平均餘額	萬元	600	500	500	600
存款利率	%	0.49	0.49	0.49	0.49

表 5-11　財務費用預算表　單位：萬元

項目	一季度	二季度	三季度	四季度	2017 年
借款利息支出	100	110	95	100	405
利息收入	-2.9	-2.5	-2.5	-2.9	-10.8
貼現利息支出	0	0.7	1.3	2.6	4.6
匯兌損益	-1	-0.8	-1.1	-1.2	-4.1
匯票手續費	1	1.5	1	1.5	5
其他手續費	2	2.1	2.2	1.9	8.2
合計	99.1	110	96	101.9	407.9

六、應交稅費預算

應交稅費預算是對企業預算期內發生的流轉稅、所得稅、財產稅、行為稅、資源稅和附加進行規劃與安排的一種經營預算。應交稅費主要包括增值稅、消費稅、城市維護建設稅、所得稅、房產稅、土地使用稅、印花稅、車船使用稅、教育費附加等。該預算由財務部門負責。

編制應交稅費預算的關鍵是準確確定預算期內企業應交稅費的種類、計稅依據和適用稅率，並據此計算應交稅費數額。此外，要根據國家稅收政策和企業具體情況安排應交稅費的現金支出。應交稅費的內容包括期初應交稅費餘額、期末應交稅費餘額、預算期應交稅費數額、預算期內上繳稅費數額等事項。

(一) 應交稅費的計算方法

(1) 增值稅是以產品銷售收入或勞務收入額為計稅依據，並根據預算期內銷售收入和材料採購金額分別計算銷項稅額和進項稅額，兩者相抵后即為應交增值稅額。其編制依據是銷售預算、材料採購預算中的相關數據。

(2) 消費稅以產品銷售收入或銷售數量為計稅依據。增值稅和消費稅作為兩種最為重要的流轉稅，編制的依據是銷售預算的相關數據。

(3) 城市維護建設稅和教育費附加是以增值稅和消費稅的稅額為計稅依據，按規定稅費率計稅繳納的稅額。兩者預算編制的依據是預算期內增值稅和消費稅預算。

(4) 所得稅是以企業一定時期的所得額為計稅依據，按照規定稅率計算繳納的稅金。其預算編制資料主要來源於利潤預算。

(5) 房產稅、車船使用稅、土地使用稅是以企業所擁有或支配的財產為計稅依據，按規定稅率計算繳納的稅金。三類預算的資料來源主要是企業財務帳目中有關房產、車船和土地的資料和數據。

(6) 印花稅是以企業經濟活動中書立、領受的應稅經濟憑證為計稅依據，按照規定稅率計算繳納的稅金。編制印花稅預算的資料來源主要是預算期內企業書立的具有合同性質的憑證、產品轉移書據和營業帳簿。

需要指出的是，應交稅費的種類繁多，本書介紹的只是一些重要的稅種及其基本內容，同學們如果想詳細瞭解稅費構成及繳納規定，還需要專門學習稅法相關課程。

最終，企業預算期內的應交稅費總額的計算公式如下：

應交稅費總額＝∑計稅（費）依據×適用稅（費）率（額）

(二) 應交稅費預算編制案例

編制應交稅費預算如表 5-12 所示。

表 5-12　　ABC 公司 2017 年應交稅費預算

金額單位：元

項目	期初餘額	計稅依據	繳費標準	應交稅費	上繳稅費	期末餘額
計算關係	①	②	③	④＝②×③	⑤＝①+④-②	⑥
增值稅	70, 000	28, 823, 600	17%	4, 900, 012	4, 480, 012	490, 000
銷項稅額	150, 000	60, 000, 000	17%	10, 200, 000	9, 330, 000	1, 020, 000
減：進項稅額	80, 000	31, 176, 400	17%	5, 299, 988	4, 849, 988	530, 000
消費稅	0	0		0	0	0
城市維護建設稅	4, 900	4, 900, 012	7%	343, 000	313, 600	34, 300

表5-12(續)

項目	期初餘額	計稅依據	繳費標準	應交稅費	上繳稅費	期末餘額
房產稅	0	7, 000, 000	1. 2%	84, 000	84, 000	0
印花稅	0	5, 000, 000	1‰	5, 000	5, 000	0
土地使用稅	0	600, 000平方米	1元/平方米	600, 000	600, 000	0
車船使用稅	0	10 輛	360 元/輛	3, 600	3, 600	0
企業所得稅	100, 000	5, 800, 000	25%	1, 450, 000	1, 822, 600	191, 400
教育費附加	2, 100	4, 900, 012	3%	147, 000	134, 400	14, 700
地方教育費附加	1, 400	4, 900, 012	2%	98, 000	89, 600	9, 800
合計	178, 400			8, 094, 612	7, 532, 812	740, 200

第六章
專門預算

專門預算是指企業不經常發生的、一次性的重要決策預算，主要包括長期投資預算和籌資預算兩類。其中長期投資預算主要包括固定資產投資預算、權益性投資預算、債券投資預算、研發預算，本書主要針對製造類企業，因此主要講述固定資產投資預算和研發預算兩個部分。本章的很多內容是在財務管理基礎上的延伸，同學們在學習本章內容的過程中可以同時參考財務管理教材中的籌資管理和項目投資管理的相關內容。

第一節　長期投資預算

一、長期投資概述

長期投資是指企業以收回本金並獲利為基本目的，將貨幣、實物資產等作為資本投放於某一特定對象，以在未來較長時間獲取預期經濟利益的經濟行為。按照不同標準，企業長期投資分為三個種類。

1. 項目投資與證券投資

按投資活動與企業本身的生產經營活動的關係以及投資對象存在的經濟形態和性質，企業投資分為項目投資與證券投資。

項目投資，也稱直接投資，是指將資金直接投放於形成生產經營能力的實體性資產，直接謀取經營利潤的企業投資。項目投資的目的在於改善生產條件、擴大生產能力，以期實現企業發展戰略並獲得更多的利潤。

證券投資，也稱間接投資，是指將資金投放於股票、債券等權益性資產，通過證券資產賦予的權利獲取投資收益的企業投資。

2. 獨立投資與互斥投資

按投資項目之間的相互關聯程度，企業投資可以分為獨立投資和互斥投資。

獨立投資是相容性投資，各個投資項目之間互不關聯、互不影響，可以並存。例如建造一個釀酒廠和一個紡織廠，它們之間並不衝突，可以同時進行。對於獨立投資項目而言，其他投資項目是否被採納或放棄，對本項目的決策並無顯著影響，其投資決策的目的是就各獨立項目在融資約束的前提下選擇投資順序。

互斥投資是非相容性投資，各個投資項目之間相互替代，不能並存。例如新舊固定資產更新決策中，購買新資產還是繼續使用舊資產就是互斥的。對於一個互斥投資項目而言，其他投資項目是否被採納或放棄，直接影響本項目的決策，是一種多選一的決策。

3. 財務會計對投資的分類

財務會計中投資屬於金融資產的範疇，主要是對外的證券投資，包括交易性金融資產、長期股權投資、持有至到期投資、可供出售金融資產。

交易性金融資產是指企業以進行交易為目的，準備近期內出售而持有的金融資產。例如，為了利用閒置資金，以賺取價差為目的而購入的股票、債券、基金、權證等。交易性金融資產屬於短期投資得到內容。

長期股權投資是指通過投出各種資產取得被投資企業股權且不準備隨時出售的投資，其主要目的是為了長遠利益而影響、控製其他在經濟上相關聯的企業。

持有至到期投資是指到期日固定、回收金額固定或可確定，且企業有明確意圖和能力持有至到期的非衍生金融資產。通常情況下，企業持有的、在活躍市場上有公開報價的國債、企業債券、金融債券等，可以劃分為持有至到期投資。

可供出售金融資產是指初始確認時即被指定為可供出售的非衍生金融資產，以及沒有劃分為「持有至到期投資、貸款和應收款項、以公允價值計量且其變動計入當期損益的金融資產」的金融資產。通常情況下，劃分為此類的金融資產應當在活躍的市場上有報價，因此，企業從二級市場上購入的、有報價的債券投資、股票投資、基金投資等，可以劃分為可供出售金融資產。通俗地說，可供出售金融資產就像一個「回收站」，當對外投資不能確認為交易性金融資產、長期股權投資和持有至到期投資三個項目時，就確認為可供出售金融資產。

二、長期投資預算概述

長期投資預算是指預算期內企業進行長期投資活動的總體安排，它涉及企業對長期投資活動進行規範、評價、決策、實施的全過程。

（一）長期投資預算的內容

（1）固定資產投資預算，是指企業在預算期內為構建、改建、擴建、更新固定資產而進行的資本投資預算，其主要根據企業相關投資決策資料和預算期內固定資產投資計劃編制。

（2）權益性資本投資預算，是指企業在預算期內為獲得其他企業的股權及收益分配權而進行的資本投資預算，其主要根據企業相關投資決策資料和預算期內權益性資本投資計劃編制。

（3）債權性資本投資預算，是指企業在預算期內購買國債、企業債券、金融債券及委託貸款等的預算，其主要根據企業相關投資決策資料和預算期內債權性資本投資計劃編制。

(4) 研發投資預算，是指企業在預算期內為取得專利權、非專利技術、新產品研發等進行的資本支出預算，其主要根據企業相關投資決策和預算期內研發投資計劃編制。

(二) 長期投資預算的特點

長期投資預算的特點源於長期投資活動的特性，與經營預算相比，長期投資預算具有以下特點：

(1) 長期投資預算的對象具有一次性特點，隨著長期投資活動的完成，針對該項目的長期投資預算也隨之結束。

(2) 長期投資預算的編制具有很強的專業技術性。長期投資活動不僅涉及基本建設、更新改造、研發等技術性很強的活動，而且涉及股票、債券等專業特點明顯的資本運作，這就決定了長期投資預算編制的專業性和技術性。

(3) 長期投資預算具有風險性。其預算編制的依據主要是現金流量分析研究報告和企業長期投資決策，而現金流量都是根據大量預測結果得出的，預測結果具有不確定性。此外，無論是對內的項目投資，還是對外的股權投資，不僅需要大量投入資金，而且投資項目完成后會形成大量的沉沒成本和長期資產，若市場、技術、價格等外部經濟環境發生變化，都會給企業的長期投資帶來風險。這些都決定了長期投資預算的風險性和不確定性。

(4) 長期投資預算期間具有長期性。長期投資活動通常跨越數年，其預算期間與長期投資活動的週期保持一致，而且不受會計期間的制約。

鑒於本書針對的是製造類企業，本章主要講述固定資產投資預算和研發投資預算，前者也可稱為項目投資預算。

三、項目投資預算

項目投資預算主要包括四個方面的內容，一是現金流量估計，二是投資項目評價，三是項目風險評估，四是項目預算表的編制。

(一) 項目投資的現金流量分析

現金流量，在投資決策中是指特定投資項目引起的現金流出量、現金流入量和現金淨流量。在項目投資決策中，決策分析所依據的基礎數據不是基於權責發生制確認的收入、成本和利潤，而是以收付實現制來計算的現金流入、現金流出和淨現金流量。這主要基於兩個原因：①現金流量不受會計方法選擇等主觀因素的影響，具有客觀性；②基於收付實現制分析確定的現金流量排除了企業信用政策等非系統因素的影響，有利於按照統一基礎和標準來計算時間價值指標，也有利於在不同企業甚至不同行業之間比較項目的預期效益。

需要注意的是，財務管理和財務預算中的「現金流量」概念與會計學中的「現金流量」概念有相似的地方，即收付實現制。但是，兩者間也有重大差異——財務管理和財務預算中的現金流量包括機會成本，而會計學則不考慮該問題。

1. 現金流量的內容

（1）按項目類型考察的現金流量。

投資項目有不同的類型，而不同類型項目的現金流量在內容上存在著差異。

①單純固定資產投資項目的現金流量。

單純固定資產投資項目是指只涉及固定資產投資，而不涉及其他長期投資和營運資金墊支的建設項目，其特點是：在投資中只包括為取得固定資產而發生的墊支資本投入而不涉及週轉資本的投入。單純固定資產投資項目的現金流入量包括該項投資新增的營業收入、回收固定資產餘值等；現金流出量包括固定資產投資、新增經營成本以及增加的各項稅款等。

②完整工業投資項目的現金流量。

完整工業投資項目也稱新建項目，它是以新增工業生產能力為主的投資項目，其特點是：不僅包括固定資產投資，還涉及營運資金墊支以及其他長期資產（如無形資產、長期待攤費用等）的投資。

完整工業投資項目的現金流入量包括：營業收入、回收固定資產餘值、回收營運資金墊支和其他現金流入量；現金流出量包括：建設投資、流動資金墊支、經營成本、維持運營投資、各項稅款和其他現金流出。

③固定資產更新改造投資項目的現金流量。

固定資產更新改造投資項目可分為以恢復固定資產生產效率為目的的更新項目和以改善企業經營條件為目的的改造項目兩種類型。

固定資產更新改造項目的現金流入量包括：因使用新固定資產而增加的營業收入、處置舊固定資產的變現淨收入和新舊固定資產回收餘值的差額等；現金流出量包括：購置新固定資產的投資、因使用新固定資產而增加的經營成本、因使用新固定資產而增加的營運資金墊支和增加的各項稅款等內容。其中，因提前報廢舊固定資產所發生的清理淨損失而發生的抵減當期所得稅額用負值表示。

（2）按時間考察的現金流量。

項目投資的現金流量除按項目類型區分外，還可以按時間劃分為初始現金流量、營業現金流量和終結現金流量。

①初始現金流量是指在項目建設期內所發生的現金流量，它包括固定資產投資、無形資產投資、營運資金墊支等；

②營業現金流量是指在項目建成投入運營后，在整個經營期間發生的現金流量，它可以按照下面的公式計算：

營業現金流量＝營業收入－付現成本

＝營業收入－（營業成本－非付現成本）

＝營業利潤+非付現成本

③終結現金流量是指在項目壽命週期結束時發生的現金流量，它包括固定資產

餘值收入、回收所墊支的營運資金等。

2. 現金流量的估算

在項目進行投入和回收的各個階段，都有可能發生現金流量，因此，企業應當估計每一時點上的現金流入量和現金流出量。下面我們以完整工業投資項目為例介紹現金流量的估算方法。

(1) 現金流入量的估算。

如前所述，完整工業投資項目的現金流入量包括：營業收入、回收固定資產餘值、回收營運資金和其他現金流入量。其中，營業收入是運營期內最主要的現金流入量，應按項目在運營期內有關產品的各年預計單價和預測銷售量進行估算；回收固定資產餘值需要根據固定資產技術特徵、要素市場價格預測以及財務制度規定等因素進行估算；回收營運資金等於各年墊支的營運資金的合計數。

(2) 現金流出量的估算。

①建設投資的估算。建設投資主要應當根據項目規模和投資計劃所確定的各項建築工程費用、設備購置成本、安裝工程費用和其他費用的預算資料進行估算。

無形資產投資和開辦費投資，應根據需要和可能，逐項按有關的資產評估方法和計價標準進行估算。

在估算構成固定資產原值的資本化利息時，可根據建設期長期借款本金、建設期和借款利息率按複利方法計算，且假定建設期資本化利息只計入固定資產的原值。

②營運資金墊支的估算。首先，應根據與項目有關的經營期每年流動資產需用額和該年流動負債可用額的差額來確定本年營運資金需用額，然后將本年營運資金需用額減去截至上年末的營運資金占用額（即以前年度已經投入的流動資金累計數），差額即為本年需要追加的營運資金。

本年營運資金追加額=本年營運資金需用額-截至上年末的營運資金占用額

本年營運資金需用額=本年流動資產需用額-本年流動負債可用額

其中，流動資產需考慮存貨、貨幣資金、應收帳款和預付帳款等內容；流動負債需考慮應付帳款和預收帳款等內容。

③付現成本的估算。付現成本是指在經營期內為滿足正常生產經營而動用貨幣資金支付的成本費用。它可以按照以下公式估算：

預算期付現成本=預算期的總成本費用（含期間費用和所得稅）-預算期固定資產折舊額和無形資產攤銷額-該年計入財務費用的利息支出

預算期付現成本也可以採用分項列示的方法進行估算，即：

預算期付現成本=預算期外購材料燃料和動力費+工資及福利費+維修費+其他費用

其中，其他費用是指從製造費用、管理費用和銷售費用中扣除了折舊費、攤銷費、材料費、維修費、工資及福利費以后的剩餘部分。

④稅金及附加的估算。在項目投資決策中，應按在預算期內應交納的消費稅、

土地增值稅、資源稅、城市維護建設稅和教育費附加等估算。

3. 估算投資項目現金流量時應注意的問題

為正確估算投資項目的增量現金流量，需要正確識別引起企業總現金流量變動的支出項目，對此，我們需要考慮以下幾個方面的原則：

（1）區分相關成本和非相關成本。

相關成本是指與特定決策有關的、在分析評價時必須加以考慮的成本，如差額成本、未來成本、重置成本、機會成本等。相反，非相關成本是指與特定決策無關的、在分析評價時無須考慮的成本，如沉沒成本、帳面成本等。

（2）不要忽視機會成本。

在投資方案的選擇中，如果選擇了一個投資方案，則必須放棄投資於其他途徑的機會，而其他投資機會可能取得的收益就是選擇本方案的一種代價，其便被稱為該投資方案的機會成本。機會成本不是我們通常意義上的「成本」，它不是一種實際發生的費用或支出，而是一項失去的潛在收益。

（3）要考慮投資方案對公司其他部門或其他產品的影響。

當我們採納一個新的投資方案后，要重視該方案可能對公司其他部門造成的有利或不利的影響。例如某企業開發的新能源項目產品上市后，該企業原有其他產品的銷售量可能減少，而且整個企業的銷售額也許不增反減。因此在進行投資分析時，企業不能簡單地將新能源項目的銷售收入作為增量收入處理，而是應當扣除其他產品因此減少的銷售收入。

（4）要考慮投資方案對淨營運資金的影響。

一方面，隨著項目投資的完成和銷售額的不斷擴大，存貨和應收帳款等流動資產的需求也會增加，公司必須籌措新的資金以滿足這種額外需求；另一方面，公司擴充的結果，使應付帳款與一些應付費用等流動負債也會同時增加，從而降低公司流動資金的實際需要。所謂淨營運資金的需要，是指增加的流動資產與增加的流動負債之間的差額。

相對而言，項目投資涉及面廣，其基礎資料的搜集和現金流量的估算需要由企業內部的眾多部門和人員共同參與，各行其職，各負其責。例如，產品售價和銷量的預測一般需由銷售人員負責，產品研製、設備購建等資本性支出的估算需要項目技術人員負責，財務部門的職責是根據各個相關部門和人員的預測和估算，對項目的財務效益進行綜合性評價。

（二）項目投資的財務評價

項目投資的財務評價就是借助特定的評價指標，對項目的預期收益和價值進行定量測算，判斷項目的財務可行性，據以為項目投資決策提供依據。項目投資財務評價的指標主要有兩大類，即非貼現類指標和貼現類指標，前者包括靜態投資回收期、投資收益率等，后者包括淨現值、淨現值率、獲利指數、內部收益率和動態投資回收期等。非貼現類指標和貼現類指標的主要區別在於前者沒有考慮資金的時間價值，后者則考慮了資金的時間價值因素。

1. 靜態投資回收期

靜態投資回收期是指在不考慮資金時間價值的情況下，通過投資項目的經營淨現金流量收回全部原始投資所需要的時間，通常以「年」表示。該指標能夠反映項目投資的回收能力，回收期越短，表明資金回收越快，項目不可預見的風險也就越小。靜態投資回收期又可以分為「包括建設期的投資回收期（PP）」和「不包括建設期的投資回收期（PP'）」兩種形式。

靜態投資回收期指標的計算方法可以分為公式法和列表法。

（1）公式法。

如果某一項目的投資均集中發生在建設期內，投產后若干年（設為 m 年）內每年經營淨現金流量相等，並且 m 年×投產后 m 年內每年相等的淨現金流量（NCF）≥原始總投資，則可按以下簡化公式直接計算靜態投資回收期：

不包括建設期的回收期（PP'）= 原始總投資合計÷投產后若干年內相等的淨現金流量

包括建設期的回收期（PP）= 不包括建設期的回收期+建設期（$PP=PP'+s$）

【例 6-1】某企業擬建造一項生產用固定資產，需要一次性投入資金 1,000 萬元，建設期為 1 年，建設期的資本化利息為 100 萬元。該固定資產預計壽命為 10 年，按直線折舊法計提折舊，預計淨殘值 100 萬元。預計投產后 2~10 年淨現金流量 $NCF_{2\sim10}=200$ 萬元。預計投產后每年可獲息稅前利潤 100 萬元。

要求判斷是否可利用公式法計算靜態回收期，如果可以請計算其結果。

解答：依題意，建設期 $s=1$ 年，投產后第 2~10 年淨現金流量相等，$m=9$ 年，經營期前 9 年每年淨現金流量 $NCF_{2\sim10}=200$ 萬元，原始投資 $I=1,000$ 萬元。

由於 m×經營期前 m 年每年相等的淨現金流量 = 9×200 萬元 = 1,800 萬元>原始投資 1,000 萬元，故可以使用簡化公式計算靜態回收期。

不包括建設期的投資回收期 $PP'=1,000\div200=5$ 年。

包括建設期的投資回收期 $PP=PP'+s=5+1=6$ 年。

（2）列表法。

列表法是指通過列表計算「累計淨現金流量」的方式，來確定包括建設期的投資回收期，進而再推算出不包括建設期的投資回收期的方法。無論什麼情況下，都可以用列表法來計算靜態投資回收期。

該法的原理是：按照回收期的定義，包括建設期的投資回收期（PP）滿足以下關係式，即：$\sum_{t=0}^{PP} NCF_t = 0$。

該式表明在現金流量表的「累計淨現金流量」一欄中，包括建設期的投資回收期 PP 恰好是累計淨現金流量為零的年限。

如果無法在「累計淨現金流量」欄上找到零，則必須按下式之一計算包括建設

期的投資回收期 PP：

①包括建設期的投資回收期(PP)=最后一項為負值的累計淨現金流量對應的年數+(最后一項為負值的累計淨現金流量絕對值÷下年淨現金流量)

②包括建設期的投資回收期(PP)=(累計淨現金流量第一次出現正值的年份-1)+(該年初尚未回收的投資÷該年淨現金流量)

【例 6-2】根據【例 6-1】的資料，可編制「累計淨現金流量」表如下：

表 6-1　　投資項目累計淨現金流量表

單位：萬元

項目計算期（年）	建設期		經營期								合計
	0	1	2	3	4	5	6	…	10	11	
…	…	…	…	…	…	…	…	…	…	…	…
淨現金流量	-1,000	0	200	200	200	200	200	…	200	300	1,100
累計淨現金流量	-1,000	-1,000	-800	-600	-400	-200	0	…	+800	+1,000	/

由表可見，該項目第六年的累計淨現金流量為零，故 $PP=6$ 年，$PP'=6-1=5$ 年。

相對而言，靜態投資回收期指標的優點在於：①能夠直觀地反映原始總投資的返本期限；②便於理解，計算簡單；③可以直接利用回收期之前的淨現金流量信息。其缺點在於：①沒有考慮貨幣時間價值因素；②不能正確反映投資方式的不同對項目的影響；③沒有考慮回收期滿后繼續發生的淨現金流量，可能導致錯誤的投資決策。

2. 投資收益率

投資收益率，又稱投資報酬率（ROI），是指達產期正常年份的年息稅前利潤或運營期年均息稅前利潤占投資總額的百分比，即：

投資收益率（ROI）＝年息稅前利潤或年均息稅前利潤÷投資總額×100%

只有投資收益率大於或等於基準投資收益率（資本成本率）的投資項目才具有財務可行性。

【例 6-3】在【例 6-1】資料的基礎上，假設項目投產后每年可獲得息稅前利潤 100 萬元，則該項目的投資收益率可計算如下：

年息稅前利潤 $P=100$ 萬元，項目總投資 $I'=1,000+100=1,100$ 萬元，則投資收益率（ROI）＝100÷1,100×100%＝9.09%。

投資收益率的優點在於：簡單易懂，容易計算。其缺點在於：①沒有考慮貨幣時間價值因素；②沒有反映建設期長短、投資方式等因素對項目的影響；③無法直接利用淨現金流量信息；④分子、分母計算口徑的可比性較差。

3. 淨現值法

（1）淨現值的含義及決策原則。

淨現值（NPV），是指在項目計算期內，按行業基準收益率或其他設定貼現率計算的各年淨現金流量現值的代數和。通過計算、比較投資方案的淨現值，據以進行投資方案決策的方法即為淨現值法。

運用該方法進行決策的基本原則是：

①對於獨立方案決策來說，只要淨現值為正值，就說明投資方案的預期報酬率高於基準收益率，方案可以接受；反之，若淨現值是負值，說明投資方案的預期報酬率低於基準收益率，方案應予拒絕。也就是說，只有淨現值指標大於或等於零的投資方案才具有財務可行性，淨現值越大，投資方案的預期效益越好。

②對於互斥方案決策來說，則應選擇淨現值相對較大的方案。所謂互斥方案決策，是指在存在多個備選方案的情況下，由於受資金規模、企業能力需求等因素的限制，企業只能選擇其中之一，而不能同時選擇多個方案的決策。

淨現值的基本計算公式為：

$$NPV=\sum_{t=0}^{n}(\text{第 }t\text{ 年的淨現金流量}\times\text{第 }t\text{ 年的複利現值系數})$$

影響淨現值的因素主要有：①各年的預測現金流量；②預計現金流量發生的時間與持續期限（項目壽命週期）；③貼現率。貼現率是投資項目或方案的機會成本，它可以根據社會或者行業平均資金收益率來確定。

【例 6-4】某企業擬購置設備以擴充生產能力。設備需投資 30,000 元，使用壽命預計為 5 年，採用直線法計提折舊，5 年后設備無殘值。5 年中每年銷售收入為 15,000 元，每年的付現成本為 5,000 元。假設所得稅率為 40%，資金成本率為 10%。

要求：①計算方案的營業現金流量；②計算方案的淨現值。

解答：①計算方案的營業現金流量，見表 6-2。

表 6-2　　投資方案的營業現金流量計算表

單位：元

年份	1~5
銷售收入	15,000
付現成本	5,000
折舊	6,000
稅前利潤	4,000
所得稅	1,600
稅後利潤	2,400
年營業現金流量	8,400

②計算方案的淨現值。

方案的淨現值＝8,400×（P/A，10%，5）－30,000

＝8,400×3.790,8－30,000

$=1,842.72$（元）

（2）不同情況下的淨現值計算。

①建設期為零，投產后的淨現金流量表現為普通年金形式。在這種情況下，淨現值按下式計算：

$$NPV = NCF_0 + NCF_{1\sim n} \times (P/A, i_c, n)$$

【例 6-5】某企業擬購置一臺不需安裝的設備，預計買價 100 萬元。設備預計使用壽命為 10 年，按直線法計提折舊，無殘值。該設備投產后預計每年可增加企業淨利潤 10 萬元。投資的機會成本率為 10%。計算該項投資的淨現值。

解答：$NCF_0 = -100$ 萬元，$NCF_{1\sim 10} = 10+100\div 10 = 20$ 萬元。

則，$NPV = -100+20\times(P/A, 10\%, 10) = 22.891,4$ 萬元。

本例中，假定固定資產預計殘值收入為 10 萬元，則該項投資的淨現值計算如下：

$NCF_0 = -100$ 萬元，$NCF_{1\sim 9} = 10+(100-10)\div 10 = 19$ 萬元，$NCF_{10} = 19+10 = 29$ 萬元。

則，$NPV = -100+19\times(P/A, 10\%, 9)+29\times(P/F, 10\%, 10)$

或 $\quad = -100+19\times(P/A, 10\%, 10)+10\times(P/F, 10\%, 10)$

$= 20.602,0$（萬元）

②建設期不全為零，全部投資在建設期開始時一次性投入，投產后每年淨現金流量為遞延年金形式。在這種情況下，淨現值按下式計算：

$$NPV = NCF_0 + NCF_{(s+1)\sim n} \times [(P/A, i_c, n) - (P/A, i_c, s)]$$

或 $= NCF_0 + NCF_{(s+1)\sim n} \times (P/A, i_c, n-s) \times (P/F, i_c, s)$

【例 6-6】沿用【例 6-5】資料，假定建設期為 1 年，無殘值，其他條件不變。計算該項投資的淨現值。

解答：$NCF_0 = -100$ 萬元，$NCF_1 = 0$，$NCF_{2\sim 11} = 20$ 萬元。

則，$NPV = -100+20\times[(P/A, 10\%, 11)-(P/A, 10\%, 1)] = 11.719,4$（萬元）

或 $\quad = -100+20\times(P/A, 10\%, 10)\times(P/F, 10\%, 1) = 11.719,4$（萬元）

③建設期不為零，全部投資在建設期內分次投入，投產后每年淨現金流量為遞延年金形式。在這種情況下，淨現值按下式計算：

$$NPV = NCF_0 + NCF_1 \times (P/F, i_c, 1) + \dots + NCF_s \times (P/F, i_c, s) + NCF_{(s+1)\sim n} \times [(P/A, i_c, n) - (P/A, i_c, s)]$$

【例 6-7】沿用【例 6-5】的資料，假定建設期為 1 年，無殘值，建設資金分別於年初、年末各投入 50 萬元，其他條件不變。計算該項投資的淨現值。

解答：$NCF_0 = -50$ 萬元，$NCF_{2\sim 11} = 20$ 萬元。

則，$NPV = -50-50\times(P/F, 10\%, 1)+20\times[(P/A, 10\%, 11)-(P/A, 10\%, 1)]$

$= 16.264,8$（萬元）

（3）淨現值法的優點是：①綜合考慮了貨幣時間價值，不僅估算了現金流量的數額，還考慮了現金流量的時間和投資風險；②能夠反映投資項目在其整個經濟年限內的總效益；③能夠體現企業價值最大化的財務目標。

（4）淨現值法的缺點是：①無法從動態的角度直接反映投資項目的實際收益率水平；②它是一個絕對量指標，不便於比較不同投資項目的獲利能力；③不能用於期限不同的投資方案的比較；④貼現率的選擇往往具有主觀性。

4. 淨現值指數法

淨現值指數（*NPVR*）又稱淨現值比、淨現值率，是指投資項目的淨現值占全部原始投資額現值之和的比率，即：

淨現值指數（*NPVR*）= 項目的淨現值÷原始投資額現值之和×100%

淨現值指數表示單位投資額現值所獲得的淨現值。淨現值指數小，單位投資的收益率就低，反之，單位投資的收益率高。利用淨現值指數的決策原則是：只有淨現值指數指標大於或等於 0，投資項目才具有財務可行性，反之則應當拒絕投資。

【例 6-8】根據【例 6-7】的資料，計算該項目的淨現值指數的方法如下：

淨現值 = 16. 264, 8 萬元，原始投資現值 = $-[-50-50\times(P/F, 10\%, 1)]$ = 95. 454, 5 萬元

$NPVR$ = 16. 264, 8÷95. 454, 5≈0. 170, 4

淨現值指數法的優點是：①可以從動態的角度反映項目的資金投入與淨產出之間的關係，有利於在不同投資項目之間進行比較；②計算簡單、易於理解。淨現值指數法的缺點是：無法直接反映投資項目的實際收益率。

5. 現值指數

現值指數（*PI*）又稱現值比率，是指投產后按行業基準收益率或設定貼現率折算的各年淨現金流量的現值合計與原始投資的現值合計之比，即：

現值指數（*PI*）= 投產后各年淨現金流量的現值合計÷原始投資的現值合計

現值指數與淨現值指數的關係可用下列公式表示：

現值指數=1+淨現值指數；淨現值指數=現值指數-1

利用現值指數的決策原則是當現值指數大於或等於 1 時，投資項目才具有財務可行性，反之則應當拒絕投資。

現值指數的優缺點與淨現值指數基本相同。

6. 內部收益率

內部收益率（*IRR*）又稱內部報酬率，是指能夠使未來現金流入量現值等於現金流出量現值的貼現率，或者說它是能使投資項目的淨現值等於零時的貼現率，可用以下公式表示：

$$\sum_{t=0}^{n}[NCF_t\times(P/F,\ IRR,\ t)]=0$$

一般來說，內部收益率的計算需要逐次測試，然后再用插值法原理求解。逐次測試法就是要通過逐次測試找到兩個相近的貼現率，一個能夠使淨現值大於零，另

一個使淨現值小於零，然后採用一定的計算方法，確定能使淨現值等於零的貼現率——內部收益率 IRR 的方法。具體步驟為：

（1）先設定一個貼現率 r_1，代入計算淨現值的公式，求出按 r_1 為貼現率的淨現值 NPV_1，然后再進行下面的判斷：①若淨現值 $NPV_1=0$，則內部收益率 $IRR=r_1$，計算結束；②若淨現值 $NPV_1>0$，則內部收益率 $IRR>r_1$，應重新設定 $r_2>r_1$，再將 r_2 代入有關計算淨現值的公式，求出淨現值 NPV_2，繼續進行下一輪的判斷；③若淨現值 $NPV_1<0$，則內部收益率 $IRR<r_1$，應重新設定 $r_2<r_1$，再將 r_2 代入有關計算淨現值的公式，求出淨現值 NPV_2，進行下一輪的判斷。

（2）經過逐次測試判斷，有可能找到內部收益率 IRR。每一輪判斷的原則相同。若設 r_j 為第 j 次測試的貼現率，NPV_j 為按 r_j 為貼現率計算的淨現值，則有：①當 $NPV_j>0$ 時，$IRR>r_j$，繼續測試；②當 $NPV_j<0$ 時，$IRR<r_j$，繼續測試；③當 $NPV_j=0$ 時，$IRR=r_j$，測試完成。

（3）若經過有限次測試，仍未從時間價值系數表中找到內部收益率 IRR，則可利用最為接近零的兩個淨現值正負臨界值 NPV_m 和 NPV_{m+1} 及相應的貼現率 r_m 和 r_{m+1}，應用內插法計算近似的內部收益率。即，如果「$NPV_m>0$，$NPV_{m+1}<0$，$r_m<r_{m+1}$，$r_{m+1}-r_m\leqslant d$（$2\%\leqslant d<5\%$）」關係成立，可按下列具體公式計算：

$$IRR=r_m+\frac{NPV_m-0}{NPV_m-NPV_{m+1}}\times(r_{m+1}-r_m)$$

【例 6-9】某投資項目只能用一般方法計算內部收益率。按照逐次測試逼近法的要求，自行設定貼現率並計算淨現值，據此判斷調整貼現率。經過 5 次測試，得到表 6-3 所示的數據。

表 6-3　　內部收益率計算測試表

測試次數 j	設定貼現率 r_j	淨現值 NPV_j（按 r_j 計算）
1	10%	+918. 383, 9
2	30%	-192. 799, 1
3	20%	+217. 312, 8
4	24%	+39. 317, 7
5	26%	-30. 190, 7

計算該項目的內部收益率。

解答：因為 $NPV_m=+39.317,7>NPV_{m+1}=-30.190,7$，$r_m=24\%<r_{m+1}=26\%$，故 $24\%<IRR<26\%$ 由內插法得出：

$$IRR=24\%+\frac{39.317,7-0}{39.317,7-(-30.190,7)}\times(26\%-24\%)=25.13\%$$

以上介紹了內部收益率計算的一般方法。當項目投產后的淨現金流量表現為普通年金的形式時，可以直接利用年金現值系數計算內部收益率，其公式為：

$$(P/A, IRR, n) = \frac{I}{NCF}$$

上式中，I 為在建設期開始時一次投入的原始投資；$(P/A, IRR, n)$ 是期限為 n、貼現率為 IRR 的年金現值系數；NCF 為投產后 $1 \sim n$ 年每年相等的淨現金流量 $(NCF_1 = NCF_2 = \cdots = NCF_n$，$NCF$ 為一常數，$NCF \geqslant 0)$。

運用該方法的條件有二：一是項目的全部投資均於建設期開始時一次性投入，建設期為零；二是投產后每年淨現金流量相等。

【例 6-10】某投資項目在建設起點一次性投資 254,580 元，當年完工並投產，投產后每年可獲淨現金流量 50,000 元，經營期為 15 年。

要求：①判斷該項目能否用內部收益率法；②計算該指標。

解答：①因為 $NCF_0 = -1$，$NCF_{1 \sim 15} = 50,000$，所以此題可採用內部收益率法來計算該項目的內部收益率 IRR；

② $(P/A, IRR, 15) = \dfrac{254,580}{50,000} = 5.091,6$，由查表可知 15 年的年金現值系數為 $(P/A, 18\%, 15) = 5.091,6$，所以最終得到 $IRR = 18\%$。

7. 動態投資回收期

動態投資回收期，是指在考慮資金時間價值的情況下，通過投資項目的經營淨現金流量收回全部原始投資所需要的時間，通常以「年」表示。該指標能夠反映項目投資的回收能力，回收期越短，表明資金回收越快，項目不可預見的風險也就越小。

動態投資回收期就是從項目投建之日起，用項目各年的已貼現現金流量將全部投資現值收回所需的期限，其表達式為：

$$\sum_{t=0}^{n} \frac{(I_k - O_k)}{(1+i)^t} = 0$$

上式中，n 為動態投資回收期（年）；I_k 為第 k 年的現金流入量；O_k 為第 k 年的現金流出量；i 為貼現率。

【例 6-11】在貼現率為 10%的情況下，現有一個投資方案，在年初投入 40,000 元，第一年淨收益為 3,600 元，現金淨流量為 23,600 元，第二年淨收益為 6,480 元，現金淨流量為 26,480，求其動態回收期。

解答：由公式 $\sum_{t=0}^{n} \frac{(I_k - O_k)}{(1+i)^t} = 0$ 求得折現率 i 為 0.909,1，該投資方案的現金流量表如表 6-4 所示。

表 6-4　　　　　　　　　　　　**現金流量表**

單位：元

時間	現金淨流量	回收額	未回收額
第 0 年	(40,000)		
第 1 年	23,600	21,454 (23,600×0.909,1)	18,546
第 2 年	26,480	21,884	0

回收期 = 1+ (18,546÷21,884) = 1.85 (年)

相對於靜態投資回收期來說，動態投資回收期的最大優點是考慮了現金流量的取得時間。其缺點是計算工作比較複雜，同時依然未考慮回收期以后的現金流量，從而可能導致錯誤的投資決策。

7. 基本貼現類指標之間的關係

(1) 基本貼現類指標的變動關係。

從以上闡述可以看出，基本貼現類指標有淨現值、淨現值指數、現值指數和內部收益率，這些指標之間存在同方向變動關係，即：

當淨現值>0 時，淨現值指數>0，現值指數>1，內部收益率>基準收益率；

當淨現值=0 時，淨現值指數=0，現值指數=1，內部收益率=基準收益率；

當淨現值<0 時，淨現值指數<0，現值指數<1，內部收益率<基準收益率。

(2) 基本貼現類指標的相同點。

①都考慮了資金的時間價值；②都考慮了項目計算期全部的現金流量；③都要受項目建設期長短、現金流量大小以及有無回收額等因素的影響；④都體現為正指標，在評價方案可行與否時，結論一致：當 $NPV \geqslant 0$ 時，$NPVR \geqslant 0$，$PI \geqslant 1$，$IRR \geqslant Ic$。

(3) 基本貼現類指標間的區別如表 6-5 所示。

表 6-5　　　　　　　　　　**動態指標的區別點**

指標	淨現值	淨現值率	獲利指數	內部收益率
相對量指標/絕對量指標	絕對量指標	相對量指標	相對量指標	相對量指標
是否可以反映投入與產出的關係	不能	能	能	能
是否受設定貼現率的影響	是	是	是	否
能否反映投資項目本身報酬率	否	否	否	是

(三) 項目投資的風險評價

由於項目投資涉及的時間比較長、面臨的不確定性因素多、風險程度相對較大，因此我們需要運用一定的方法，對這些不確定性或者風險進行估量和評價。考慮了影響投資項目的不確定性因素的投資決策叫作風險投資決策。風險投資決策的方法主要有風險調整貼現率法、肯定當量法、決策樹法、敏感性分析法、場景概況分析法及蒙特卡羅模型分析法等。本章主要對風險調整貼現率法、肯定當量法、決策樹法和敏感性分析法進行介紹。

1. 風險調整貼現率法

我們知道，貼現率是投資者進行項目投資所要求的最低報酬率，它與項目的風險程度息息相關，即：項目投資風險大，貼現率越高，反之則貼現率低。風險調整貼現率法就是根據的這一理論。首先根據項目的風險程度調整貼現率，再根據調整后的貼現率計算投資項目的淨現值，進而再根據該淨現值進行投資決策。

根據風險調整貼現率的方法主要有以下幾種：

（1）運用資本資產定價模型進行調整。

按照這種方法，特定投資項目的風險調整貼現率按下式計算：

$k_j = r_f + \beta_j \times (k_m - r_f)$

上式中，k_j 為項目 j 的風險調整貼現率；r_f 為無風險利率；β_j 為項目 j 的 β 系數；k_m 為所有項目的平均投資報酬率。

（2）根據投資項目的風險等級進行調整。

這種方法是對影響項目投資風險的各種因素進行評分，根據評分來確定風險等級，再根據風險等級來調整貼現率。表 6-6、6-7 可以說明該方法的具體運用。

表 6-6　　投資項目風險狀況及評分表

項目／因素	A		B		C		D		E	
	狀況	得分	狀況	得分	狀況	得分	狀況	得分	狀況	得分
市場競爭	無	1	較弱	2	一般	5	較強	8	很強	11
戰略協調性	很好	1	較好	2	一般	5	較差	8	很差	11
投資回收期	1.5 年	5	1 年	1	2.5 年	8	3 年	9	4 年	13
資源供應	一般	7	很好	1	較好	4	很差	15	較差	11
總分	/	14	/	6	/	22	/	40	/	46
貼現率		9%		7%		12%		17%		≥25%

表 6-7　　得分對應貼現率表

總分	風險等級	調整後的貼現率
0~8	很低	7%
8~16	較低	9%
16~24	一般	12%
24~32	較高	15%
32~40	很高	17%
40 分以上	最高	25%以上

表 6-6 中的分數、風險等級、貼現率的確定都是根據以往的經驗來設定的，具體評分工作可由銷售、生產、技術、財務等部門組成專家小組來進行。

(3) 按投資項目的類別調整貼現率。

為滿足項目投資決策的需要，對於經常發生的項目投資，企業可以根據經驗或者歷史資料預先按風險大小規定高低不等的貼現率。表 6-8 是某公司對不同類型的項目投資預先規定的貼現率。

表 6-8　項目投資類別對應貼現率表

投資項目類別	風險調整貼現率（邊際資本成本+風險補償率）
重置型項目	10%+2%＝12%
改造、擴充現有產品生產項目	10%+5%＝15%
增加新生產線項目	10%+8%＝18%
研發開發項目	10%+15%＝25%

風險調整貼現率法的優點是：①容易理解；②企業可以根據自己對風險的偏好來確定風險調整貼現率，有利於實際運用。其缺點是：①貼現過程的計算較為複雜；②把風險因素和時間因素混為一談，人為地假定風險隨時間的延長而增大，這不一定符合實際情況。

2. 肯定當量法

由於項目的未來現金流量具有不確定性，使得項目投資存在投資風險。對此，除採用風險調整貼現率法外，還可以運用肯定當量法。肯定當量法的運用程序是：首先根據投資項目的風險程度將不確定的現金流量調整為確定的現金流量，其次將確定的現金流量按無風險報酬率進行折現，計算投資項目的淨現值，最后根據該淨現值來進行項目投資決策。肯定當量法計算公式如下：

$$風險調整后的淨現值 = \sum_{t=0}^{n} \frac{a_t \times 現金流量期望值}{(1 + 無風險報酬率)^t}$$

式中，a_t 是 t 年現金流量的肯定當量系數，它處於 0～1 之間。

肯定當量系數是指不確定的 1 元現金流量期望值相當於確定的現金流量的系數。運用該系數，可以將各年不確定的現金流量換算成確定的現金流量。

a_t ＝肯定的現金流量÷不肯定的現金流量期望值

確定的 1 元錢比不確定的 1 元錢更受歡迎。不確定的 1 元錢，其價值要低於確定的 1 元錢的價值，兩者的差額與不確定性程度高低有關。一般我們依據標準離差率來確定肯定當量系數，因為標準離差率能夠較好地反映現金流量的不確定性程度。表 6-9 列示了變化系數（即標準離差率）與肯定當量系數之間的經驗關係。

表 6-9　　　變化系數（標準離差率）與肯定當量系數的經驗關係表

變化系數	肯定當量系數
0.00~0.07	1
0.08~0.15	0.9
0.16~0.23	0.8
0.24~0.32	0.7
0.33~0.42	0.6
0.43~0.54	0.5
0.55~0.70	0.4

【例 6-12】某企業準備進行一項投資，其各年的現金流量和分析人員確定的肯定當量系數如表 6-10 所示，無風險貼現率為 10%，試判斷此項目是否可行。

表 6-10　　　現金淨流量與肯定當量系數表

時間（年）	0	1	2	3	4
現金淨流量（元）	-20,000	7,000	9,000	8,000	8,000
肯定當量系數 t	1.0	0.95	0.9	0.85	0.8

解答：根據以上資料，計算項目淨現值如下：

$$淨現值=\sum_{t=0}^{n}\frac{a_t \times 現金流量期望值}{(1+無風險報酬率)^t}$$

$=0.95\times7,000\times0.909,1+0.9\times9,000\times0.826,4+0.85\times8,000\times0.751,3+0.8\times8,000\times0.683-20,000=2,219.40$（元）

由於淨現值為正，故項目可以投資。

肯定當量法的優點是：①計算比較簡單；②克服了風險調整貼現率法誇大遠期風險的缺點。其局限性在於：由於沒有公認的客觀準則，即便有變化系數與肯定當量系數的對照關係，準確合理地確定肯定當量系數仍是個十分困難的問題。

3. 決策樹法

決策樹法又稱網路分析法，是通過分析投資項目未來各年各種可能的淨現金流量及其發生的概率，並計算投資項目的期望淨現值來評價風險投資的一種決策方法。決策樹法考慮了投資項目未來各年現金流量之間的相互依存關係，涉及了條件概率和聯合概率問題。為了便於考察項目未來各年可能的淨現金流量及其發生的概率，我們往往使用簡單樹枝圖形，以明確地說明投資項目各方案的情況。

應用決策樹法的主要步驟是：

（1）畫出決策樹圖形。

決策樹圖形用於反映某個決策問題的分析和計量過程，其主要分為以下幾個部分：

①決策點，指幾種可能方案選擇的結果，即最后選擇的決策方案，一般用「□」表示。

②方案枝，即決策點從左到右的若干條直線，代表一種備選方案。

③機會點，即代表備選方案的經濟效果，是方案直線末端的一個圓「○」。

④概率枝，即代表各備選方案不同自然狀態的概率，是機會點向右的若干條直線。

（2）預計各種狀態可能發生的概率。

（3）計算期望值。

（4）選擇最佳方案。

分別將各方案期望總和與投資總額之差標在機會點上方，並對各機會點的備選方案進行比較權衡，選擇權益最大的方案為最佳方案。

【例 6-13】ABC 公司擬開發一種新產品，預計市場情況為：暢銷的概率 $p_1 = 0.6$，滯銷的概率 $p_2 = 0.4$。備選方案有：A 方案，建造一個新車間，使用期為 10 年；B 方案，對現有資產進行技術改造，既維持原來的生產，又組成新產品的生產線，使用期為 10 年；C 方案，前期與 B 方案相同，如果市場情況好，3 年后進行擴建，擴建項目使用期為 7 年。該公司要求的最低報酬率為 10%，其他有關數據如表 6-11 所示。

表 6-11　　不同投資方案數據預測表

單位：萬元

方案	投資額		年收益			
	當前	三年後	前三年		后七年	
			暢銷	滯銷	暢銷	滯銷
A	240	0	80	-20	80	-20
B	120	0	30	20	30	20
C	120	180	30	20	90	20

解答：首先繪製決策樹，如圖 6-1 所示。

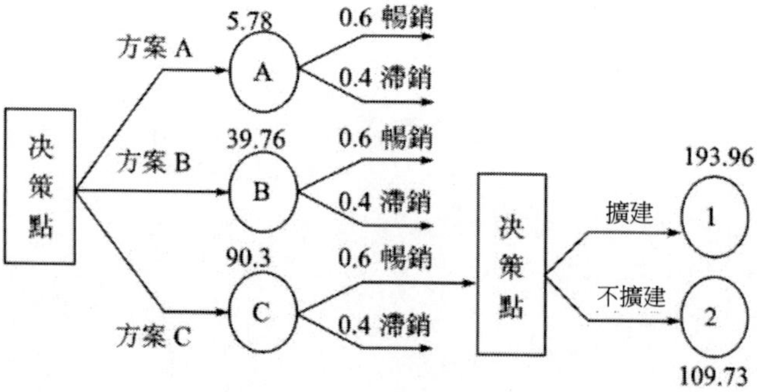

圖 6-1　決策樹圖

其次，計算各機會點的期望收益值：

機會點 A 的期望淨現值 $= 80\times(P/A,10\%,10)\times0.6+(-20)\times(P/A,10\%,10)\times0.4-240$

$= 80\times6.144,6\times0.6+(-20)\times6.144,6\times0.4-240$

$= 5.78$（萬元）

機會點 B 的期望淨現值 $= 30\times(P/A,10\%,10)\times0.6+20\times(P/A,10\%,10)\times0.4-120$

$= 30\times6.144,6\times0.6+20\times6.144,6\times0.4-120$

$= 39.76$（萬元）

機會點 C 的期望淨現值：

點①期望淨現值 $= 90\times(P/A,10\%,7)\times(P/F,10\%,3)-180\times(P/F,10\%,3)$

$= 90\times4.868,4\times0.751,3-180\times0.751,3 = 193.95$（萬元）

點②期望淨現值 $= 30\times(P/A,10\%,7)\times(P/F,10\%,3)-0$

$= 30\times4.868,4\times0.751,3-0 = 109.73$（萬元）

比較①和②的期望淨現值，選擇①。

機會點 C 的期望收益值 $= [193.96+30\times(P/A,10\%,3)]\times0.6+20\times(P/A,10\%,10)\times0.4-120=90.3$（萬元）

因為各個方案經營期一致，故可直接比較各方案期望收益值的大小，比較結果是放棄期望收益值較小的方案 A 和 B，選擇期望收益值大的方案 C。

決策樹法的優點是：①考慮了投資項目未來各年現金流量之間的相互依存關係；②為決策人員提供了投資項目未來各年所有可能的現金流量及其概率分佈；③全面反映了投資項目的風險特徵。決策樹法的缺陷是：當項目的經濟年限較長以及現金流量的可能性較多時，計算相對複雜，並且決策樹圖繪制的工作量較大。

4. 敏感性分析

敏感性分析是研究當制約投資項目評價指標（如 *NPV*、*IRR* 等）的內外部環境因素發生變動時，對評價指標所產生影響的一種定量分析方法。進行敏感性分析的基本步驟如下：

(1) 確定影響項目評價的內外部環境因素，這些環境因素主要有市場需求、市場價格、成本水平等，它們構成了項目財務評價的各種環境變量。

(2) 在保持其他條件不變的情況下，調整某個環境變量的取值，並計算環境變量調整后的項目評價指標。不斷重複這一步驟，分別對各個變量進行分析，由此可以得到每一個環境變量的變動對 *NPV* 或 *IRR* 的影響。

(3) 將項目評價指標的變動與對應的環境變量的變動聯繫起來，計算項目評價指標對環境變量的敏感係數，再根據敏感係數的大小判斷項目的風險。

表 6-12 列舉的是某投資項目的五個主要環境變量增長 1%時對 *NPV* 的影響。

表 6-12　　主要變量對淨現值的影響（基本狀態下 NPV=200,000 元）

增長 1%的主要環境變量	NPV 增長量（元）	增長百分比（%）
銷售增長率	2,328	1.16
營業利潤率	3,644	1.82
資本投資	-1,284	-0.64
營運資金投資	-1,412	-0.71
貼現率	-4,929	-2.46

由上表可見，該項目評價指標對貼現率的變化最為敏感，其次是營業利潤率，最后是銷售增長率。也就是說，該項目的最大風險來自於貼現率，即資本成本的變化，其次是營業成本水平。對此，企業應當有針對性地採取成本控製措施，努力降低成本，控製項目風險。

敏感性分析法是項目風險評價最常用的方法，它能夠幫助我們找到導致項目風險的各主要因素，以便我們能夠在事前制定風險防範和控製措施。但該方法仍存在著以下局限性：①該分析法提供了針對一組數值的分析結果，卻無法給出每一個數值發生的可能性。②該方法是假設其他環境變量保持不變的情況下，分別考察某一個環境變量發生變動對評價指標的影響，但在現實生活中這些環境變量通常是相互聯繫的，一個環境變量發生變動往往會同時引起其他變量發生變動。③對於同一個敏感性分析結果，一些決策者可能會拒絕該項目而其他決策者卻可能接受這一項目，這往往取決於決策者對項目風險的厭惡程度。

（四）項目投資決策例析

上面我們介紹了項目投資決策的一般原理和方法，下面我們將以例解的方式介紹項目投資決策方法在一些具體情況下的運用。

1. 期限不同的項目投資決策

前面已經講到，淨現值法不能應用於期限不同的投資方案的選擇，原因在於淨現值法沒有考慮到期限較短的投資方案在壽命週期結束后的再投資問題，這樣一來，如果簡單地套用淨現值比較，難免造成決策錯誤。

【例 6-14】有甲、乙兩個互斥的投資方案，所需一次性投資均為 10,000 元。甲方案預計使用 8 年，殘值 2,000 元，年淨利潤 3,500 元；乙方案預計使用 5 年，無殘值，第一年淨利潤 3,000 元，以后每年遞增 10%。假設資本成本率為 10%，計算兩個方案的淨現值。

解答：

①現金流量分析：

甲、乙兩方案初始現金流出量均為 10,000 元；

甲方案的營業現金淨流量=3,500+（10,000-2,000）÷8=4,500（元）

乙方案各年營業現金流量的計算如下：

第一年 = 3,000+10,000÷5 = 5,000（元）

第二年 = 3,000×（1+10%）+10,000÷5 = 5,300（元）

第三年 = 3,000×（1+10%）^{2}+10,000÷5 = 5,630（元）

第四年 = 3,000×（1+10%）^{3}+10,000÷5 = 5,993（元）

第五年 = 3,000×（1+10%）^{4}+10,000÷5 = 6,392（元）

甲方案終結現金流入量 2,000 元，乙方案無終結現金流入量。

②計算淨現值。

根據前述淨現值的計算方法，可計算甲、乙兩個方案的淨現值分別為 14,941.5 元和 11,213.77 元。

如果僅僅按照淨現值的大小來進行方案選擇，那麼本例無疑應當選擇淨現值較大的甲方案。然而，由於兩個方案的期限不同，使得這種選擇是錯誤的，因為它沒有考慮期限為 5 年的乙方案在收回投資后的再投資問題。具體來說，乙方案在第 5 年末收回全部投資后，可以用於下一個週期的再投資，使其在第 5 年至第 8 年也能夠獲得淨現金流入，但上述淨現值法卻未能考慮這部分現金流量。因此，當兩個互斥投資方案的期限不同時，不能直接採用淨現值法進行決策，對此，我們可採用年金淨流量法或年營運成本法。

年金淨流量法是淨現值法的輔助方法。按照這種方法，首先需要計算年金淨流量，計算公式為：年金淨流量 = 現金流量總現值/年金現值系數；然后根據年金淨流量的大小進行方案選擇，決策的原則是選擇年金淨流量大的方案。當各方案的壽命期限相同時，它實質上就是淨現值法。

【例 6-15】沿用【例 6-14】的資料。

甲方案年金淨流量 = 14,941.5÷(P/A,10%,8) = 2,801（元）

乙方案年金淨流量 = 11,213.77÷(P/A,10%,5) = 2,958（元）

可見，儘管甲方案的現值大於乙方案，但乙方案的年金淨流量大於甲方案，如果乙方案也按 8 年計算，則淨現值為 15,781 元（2,958×5.335）。故本例應當選擇乙方案。

年金淨流量法是從現金流入的角度進行計算、比較和決策的。與此不同的另一種方法是年營運成本法，它是從現金流出的角度進行計算、比較和決策的，其具體運用我們將結合固定資產更新決策進行介紹。

2. 固定資產更新決策

在項目投資決策中，固定資產更新決策相對比較頻繁，其分析評價工作也較為複雜。下面我們通過簡例來介紹固定資產更新決策問題。

【例 6-16】ABC 公司打算以新設備替換舊設備。舊設備的帳面價值為 220 萬元，預計售價為 20 萬元；購買新設備的成本為 130 萬元。新舊設備的預計未來使用年限均為 10 年。使用新設備年營業收入可增加 14 萬元，可節約成本（未含折舊因素）11 萬元。假定所得稅率為 40%，資本成本率為 15%。要求計算該更新方案的淨現值，並進行決策。（有關現金流量的時間假設為：①年初用現金購買新設備；②年初銷售舊設備並馬上收到現金；③銷售舊設備的所得稅利益在年末實現；④未來 10 年每年的淨現金流量均在年末收到。）

解答：計算現金流量：

（1）初始現金流量的現值＝200, 000－1, 300, 000+800, 000×0. 869, 6
＝－404, 320（元）

（2）年經營現金流量：

①年淨收益增加額＝［140, 000（增加的收入）+110, 000（節約的不含折舊的成本）+90, 000（減少的折舊額）］×（1－40%）＝204, 000（元）

②年經營現金流量增加額＝204, 000+（－90, 000）＝114, 000（元）
或 ＝140, 000+110, 000－136, 000
＝114, 000（元）

③年經營現金流量增加額的現值＝114, 000×4. 833, 2＝550, 985（元）

④方案現金淨現值＝550, 985－404, 320＝146, 665（元）

由於以新換舊方案的淨現值大於 0，故應選擇以新設備替換舊設備的方案。

3. 綜合例題

【例 6-17】ABC 公司是一家生產和銷售軟飲料的企業。該公司產銷的甲飲料持續盈利，目前供不應求，公司正在研究是否擴充其生產。有關資料如下：

（1）該種飲料批發價格為每瓶 5 元，變動成本為每瓶 4. 1 元。本年銷售 400 萬瓶，已經達到現有設備的最大生產能力。

（2）市場預測顯示明年銷量可以達到 500 萬瓶，后年將達到 600 萬瓶，然后以每年 700 萬瓶的水平持續 3 年。5 年后的銷售前景難以預測。

（3）投資預測：為了增加一條年產 400 萬瓶的生產線，需要設備投資 600 萬元；預計第 5 年末設備的變現價值為 100 萬元；生產部門估計需要增加的營運資本為新增銷售額的 16%，在年初投入，在項目結束時收回；該設備能夠很快安裝並運行，可以假設沒有建設期。

（4）設備開始使用前需要支出培訓費 8 萬元；該設備每年需要運行維護費 8 萬元。

（5）該設備也可以通過租賃方式取得。租賃公司要求每年交納租金 123 萬元，租期 5 年，租金在每年年初支付，租賃期內不得退租，租賃期滿設備所有權不轉移。設備運行維護費由 G 公司承擔。租賃設備開始使用前所需的培訓費 8 萬元由 ABC 公司承擔。

（6）公司所得稅率為 25%；稅法規定該類設備使用年限為 6 年，採用直線法折舊，殘值率 5%；假設與該項目等風險投資要求的最低報酬率為 15%；銀行借款（有擔保）利息率為 12%。

要求：(1) 計算自行購置方案的淨現值，並判斷其是否可行。(2) 根據中國稅法的規定，該項設備租賃屬於融資租賃還是經營租賃？具體說明判別的依據。(3) 編制租賃的還本付息表，計算租賃相對於自購的淨現值，並判斷該方案是否可行，說明理由。

已知：$(P/A,1\%,4)=3.902,0$，$(P/A,2\%,4)=3.807,7$，$(P/F,15\%,1)=0.869,6$

$(P/F,15\%,2)=0.756,1$，$(P/F,15\%,3)=0.657,5$，$(P/F,15\%,4)=0.571,8$

$(P/F,15\%,5)=0.497,2$，$(P/F,9\%,1)=0.917,4$，$(P/F,9\%,2)=0.841,7$

$(P/F,9\%,3)=0.772,2$，$(P/F,9\%,4)=0.708,4$

解答：

(1) 自行購置的淨現值見表 6-13。

表 6-13　　淨現值計算表

單位：萬元

時間(年末)	0	1	2	3	4	5
營業收入		500	1,000	1,500	1,500	1,500
稅後收入		375	750	1,125	1,125	1,125
稅後付現成本		4.1×100×(1-25%)=307.5	615	922.5	922.5	922.5
折舊抵稅		95×25%=23.75	23.75	23.75	23.75	23.75
稅後維護費		8×(1-25%)=6	6	6	6	6
稅後培訓費	8×(1-25%)=6					
稅後營業現金流量	-6	85.25	152.75	220.25	220.25	220.25
設備投資	-600					
營運資本投資	500×16%=80	80	80			
回收殘值流量						106.25
回收營運資本						240
項目增量現金流量	-686	5.25	72.75	220.25	220.25	566.5
折現系數	1	0.869,6	0.756,1	0.657,5	0.571,8	0.497,2
現值	-686	4.57	55.01	144.81	125.94	281.66
淨現值	-74.01					

說明：年折舊=600×(1-5%)÷6=95(萬元)

終結點帳面淨值=600-5×95=125(萬元)，變現損失=125-100=25(萬元)

回收殘值流量=100+25×25%=106.25(萬元)

(2) 租賃的稅務性質判別:

租賃期/壽命期限=5÷6=83.33%>75%,所以應該屬於融資租賃。

(3) 編制租賃的還本付息表(表 6-14),計算租賃相對於自購的淨現值(表 6-15),並判斷該方案是否可行,說明理由。

設內含利息率為 i,則:

$600=123+123\times(P/A,i,4)$

即:$(P/A,i,4)=3.878,0$

由於 $(P/A,1\%,4)=3.902,0$,$(P/A,2\%,4)=3.807,7$

所以:$(i-1\%)/(2\%-1\%)=(3.878,0-3.902,0)/(3.807,7-3.902,0)$

解得:$i=1.25\%$

表 6-14　　租賃的還本付息表

單位:萬元

時間(年末)	0	1	2	3	4
支付租金	123	123	123	123	123
內含利息率	1.25%	1.25%	1.25%	1.25%	1.25%
支付利息	0	5.963	4.5	3.018	1.519
歸還本金	123	117.037	118.5	118.982	121.481
未還本金	600-123=477	359.963	241.463	121.481	0

說明:第五年初(第四年末)支付的利息是倒擠出來的,即 123-121.481=1.519。

表 6-15　　租賃相對於自購的淨現值

單位:萬元

時間(年末)	0	1	2	3	4	5
避免設備成本支出	600	0	0	0	0	0
租金支付	-123	-123	-123	-123	-123	0
利息抵稅	0	1.491	1.125	0.755	0.38	0
租賃期差額現金流量	477	-121.509	-121.875	-122.245	-122.62	
折現系數(9%)	1	0.917,4	0.841,7	0.772,2	0.708,4	
租賃期差額現金流量現值	477	-111.472	-102.582	-94.398	-86.864	
喪失的回收殘值流量	0	0	0	0	0	-106.25
折現系數(15%)	—	—	—	—	—	0.497,2
喪失的回收殘值流量現值	—	—	—	—	—	-52.828
租賃相對自購的淨現值	28.86					

由於租賃方案的淨現值為-74.01+28.86=-45.15萬元，小於零，所以租賃方案也不可行。

說明：12%×（1-25%）=9%。

四、固定資產預算與研發預算

企業實務中，長期投資預算種類很多，本書僅以固定資產預算與研發為例，說明長期投資預算編制的特點與注意的問題。

（一）固定資產預算

固定資產投資是一種現金預支性支出，這意味著固定資產一旦投入，企業將承擔其壽命期內所有預支的費用。無論該項固定資產是否使用，無論企業經營狀況的好壞，企業都必須承擔其壽命期內的「折舊費」。而且固定資產一旦運行，就必然會出現維護費用。這在前面的案例中都可以看出來。

固定資產預算的編制應該按崗位進行，這個崗位承擔著對該資產使用、保管和維護的責任，這是固定資產管理的基礎。在會計實務中，固定資產的編號、卡片也是在這個基礎上建立的。對於一些共同使用的財產，如廠房、道路等，它們難以進行崗位化預算，故通常會將預算具體到某個群體，如財務部門、行政管理部門、工程維修部門等。

崗位化的固定資產預算，為固定資產折舊和維護找到了明確的責任中心。因此，固定資產折舊費用和維護費用的預算編制也可以直接歸結到某個崗位、群體或責任中心。

ABC公司固定資產與折舊費用預算表如表6-16所示。

表6-16　**固定資產與折舊費用預算**

機構名稱	使用單位	預算編號	新增（減）固定資產					年末固定資產餘額					預算期折舊預算				
			資產名稱	數量	預算金額	購置時間	分類標示	房屋及建築物	機器設備	運輸設備	辦公設備	合計	房屋及建築物	機器設備	運輸設備	辦公設備	合計
殘值率																	
折舊年限																	
行政部門	總經理																
	副總																
	財務總監																
生產部門	電器工																
	裝配工																
銷售部門	銷售經理																
	副經理																
財務部門	財務經理																
	成本主管																
	總帳主管																
…		…	…	…	…	…	…	…	…	…	…	…	…	…	…	…	…
合計																	

本例題中並未填列具體數值，主要是由於 ABC 公司固定資產眾多，不可能一一列出，同學們只要對其有一個大概的瞭解。在此，有以下幾點需要說明：

（1）在固定資產預算的表格設計中，必須遵循固定資產管理理念和基本原則，即使用崗位對資產負有保管、維護和使用的責任，該資產所在的責任中心承擔該項資產的經濟責任，如承擔修理、維護、折舊費用等。

（2）表格中的第三列「預算編號」是該資產的唯一編號，如同人的身分證號。這樣做是便於 ERP 系統進行有效的預算控製。通常情況下，預算批准后，進行預算控製設定時，企業要將所有預算指標進行系統設置，而固定資產預算設置就是其中的一項。所有已經列入預算的資產項目，系統都會按照預算編號輸入。這樣，當使用單位申請購置該項資產時，系統就會自動按照預算編號檢索該資產項目。如果未檢索到，系統會自動將該申請轉入預算外審批程序。而當該項資產成功購置后，預算編號會自動轉換為資產編號。因此，固定資產預算編號是系統控製、會計核算和資產管理的關鍵。

（3）表格中第七列「購置時間」是指某崗位或部門在預算中希望購買資產的月份。設置該項目的目的是便於財務部門調整現金支付節奏和編制折舊費用預算。這正是第五章經營預算中沒有講述「折舊費用預算」的原因，即固定資產預算與折舊預算是同時編制的。

（4）表格中的第八列「分類標示」是為了表明該項新增或新減資產的資產類別，從而便於系統進行主動歸類，其一般使用字母標示。字母可以是企業從 A 開始依次規定固定資產類別，也可以使用英文名字開頭字母標示，如機器設備（Machinery）可以用 M 標示，辦公設備（Office Equipment）用 O 標示。在期末計算固定資產餘額時，新增減的固定資產會通過「分類標示」自動加入某個資產類別，在 Excel 報表的輸入公式為：機器設備=if（分類標示=「M」，「預算金額」，0）。

（二）研發預算

企業針對新產品、新技術的研發週期通常超過一年，所以採用年度預算編制方式顯然不合理，因此研發預算也屬於長期投資預算的組成部分。而且，一個項目可能會研發好幾年，企業需要持續地投入，不確定因素甚至未知因素很多，所以必須隨著時間的推移、情況的變化，調整、修改、細化預算，這也是一種「滾動預算」。

在新產品、新技術領域推行預算管理的目的是通過預算控製研發的價值流向。正如第五章銷售價格預算中的技術導向定價法中所談到的，產品價值靠四個方面構成，即技術、功能、外觀和品質。如果企業產品的重心在於關鍵技術，那麼就必須保證研發投入持續集中在關鍵技術上，並且要評估企業持續投入的能力，如果不可能在這個方面做持續、大規模的投入，那就必須果斷停止投入。同時，企業必須將有限的資源集中到某個點上，只有這樣才能有真正的新產品和新技術出現。研發預算控製方案如表 6-17 所示。

表 6-17　　研發預算控製方案

研發項目	持續時間	投入預算						價值流向				
		人力預算	材料預算	設備預算	費用預算	其他	合計	技術突破	功能改進	外觀改進	品質改進	其他
合計												

第二節　籌資預算

一、企業籌資概述

（一）企業融資含義和分類

企業融資是指企業為了滿足生產經營、對外投資和調整資本結構的需要，通過一定的渠道，採用適當的方式，籌措和集中所需資金的財務活動，它是企業資金運動的起點。企業融資的主要目的有：①滿足企業生產經營活動的需要；②用於擴大生產經營規模；③用於追加對外投資；④調整和優化資本結構。融資活動是企業資金運動的起點，是決定資金運動規模和企業生產經營活動的重要環節。

企業融資可按不同的標準做以下分類：

(1) 按照資金來源的性質不同，企業融資可分為所有者權益融資（以下簡稱為權益融資）和負債融資。權益融資是指通過發行股票、吸收股東投資、企業內部累積等方式進行的融資。權益融資在企業帳務上體現為權益資本，其特徵是融資風險小，但資本成本相對較高。

負債融資通過發行債券、借款、融資租賃等方式進行。負債融資在企業帳務上體現為債務資本，相對而言，它具有財務風險大、資本成本低的特徵。

(2) 按照資金使用期限的長短，企業融資可分為短期融資和長期融資。短期融資是指通過短期借款、短期債券和商業信用等方式籌集可供企業在一年以內使用的資金，它主要是為滿足企業臨時性流動資金需要而進行的融資活動。短期融資具有融資速度快、資本成本低、融資風險大等特徵。長期融資是指通過吸收直接投資、發行股票、發行債券、長期借款、融資租賃和留存收益等方式籌集可供企業長期（一般為一年以上）使用的資本。長期融資主要用於企業新產品、新項目的開發投資，或者用於擴大生產經營規模，或者用於設備的更新與改造。相對而言，長期融資具有融資規模大、資本成本高、影響時間長等特徵。

(二) 企業融資的渠道和方式

1. 融資渠道

融資渠道是指融資的方向與通道，其回答的問題是「錢在哪裡」。目前，中國企業的融資渠道主要有以下幾種：

(1) 國家財務資金。

國家財務資金是代表國家投資的政府部門或者機構以國有資本投入企業的資金。國家財務資金大部分以直接投資的方式投入企業，其產權歸屬於國家。國家財務資金是國有企業特別是國有獨資企業獲得資金來源的重要渠道。

(2) 銀行信貸資金。

銀行信貸資金是企業重要的融資來源。在中國，銀行一般可分為商業銀行和政策性銀行。商業銀行是以盈利為目的、從事信貸資金投放的金融機構，主要為企業提供各種商業貸款；政策性銀行主要為特定企業提供政策性貸款。

(3) 非銀行金融機構資金。

非銀行金融機構是除商業銀行和專業銀行以外的所有金融機構，主要包括信託、證券、保險、融資租賃等機構以及農村信用社、財務公司等。它們為企業提供各種金融服務，包括信貸資金投放、物資融通、為企業承銷證券等。

(4) 其他企業資金。

企業在生產經營過程中，往往有部分暫時閒置的資金，甚至有長期可使用資金，可以互相融通或投資。從其他企業融通資金不僅可以解決企業的資金需求，還有利於企業之間加強經濟聯繫。

(5) 民間資金。

企業職工和居民手中有暫時不用的結餘資金，企業可通過發行股票、債券等方式，將民間的閒散資金集中起來，為企業所用。

(6) 企業自留資金。

企業自留資金，是企業內部形成的資金，主要包括提取公積金和未分配利潤等。

2. 融資方式

融資方式是指企業融資所採取的具體形式，不同的融資方式形成不同性質的資金來源，其回答的問題是「錢怎麼來」。目前，中國企業的融資方式主要有以下幾種：①吸收直接投資；②發行股票；③收益留存；④利用商業信用；⑤銀行借款；⑥發行債券；⑦融資租賃。其中，前三種方式為權益資金的籌集方式，后四種則是債務資金的籌集方式。

3. 融資渠道和融資方式的對應關係

融資渠道和融資方式之間存在著一定的對應關係，一般來說，一定的融資方式可能只適用於某一特定的融資渠道，但同一融資渠道的資金往往可以採用多種不同的方式取得。兩者的對應關係如表 6-18 所示。

表 6-18　　融資渠道和融資方式的對應關係

	吸收直接投資	發行股票	利用留存收益	利用商業信用	銀行借款	發行債券	融資租賃
國家財務資金	√	√					
銀行信貸資金					√		
非銀行金融機構資金	√	√			√	√	√
其他企業資金	√	√		√		√	
民間資金	√	√				√	
企業自留資金			√				

（三）企業融資的原則

為了有效地籌集企業所需資金，企業融資應遵循三個原則。

1. 規模適當原則

資金是企業生產經營的基礎，也是財務能力的源泉。一般來說，企業可支配的資金越多，其財務能力越強，財務靈活性（彈性）越好。但企業資金並不是多多益善，而是有適度的規模限制。首先，企業融資規模的選擇要受到註冊資本、債務契約等制度性因素的約束，企業不能隨心所欲；其次，企業融資規模的選擇需要考慮生產經營和投資的實際需求，避免超需求的資金籌集和占用，否則只能導致資金閒置和浪費，降低資金效率。因此，企業在選擇資金規模時，一方面要考慮法律、契約等制度性約束，另一方面則需要做好資金需要量的預測，確保資金具有適度性。

2. 適時籌措原則

企業融資不僅有規模限制，也有時間要求。相對於資金實際需求來說，融資時間超前，可能導致資金閒置，影響資金效益，而融資時間滯后，又可能導致資金供應中斷，影響生產經營或投資的正常進行。因此，企業財務管理人員必須樹立資金時間價值觀念，根據資金需求的具體情況，合理安排資金的籌集時間，適時獲取所需資金。

3. 結構合理原則

企業融資有不同的渠道和方式，並由此形成不同性質的資金：權益資金和債務資金。不同渠道、不同方式和不同性質的資金，有著不同的成本、不同的收益和不同的風險，進而會對企業價值產生不同的影響。因此，企業財務人員在選擇融資渠道和方式時，應根據企業價值最大化的財務目標要求，認真研究資金市場環境，分析不同來源資金的成本、收益與風險，選擇資金來源的最佳結構，即綜合資本成本最低、企業價值最大的資本結構。

二、籌資預算

籌資預算是企業對預算期內資金籌資活動的總體安排。由於企業的日常經營活動和長期投資活動均需要資金的支持，因此籌資預算可以細分為經營籌資預算和長期投資籌資預算。因此，籌資預算的主要工作是在經營預算、長期投資預算和資金需要量預測的基礎上，編制經營活動和長期投資活動的所需資金的預算。

（一）籌資預算的編制依據

（1）企業關於資金籌措的決策資料。這些資料包括企業制定的財務戰略、籌資戰略、年度資金計劃和企業決策層對財務部門籌資方案的審批意見。

（2）預算期企業經營預算和長期投資預算中對資金的需求情況。預算期經營預算的現金淨流入對籌資預算的編制有重大影響，長期投資預算對項目資金的用途、使用時間、使用金額等事項均做了詳細規劃，這些都是決定企業籌資時間和籌資金額的主要依據。

（3）企業現有負債在預算期的償還時間與金額。現有短期負債和一年內到期的長期負債的償還時間和金額對企業籌資時間和金額同樣具有重大影響，它們是籌資預算編制的依據。

（4）企業籌資渠道和方式的選擇。籌資渠道回答的問題是「錢在哪裡」，籌資方式回答的問題是「錢怎麼來」。優序融資理論和企業實踐經驗都告訴我們，企業首選的融資是內部融資，主要包括實收資本、資本公積、未分配利潤等所有者權益和企業通過計提折舊、攤銷而形成的資金來源，因此企業要從挖掘內部資金潛力入手，籌集盡量多的內部資金。在外部籌資方面，企業應該在瞭解金融市場情況的基礎上，對不同的籌資方式進行決策，尤其是已經取得發行股票和債券資格的企業，應根據股票和債券發行計劃編制籌資預算。

（5）企業預算期內資金需求量預測。對生產經營活動需要的資金進行科學預測，是財務部門資金管理的一項重要內容，通過資金預測，企業可以做到心中有數，有效避免資金籌集的盲目性。這也是編制籌資預算的首要工作。

（二）資金需求量預測

預測企業資金需要量的方法有定性預測法和定量預測法，其中，定性預測法是指預測人員根據歷史資料和環境信息，憑藉自身的知識、經驗和能力，對企業未來資金需要量進行主觀推測和判斷的方法。定性預測法簡便，易於組織和操作，但由於它不能揭示資金需要量與有關因素之間的數量關係，因而缺乏準確性和可靠性，一般適用於在缺乏完整、準確的歷史資料時採用。定量預測法是指預測人員根據歷史數據和環境信息，借助數學模型進行定量測算的方法，具體有比率預測法（主要是銷售額比率法）和資金習性預測法（高低點法和線性迴歸分析法）等。

1. 比率預測法

比率預測法，是依據有關財務比率與資金需要量之間的數量關係來預測資金需要量的方法。最常用的比率預測法是銷售額比率法，它是以資金占用與銷售額的比率為基礎，對企業未來資金需要量進行預測的方法。

運用銷售額比率法預測資金需要量是建立在以下假設基礎上的：①企業的部分

資產和負債與銷售額同比率變化；②企業各項資產、負債與所有者權益結構已達到最優。

運用銷售額比率法預測的一般步驟是：①預計銷售額增長率；②確定隨銷售額變動而變動的資產、負債項目，這些項目通常只限於流動性項目；③根據歷史數據，分別計算各變動性資產、負債項目對銷售額的比率；④確定需要追加的營運資金淨額（隨銷售額增加的流動資產減去隨銷售額增加的經營性流動負債）；⑤根據利潤分配政策等約束條件，確定對外籌資額。

從企業內部來看，對外籌資額就是需要追加的營運資金淨額與增加的留存收益的差額。有關的計算如下：

外部資金需要量=增加的資產-增加的負債-增加的留存收益

（1）增加的資產=銷售的變動額×基期變動資產占基期銷售額的百分比

=基期變動資產的合計數×銷售增長率

（2）增加的負債=銷售的變動額×基期變動負債占基期銷售額的百分比

=基期變動負債的合計數×銷售增長率

（3）增加的留存收益=預測期銷售收入×銷售淨利率×收益留存比率

（4）上述銷售額比率法的應用是建立在企業的部分資產和負債與銷售額同比率變化的基礎上，實踐中也應考慮非變動資產的變化。即：

外部資金需求量=$A/S_1 \cdot \triangle S - B/S_1 \cdot \triangle S - S_2 \cdot P \cdot E + \triangle$非變動資產

上式中：A 為隨銷售變化的資產（變動資產）；B 為隨銷售變化的負債（變動負債）；S_1為基期銷售額；S_2為預測期銷售額；ΔS 為銷售的變動額；P 為銷售淨利潤率；E 為收益留存比率；A/S_1為單位銷售額所需的資產數量，即變動資產占基期銷售額的百分比；B/S_1為單位銷售額所產生的自然負債數量，即變動負債占基期銷售額的百分比。

【例 6-18】已知 ABC 公司 2016 年銷售收入為 20,000 萬元，銷售淨利潤率為 12%，淨利潤的 60%分配給投資者。公司 2016 年 12 月 31 日的資產負債表（簡表）如表 6-19 所示。

表 6-19　　資產負債表

單位：萬元

資產	期末餘額	負債及所有者權益	期末餘額
貨幣資金	1,000	應付帳款	1,000
應收帳款淨額	3,000	應付票據	2,000
存貨	6,000	長期借款	9,000
固定資產淨值	7,000	實收資本	4,000
無形資產	1,000	留存收益	2,000
資產總計	18,000	負債與所有者權益總計	18,000

該公司2017年計劃銷售收入比上年增長30%，為實現這一目標，公司需新增設備一臺，價值148萬元。據歷年財務數據分析，公司流動資產與流動負債隨銷售額同比率增減。假定該公司2017年銷售淨利率和利潤分配政策與上年保持一致。

根據銷售額比率法預測2017年對外籌資額的步驟如下：

（1）分別確定隨銷售收入變動而變動的資產合計（A）和負債合計（B）。

變動資產額 = 1,000+3,000+6,000 = 10,000（萬元）

變動負債額 = 1,000+2,000 = 3,000（萬元）

（2）根據基期數據分別計算A和B占銷售收入（S_1）的百分比（表6-20），並以此為依據計算在預測期銷售收入（S_2）水平下資產和負債的增加數（如有非變動資產增加也應考慮）。

表6-20 **變動性資產、負責項目與銷售額的比率**

資產	占銷售額的比率（%）	負債及所有者權益	占銷售額的比率（%）
貨幣資金	5	應付帳款	5
應收帳款淨額	15	應付票據	10
存貨	30	長期借款	不變
固定資產淨值	不變	實收資本	不變
無形資產	不變	留存收益	不變
資產總計	50	負債與所有者權益總計	15

預測期銷售收入 = 20,000×（1+30%）= 26,000（萬元）

預測期銷售收入水平下需要增加的流動資產 = $A/S_1 \cdot \triangle S$ = 50%×6,000 = 3,000（萬元）

預測期銷售收入水平下需要增加的經營性流動負債 = $B/S_1 \cdot \triangle S$ = 15%×6,000 = 900（萬元）

△非變動資產 = 148（萬元）

（3）確定預測期收益留存數（即 $S_2 \cdot P \cdot E$）。

預測期收益留存數 = 20,000×（1+30%）×12%×（1−60%）= 1,248（萬元）

（4）確定外部資金需求量。

外部資金需求量 = $A/S_1 \cdot \triangle S - B/S_1 \cdot \triangle S - S_2 \cdot P \cdot E$ + △非變動資產

= 3,000−900−1,248+148 = 1,000（萬元）

2. 資金習性預測法

資金習性預測法，是根據資金習性採用統計學原理預測未來資金需要量的一種方法。所謂資金習性，是指資金變動與產銷量變動之間的依存關係。按照資金習性可將資金分為不變資金、變動資金和半變動資金。

不變資金是指在一定的產銷量範圍內，不隨產銷量變化而變化的那部分資金，包括為維持經營所需占用的最低數額的現金、原材料的保險儲備、必要的成品儲備，以及廠房、機器設備等固定資產占用的資金。

變動資金是隨產銷量的變動而同比率變動的那部分資金，包括直接構成產品實體的原材料、外購件等占用的資金，以及最低儲備以外的現金、存貨、應收帳款等。

半變動資金指雖然受產銷量變化影響，但不成同比率變動的資金，如一些輔助材料所占用的資金。半變動資金可採用一定的方法分解為不變資金和變動資金兩個部分。

資金習性預測法有兩種形式：一種是根據資金占用總額與產銷量的關係來預測資金需要量；另一種是採用先分項后匯總的方式預測資金需要量。

設產銷量為自變量 x，資金占用量為因變量 y，它們之間的關係可用下列直線方程式表示：

$y=a+bx$

上式中，a 為不變資金，b 為單位產銷量所需要的變動資金，它可以採用高低點法或迴歸直線法求得。

（1）高低點法。

高低點法是根據兩點可以決定一條直線的原理，首先確定產銷業務量的歷史高點和低點，再分別將高點和低點的相關數據（產銷業務量及對應的資金占用量）代入直線方程，求出 a 和 b。

最大產銷業務量對應的資金占用量 $=a+b\times$ 最大產銷業務量

最小產銷業務量對應的資金占用量 $=a+b\times$ 最小產銷業務量

解方程得：

$b=$（最大產銷業務量對應的資金占用量－最小產銷業務量對應的資金占用量）/（最大產銷業務量－最小產銷業務量）

$a=$ 最大產銷業務量對應的資金占用量 $-b\times$ 最大產銷業務量

或 $=$ 最小產銷業務量對應的資金占用量 $-b\times$ 最小產銷業務量

應注意的是：高點產銷業務量最大，但對應的資金占用量卻不一定最大；同樣，低點產銷業務量最小，但對應的資金占用量也不一定最小。

【例 6-19】某企業 2011—2016 年產銷業務量與資金占用資料如表 6-21 所示。

表 6-21　　**產銷量與資金占用變化情況表**

年度	產銷量（萬件）	資金占用（萬元）
2011	102	280
2012	100	300
2013	108	290
2014	111	310
2015	115	330
2016	120	350

預測 2017 年的產銷量為 128 萬件。

運用高低點法測算企業 2009 年資金需要量的步驟如下：

①根據歷史資料，確定產銷業務量的歷史高點和低點，分別出現在 2016 年和 2012 年。

②將高、低點的產銷業務量與資金占用量代入上述計算式，分別求出 a 和 b。

$b=(350-300)\div(120-100)=2.5$

$a=350-2.5\times120=50$

③根據資金需要量的預測模型 $y=a+bx$ 預測 2017 年的資金需要量。

2017 年資金需要量 $=50+2.5\times128=370$（萬元）

高低點法含義明確，簡便易行，適用於資金變動趨勢比較穩定的情況。

（2）迴歸分析法。

迴歸分析法是根據若干期業務量和資金占用的歷史資料，運用最小二乘法原理計算不變資金（a）和單位銷售額變動資金（b）的一種資金習性分析方法。計算公式如下：

$$a=\frac{\Sigma x_i{}^2\Sigma y_i-\Sigma x_i\Sigma x_i y_i}{n\Sigma x_i{}^2-(\Sigma x_i)^2}$$

$$b=\frac{n\Sigma x_i y_i-\Sigma x_i\Sigma y_i}{n\Sigma x_i{}^2-(\Sigma x_i)^2}$$

$$\text{或}=\frac{\Sigma y_i-na}{\Sigma x_i}$$

【例 6-20】ABC 公司 2012—2016 年產銷量與資金占用資料如表 6-22 所示。

表 6-22　**產銷量與資金占用變化情況表**

年度	產銷量（萬件）	資金占用（萬元）
2012	6.0	500
2013	5.5	475
2014	5.0	450
2015	6.5	520
2016	7.0	550

預測 2017 年的產銷量為 8 萬件。

運用迴歸直線法測算企業 2009 年的資金需要量的步驟如下：

①運用公式計算不變資金 a 和單位銷售額變動資金 b。

由上表可得：$\Sigma x_i=30$　$\Sigma x_i{}^2=182.5$　$\Sigma y_i=2495$　$\Sigma x_i y_i=15,092.5$

$$a=\frac{\Sigma x_i{}^2\Sigma y_i-\Sigma x_i\Sigma x_i y_i}{n\Sigma x_i{}^2-(\Sigma x_i)^2}=\frac{182.5\times2,495-30\times15,092.5}{5\times182.5-(30)^2}=205$$

$$b=\frac{n\Sigma x_iy_i-\Sigma x_i\Sigma y_i}{n\Sigma x_i^2-(\Sigma x_i)^2}=49$$

②根據預測模型 $y=a+bx$ 預測資金需要量。

企業 2017 年資金需要量＝205+49×8＝597（萬元）

（三）籌資預算的編制方法

長期投資籌資預算和長期投資預算有明顯的對應關係，本部分我們主要介紹經營籌資預算。在經營預算和經營所需資金預測完成后，企業的財務部門就可以著手編制經營籌資預算了。

1. 經營籌資預算的編制程序

（1）匯總經營預算中的各項現金收付事項及收付時間和金額，在審核無誤后計算企業預算期內經營預算的現金餘缺額。

（2）將經營預算中的現金餘缺額與資金需求預測得出的資金需求量進行對比，如果兩者有較大差異，應仔細分析並找出差異的原因。

（3）對企業在預算期內各項短期債務的種類、償還時間和償還金額進行排列，確定預算期內企業需要償還的原有短期債務數量。

（4）將經營預算中的現金餘缺額與企業在預算期內需要償還的短期債務進行累加，確定企業預算期內的現金餘缺總量。

（5）針對企業預算期內的現金餘缺總量，結合預算期內資金市場總體情況的預測，制定預算期內具體的籌資方案。如果出現現金結餘，應制定提前償還借款或將結餘的資金投向資本市場的方案；如果出現資金短缺，則應首先制定從企業內部挖掘自有資金潛力的措施，如清理應收帳款、處理積壓物資、壓縮庫存、盤活存量資產等，然后再根據預算期內資本市場情況和資金成本與風險制定外部舉債的方案。

（6）在組織有關人員對預算期的籌資方案進行評審的基礎上，編制經營籌資預算。

2. 經營籌資預算編制案例

【例 6-21】ABC 公司 2017 年經營預算編制完畢，財務部門開始編制經營籌資預算。公司在對 2017 年經營資金需求量進行預測的基礎上，與經營預算的現金餘缺額進行對比，最終確定 2017 年需要增加現金 2,000 萬元，經營活動現金餘額情況如表 6-23 所示。

表 6-23　　2017 年經營活動現金餘缺情況表

單位：萬元

項目	現金收入	現金支出	淨流入
收入中心預算	20,000	500	19,500
成本中心預算	0	16,300	-16,300
費用中心預算	0	200	-200

表6-23(續)

項目	現金收入	現金支出	淨流入
經營預算小計	20,000	17,000	3,000
償還建設銀行借款	0	4,000	-4,000
償還農業銀行借款	0	1,000	-1,000
短期負債小計	0	5,000	-5,000
合計	20,000	22,000	-2,000

根據現金餘缺情況的分析，財務部門提出如下籌資方案：①加強存量資金管理，壓縮資金占用 80 萬元，收回關聯方長年應收帳款 20 萬元；②利用商業信用融資 200 萬元；③利用銀行信用籌資 1,700 萬元。根據上述方案編制經營籌資預算，如表 6-24 所示。

表 6-24　　ABC 公司 2017 年經營籌資預測表

單位：萬元

項目	籌資方式	籌資費用率	金額	季度分解			
				一季度	二季度	三季度	四季度
經營活動淨支出			-3,000	-700	-500	-800	-1,000
償還到期借款	經營活動	0	5,000	2,200	1,000	1,000	800
現金短缺額			2,000	1,500	500	200	-200
盤活存量資產	內部挖潛	0	80	20	20	20	20
清理應收帳款	內部挖潛	0	20	20	0	0	0
內部籌資額			100	20	40	40	40
工商銀行借款	短期借款	4%	500	320	540	240	-160
招商銀行借款	短期借款	6%	1,200	1,200	0	0	0
銀行借款額			1,700	1,520	540	240	-160
現金收支差額			0	0	0	0	0

第七章
財務預算(上)：年度預算

在第五、六章關於經營預算與專門預算的基礎上，如何編制利潤表、資產負債表和現金流量的年度預算，並進一步將年度預算在各個月份之間分解，是財務預算編制的主要工作。鑒於財務預算表格較多，本書將財務預算分為上下兩篇，上篇主要講述年度預算，下篇即第八章將講述月度預算。

第一節　財務預算概述

一、財務預算的概念與內容

財務預算亦稱總預算，是在預測與決策的基礎上，圍繞企業戰略目標，對企業預算期的經營成果、財務狀況及資金的取得與投放所做的總體安排。其內容主要包括反映企業經營成果的利潤表預算、反映企業財務狀況的資產負債表預算和反映現金收支活動的現金預算。

（1）利潤表預算是按照利潤表的內容和格式編制的，綜合反映企業預算期內經營成果的預算。它以動態指標總括反映了企業預算期內執行經營預算和其他相關預算的效益情況。

（2）資產負債表預算是按照資產負債表的內容和格式編制的，綜合反映企業預算期內期初與期末財務狀況的預算。它以靜態指標的形式反映了企業預算期內執行經營預算、長期投資預算和籌資預算前后財務狀況的變動情況。

（3）現金預算是對預算期內企業現金收入、現金支出及現金餘缺的投放與籌措等現金收付活動的具體安排。它以經營預算、長期投資預算、籌資預算、利潤表預算、資產負債表預算為基礎，反映了企業預算期內現金流量及其結果。

二、財務預算與其他預算的關係

經營預算、長期投資預算、籌資預算與財務預算共同組成了企業的全面預算體系。財務預算作為預算編制的最后環節，在全面預算體系中起到統馭全局的作用，是全面預算管理的核心，因此其也被稱為總預算，其他預算相應稱為輔助預算或分預算。

（1）經營預算的內容是財務預算的展開與細化，其所有內容均被財務預算所涵蓋。儘管從表面而言，財務預算是對經營預算的匯總，但這種匯總絕不是簡單的數字累加，而是按照企業戰略目標對經營預算的深化、分析、修訂和綜合平衡，換言之，財務預算與經營預算是統馭與被統馭的關係。

（2）長期投資預算從屬於財務預算，受到財務預算的制約。長期投資預算是規劃企業長期投資活動的預算，而企業進行長期投資活動的目的正是在長期中實現企業利潤最大化。同時，長期投資預算還要受到資產負債表預算和現金預算的制約，如果企業資產負債表預算和現金預算反映的企業財務狀況不佳、現金流捉襟見肘，企業是沒有能力進行長期投資活動的。

（3）籌資預算是經營預算、長期投資預算的補充，受制於財務預算。企業運行需要資金支持，就本質而言，籌資預算就是經營預算和長期投資預算的有機組成部分，沒有經營活動和長期投資活動，企業就不需要籌資。經營預算和長期投資預算從屬於財務預算，則籌資預算自然也從屬於財務預算，受制於財務預算。

三、年度預算與月度預算

年度財務預算需要進行月度分解。將預算年度的收入、費用、利潤、資產、負債、所有者權益在各個月度進行科學分解，可以對企業各月的經營成果和財務狀況進行有效預測和合理控製。

進行月度分解更重要的原因在於月度資金計劃管理，即現金預算的分解。月度資金計劃管理就是建立在預算管理基礎上並使之逐月落實的有效管理工具，它可以提高資金使用效率，降低企業財務風險，加強成本和費用控製，強化生產經營全過程控製，變「事后管理」為「事前管理」。

月度資金計劃管理工作應當在年度預算的指導下，由總經理具體負責，計劃部牽頭會同財務部等部門共同開展。資金計劃管理人員通過與目標管理、預算管理、項目成本管理等崗位的協調，實施資金計劃管理，負責月度資金計劃的編報工作。財務部是資金計劃的執行部門，由專人對批准后的月度資金計劃進行日常簽批管理，各部門負責人是本部門資金計劃的第一責任人，可以指派部門其他人員協助其工作。

在公司經營過程中，各部門按照實際業務制定月度工作計劃，包括銷售計劃、生產計劃、採購計劃等。在開展市場調研與科學預測分析的基礎上，本期預算工作計劃開展所需的資金支出或可實現收入要填報資金計劃表，應當保證資金計劃指標數量的準確性和可操作性，並與本部門預算指標進行對比分析，嚴格控製預算支出，加快資金回流。計劃部將各部門上報的資金計劃進行初步審核，對與年度預算分解指標和公司總體資金管理要求相衝突的地方進行客觀合理的調整，匯編成月度資金計劃方案。方案由資金計劃匯總表、各部門資金計劃明細表、指標詳細說明的支撐性附件以及對上月執行資金計劃的總體分析說明等部分構成。資金計劃匯總表應當反映經營活動、投資活動和籌資活動等資金收支情況，部門資金計劃明細表中按照各部門年度預算中所列出的會計科目，反映以往年度的預算執行情況以及本期的資金計劃的執行情況並與年度預算相對照，便於加強事中控製。部分費用應由各部門向歸口管理部門匯總后上報資金計劃。資金計劃方案出抬后報總經理審核，計劃部在月初組織召開資金計劃會，向各部門分析上月資金計劃完成情況並下達本月資金計劃，同時向財務部通報資金信息以利於其合理調度資金。

第二節　年度預算編制的準備工作

現實中，大型企業一般採用專門的預算軟件，如 Oracle、SAP、用友、金蝶等，進行預算的編制工作。中小型企業可以採用最常用的 Excel 工具。本書從教學的角度出發，主要介紹如何利用 Excel 工具進行手工預算編制，讓大家瞭解預算編制的基本原理。

首先，建立一個工作簿，命名為「預算報表 1」，並將第一個工作表改名為「空白表」。報表的設置如表 7-1 所示。

表 7-1　　　　預算報表格式

<table>
<tr><td colspan="7">ABC 公司</td><td colspan="3">預算模式：進取型</td></tr>
<tr><td colspan="7">2016 年預算與執行情況</td><td colspan="3">2017 年預算</td></tr>
<tr><td rowspan="2">預算項目</td><td colspan="3">變量指標</td><td rowspan="2">標示</td><td rowspan="2">實際數</td><td rowspan="2">滾動預算</td><td colspan="3">單位：萬元</td></tr>
<tr><td>實際變量</td><td>預測變量</td><td>預算變量</td><td>利潤表</td><td>資產負債表</td><td>現金預算</td></tr>
<tr><td></td><td></td><td></td><td></td><td></td><td></td><td></td><td></td><td></td><td></td></tr>
<tr><td></td><td></td><td></td><td></td><td></td><td></td><td></td><td></td><td></td><td></td></tr>
<tr><td></td><td></td><td></td><td></td><td></td><td></td><td></td><td></td><td></td><td></td></tr>
<tr><td></td><td></td><td></td><td></td><td></td><td></td><td></td><td></td><td></td><td></td></tr>
<tr><td></td><td></td><td></td><td></td><td></td><td></td><td></td><td></td><td></td><td></td></tr>
<tr><td></td><td></td><td></td><td></td><td></td><td></td><td></td><td></td><td></td><td></td></tr>
</table>

表 7-1 中假定，現在處於 2016 年第四季度初，準備編制 2017 年的財務預算，即 2016 年為預算編制年度，2017 年為預算年度。報表中的內容含義如下：

（1）預算項目，是指各項預算指標的名稱。

（2）變量指標，是預算指標計算的依據，其中「實際變量」是根據預算編制年度年前三季度實際數計算的指標；「預測變量」是根據預算編制年度年前三季度預算執行情況和預算調整目標，對實際變量適當調整；「預算變量」是根據預算年度企業經營目標，在前期基礎和行業分析的基礎上確定的指標。

(3) 標示，是指財務預算指標的數據來源，一般分為原生項目和派生項目兩類，其中原生項目直接輸入，派生項目依據原生項目、變量指標計算而得。標示方法並沒有原則規定，本書將直接輸入的原生項目標示為「A」，派生項目不作標示。

(4) 實際數，是預算編制年度前三季度已實現的財務指標數據。

(5) 滾動預算，是指對預算編制年度剩餘月份的財務指標預測。

本書將以 ABC 公司作為案例，按照由簡入繁的順序，講述年度預算的編制。首先假設 ABC 公司在預算編制年度未開業，我們講述在沒有期初餘額的前提下年度預算的編制；然后，加入預算編制年度，並假設 ABC 公司在預算編制年度開業，講述如何編制滾動預算和下個年度的年度預算。

第三節　無期初餘額的年度預算編制

一、已知條件

ABC 公司 2017 年度的營業收入預算為 10 億元，營業成本率為 70%，變動經營費用率為 8%，固定經營費用為 1.2 億元，存貨週轉天數、應收帳款週轉天數、應付帳款週轉天數分別為 45 天、60 天、60 天，存貨跌價率為 4%，壞帳率為 6%，購買固定資產 1,000 萬元，綜合折舊率 15%，借款 3,000 萬元，利率 6%，預提費用 1,800 萬元。

假定：ABC 公司 2017 年開業，固定資產年初購入並在當月計提折舊，借款年初借入，年底不分紅。

要求：根據已知條件，編制 2017 年 ABC 公司年度預算。

二、編制思路

(1) 由於假定預算編制期公司尚未開業，因此表 7-1 的第二、三、五、六列不需要填列數字。

(2) 明確三個預算報表數值的正負關係：利潤表中收入為正、費用為負；資產負債表中資產為正、負債與所有者權益為負；現金預算中現金流入為正、現金支出為負。

(3) 建立三個預算報表的平衡關係：現金預算的現金淨流入等於資產負債表的貨幣資金餘額；利潤表的淨利潤將結轉到資產負債表的「本年利潤結轉」；資產負債表的合計數為「資產-負債-所有者權益=0」。其中，第三個平衡關係是關鍵，該項為 0 則預算表編制正確，否則說明編制存在錯誤。

(4) 明確預算編制的起點，即營業收入，在考慮營業收入的直接財務后果和間接財務后果后，填寫相關預算項目內容與金額。

（5）明確預算編制流程，即營業收入→營業成本→經營費用→存貨→應收帳款→應付帳款→固定資產與折舊費用→借款與利息→預提費用→損失與準備。應該指出的是，在具體編制中可以根據個人偏好改變編制流程。

三、具體編制過程

（1）建立一個 33 行 10 列的表格，同時建立三組平衡關係公式，如表 7-2 所示。其中：

①在 A33 單元格中填列預算項目「合計」，H33、I33、J33 中建立第 5 行至第 32 行的求和公式。

②在 A32 單元格中填列預算項目「本年利潤結轉」，在 I32 單元格中建立公式「=-H33」。

③在 A22 單元格中填列預算項目「貨幣資金」，在 I22 單元格中建立公式「=J33」。

通過上述操作，可以將利潤表、資產負債表和現金預算合計出來，同時將利潤表中的本年利潤結轉到資產負債表中的「利潤結轉」，將現金預算中的現金淨流入結轉到資產負債表中的「貨幣資金」。

表 7-2　　預算報表模版

	A	B	C	D	E	F	G	H	I	J
1	ABC 公司							預算模式：進取型		
2	2016 年預算與執行情況							2017 年預算		
3	預算項目	變量指標			標示	實際數	滾動預算	單位：萬元		
4		實際	預測	預算				利潤表	資產負債表	現金預算
5	營業收入									
6										
7										
8										
9										
10										
11										
12										
13										
14										
15										
16										
17										

表7-2(續)

18									
19									
20									
21									
22	貨幣資金							=J33	
23									
24									
25									
26									
27									
28									
29									
30									
31									
32	本年利潤結轉							=-H33	
33	合計						=SUM(H5:H32)	=SUM(I5:I32)	=SUM(J5:J32)

（2）對基本業務的處理，包括營業收入、營業成本和經營費用。

①營業收入是預算報表編制的起點。收入的出現，會出現什麼樣的間接財務后果？答案是「銷售回款」，即收入轉換成現金流入。在此，先假定全部為現金銷售，而不存在賒銷。

本例中，在 A5 單元格中輸入預算項目「營業收入」，在 H5 單元格中直接輸入「100,000」（注意預算表單位是萬元），並在 E5 中輸入標示「A」代表直接輸入，同時在 A13 和 A14 單元格中分別輸入預算項目「現金流入」和「銷售回款」，在 J14 單元格中建立公式「=H5」。

②營業成本是利潤表中的第二個變量。營業成本是一個概括性的項目，在不同行業中差異極大。如在零售業中，營業成本主要是各種採購成本，而在製造業中，營業成本不僅包括原材料的採購成本，還包括生產工人工資等項目。本書在此不做細化，簡單假設全部都是現金購入。因此，營業成本的間接財務后果就是現金預算中的「採購支出」。

本例中，在 A6 單元格中輸入預算項目「營業支出」，在 D6 單元格中直接輸入營業費用率「0.7」這一預算變量，在 H6 單元格中建立公式「=-H5 * D6」。作為間接財務后果，在 A16 和 A17 單元格中輸入預算項目「現金流出」和「採購支出」，在 J17 單元格中建立公式「=H6」。

③經營費用是利潤表中第三個基本變量。從財務會計的角度來看，它主要包括期間費用中的管理費用和銷售費用；從成本習性的角度來看，它可以分為變動經營

費用和固定經營費用兩類。在預算管理中，更加關注的是后一個角度，而且應該將更多的混合型費用定義為固定經營費用。在國外企業中有一個慣例，即某項業務停止后，仍會有 20%左右的費用發生，應將其視為固定費用，否則為變動費用。這樣做的好處有二：一是體現謹慎性原則。固定費用大，則盈虧平衡點高、經營風險大、生產邊際貢獻量大，能夠避免經營錯覺、低估企業背負的實際包袱。二是將費用的控製方式由相對控製更多轉變為絕對控製。變動費用的控製是相對的，主要控製的是費用與業務量之間的變動率；而固定費用的控製是絕對的，一旦確定，無論業務量如何變動，都受到總額的絕對控製。

經營費用若全部按變動費用計算，會造成嚴重危害，一是忽視了經營費用中固定費用的存在，二是在每個月份中的月度預算中會出現嚴重的財務狀況扭曲，如管理部門的職工薪酬，更多情況下其工資的大部分是按照月份固定發放的，而不是隨銷售量的變動而變動。所以將本不應該變動的費用做成變動費用，預算編制將偏離企業的基本事實，也就失去了管理和控製的意義。

本例中，在 A7 和 A8 單元格中輸入預算項目「變動經營費用」和「固定經營費用」，在 D7 單元格中直接輸入變動經營費用率「0.08」這一預算變量，在 H7 單元格中建立公式「=-H5 * D7」，在 H8 單元格中直接輸入「-12,000」，並在 E8 單元格中輸入標示「A」代表直接輸入。

兩類經營費用的間接財務后果是現金預算中費用支出的增加，因此完成上述操作后，在 A19 單元格中輸入預算項目「費用支出」，在 J19 單元格中建立公式「=H7+H8」。

基本業務的公式設置結果和預算結果如表 7-4 和表 7-5 所示。

④小結。通過對基本業務的預算編制，我們可以看出，預算年度 10 億元的營業收入，在沒有存貨、應收與應付款項的前提下，可以帶來 1 億元的利潤和現金。

（3）存貨的財務后果。

存貨是企業在生產經營過程中為銷售或者耗用而儲備的物資，其外延很廣，如材料、燃料、低值易耗品、在產品、半成品、產成品等。20 世紀 60 年代，日本豐田公司提出了著名的準時制（Just In Time，簡稱 JIT）生產模式，也被稱作零存貨（Zero Inventory）模式。1973 年以后，這種方式對豐田公司渡過第一次能源危機起到了突出的作用，后引起其他國家生產企業的重視，並逐漸在歐洲和美國的日資企業及當地企業中推行開來。這一方式與源自日本的其他生產、流通方式一起被西方企業稱為「日本化模式」。

JIT 的核心內容就是「零存貨」，通俗地說就是在企業需要原材料時，採購人員通知供應商，就可以馬上拿到存貨。理論上，如此組織採購、生產和銷售，效率是最高的。但是現實中為了保證生產和銷售的穩定以及商業折扣等問題，JIT 可行性不高。隨著日本經濟的衰落，其也被扔進了歷史的垃圾堆。

存貨是現代企業的一種必然的存在，同時它是一個動態的指標，其餘額與交易量和交易速度緊密相關。預算編制中，計算存貨的方法類似於財務分析中的「運營能力指標」中存貨週轉率的公式。

存貨週轉天數=365÷存貨週轉次數

存貨週轉次數=營業成本÷存貨餘額

存貨週轉天數=365÷營業成本×存貨餘額

存貨餘額=存貨週轉天數×（營業成本÷365）

通過上述公式推導，結合本例題的條件，應在A23單元格中輸入預算項目「存貨」，在D23單元格中直接輸入存貨週轉天數「45」這一預算變量，在I23單元格中建立公式「=-H6/365*D23」。存貨的間接財務后果是引起採購支出的增加，即採購支出=營業支出+存貨，考慮到正負號的問題，應在J17單元格修改公式為「=H6-I23」。

當然，存貨還有兩個財務后果，即增加了存貨跌價準備和存貨跌價損失，鑒於對三張預算表的影響不同，本書將在后文中專門說明。

財務學中經常提到，存貨會占用企業的資金，但是到底占用多少、占用到何種程度，很多財務初學者無法理解。通過這個部分的預算表編制，我們可以明顯看出，由於存貨的出現，企業貨幣資金從1億元下降到1,370萬元，剩餘部分轉化為流動性相對較差的存貨。

結合財務報表比率分析，流動比率雖作為短期償債能力的核心指標，但存在很多缺陷，其中存貨就是一個重要內容。由於存貨變現能力弱、估價方法影響存貨餘額、部分存貨可能被抵押、殘背冷次造成存貨價值毀損等四方面的原因，影響了流動比率衡量短期償債能力的準確性，這才出現了速動比率指標。本例題中，超過86%的流動資產由現金轉化為存貨，極大降低了企業的短期償債能力。

存貨相關業務的公式設置和預算結果如表7-6和表7-7所示。

（4）應收帳款的財務后果。

應收帳款是因對外銷售產品、材料、供應勞務及其他原因，應向購貨單位或接受勞務的單位及其他單位收取的款項。每個企業都希望進行現金銷售，但是現實中由於商業競爭的原因，賒銷成為擴大銷售的重要手段。應收帳款的存在增加了企業的機會成本、管理成本和壞帳成本。與存貨類似，應收帳款也很難用一個定額來控製，它受到交易量、應收帳款政策等因素的綜合影響。預算編制中，計算應收帳款應運用到類似於財務分析中「運營能力指標」中應收帳款週轉率的公式。

應收帳款週轉天數=365÷應收帳款週轉次數

應收帳款週轉次數=營業收入÷應收帳款餘額

應收帳款週轉天數=365÷營業收入×應收帳款平均餘額

應收帳款平均餘額=應收帳款週轉天數×（營業收入÷365）

通過上述公式推導，結合本例題的條件，應在A25單元格中輸入預算項目「應收帳款」，在 D25 單元格中直接輸入應收帳款週轉天數「60」這一預算變量，在 I25 單元格中建立公式「＝H5/365 * D25」。存貨的間接財務后果是引起銷售回款的減少，即銷售回款＝營業收入－應收帳款，故在 J14 單元格修改公式為「＝H5－I25」。

應收帳款相關業務的公式設置和預算結果如表 7-8 和表 7-9 所示。

當然，與存貨類似，應收帳款也還有兩個財務后果，即增加了壞帳準備和壞帳損失，鑒於對三張預算表的影響不同，本書將在后面與存貨的兩個經濟后果一起對其加以說明。

通過該部分的預算表編制可以明顯看出，由於存貨和應收帳款的共同作用，雖然公司利潤未發生變化，但已使得企業資金鏈斷裂，出現了超過 1.5 億元的資金缺口，存貨和應收帳款對資金的影響可見一斑。同樣結合財務報表比重分析，從流動比率到速動比率的轉化，主要是剔除了存貨的影響；而從速動比率到超速動比率的轉化，則主要是剔除了應收帳款的影響。

解決資金鏈斷裂問題，首先可以考慮增加存貨和應收帳款的週轉率，比如將存貨的週轉天數降至 30 天，即將單元格 D23 的數值從 45 改為 30，資金缺口卻減少至 1.2 億元；再比如將應收帳款的週轉天數降至 40 天，即將單元格 D25 的數值從 60 改為 40，資金缺口將減少至 1 億元以下。但需要指出的是，加快存貨週轉率需要在採購、生產、銷售三個環節入手，難度較大；加快應收帳款週轉率，意味著增加現金銷售比重或實行較為嚴格的應收帳款政策，這都會影響企業的銷售，實踐中難度也不低。因此，解決資金鏈斷裂的問題，還需要考慮融資問題。

（5）應付帳款的財務后果。

應付帳款是在商品交易中由於延遲付款而形成的企業間的借貸關係，它是商業信用的一種形式，是所謂的「自發性籌資」。前面的預算編制中，存貨和應收帳款的出現，使得企業出現資金短缺問題，因此可以考慮融資解決。實踐中常用的融資手段無外乎三種，即應付帳款、借款、發行股票。由於發行股票時間較長，企業經常在應付帳款和銀行借款之間選擇。借款的成本很明顯，即借款利率，而應付帳款是否存在成本？當存在現金折扣時，會存在極大的機會成本即放棄現金折扣成本；而不存在現金折扣時，大多數人會認為不存在成本，但是實踐中採用延期付款和立即付款兩種方式的採購單價肯定有差異，這其實就是一種成本。因此，無論是否有現金折扣，應付帳款的成本都是存在的，這點對預算的編制有一定影響。

本例題中，假定企業首先選擇的融資方式是應付帳款。預算編制中，計算應付帳款應運用類似於財務分析中「運營能力指標」中應付帳款週轉率的公式。

應付帳款週轉次數＝（營業成本＋存貨期末餘額－存貨期初餘額）÷應付帳款平均餘額

應付帳款週轉天數＝365÷應付帳款週轉次數＝應付帳款餘額×［365÷(營業成本＋存貨餘額)］

應付帳款餘額=應付帳款週轉天數×（營業成本+存貨餘額）÷365=應付帳款週轉天數×採購支出÷365

通過上述公式的推導，結合本例題的條件，應在 A29 單元格中輸入預算項目「應付帳款」，在 D29 單元格中直接輸入應付帳款週轉天數「60」這一預算變量，在 I29 單元格中建立公式「=J17/365 * D29」。應付帳款的間接財務后果是引起「採購支出」現金流出的減少，為單獨反映這一問題，應在 A18 單元格中輸入預算項目「付款延遲」，在 J18 單元格建立公式「=-I29」。

應付帳款相關業務的公式設置和預算結果如表 7-10 和表 7-11 所示。

通過該部分的預算表編制可以明顯看出，由於應付帳款這種自發性融資的出現，企業資金缺口大為縮減，短缺數減少至 2,143 萬元。

（6）固定資產的財務后果。

要完成 10 億元的銷售預算，必然要有相應的人、財、物的資源支持，營業成本和經營費用就是一種對人財物耗費的費用性支出。固定資產則是資本性支出，是指企業使用期限較長、單位價值較高，並且在使用過程中保持原有實物形態的有形資產，包括房屋及建築物、機器設備和運輸設備等。固定資產的特點有二，一是使用壽命超過一個預算年度，二是為生產產品、提供勞務、出租或經營管理而持有，不出售。

本例中假設 ABC 公司 2017 年將有 1,000 萬元的新增固定資產，那麼編制預算時首先應在 A27 單元格中輸入預算項目「固定資產」，在 I27 單元格中直接輸入「1,000」，並在 E8 單元格中輸入標示「A」代表直接輸入。新增固定資產引發的間接財務后果是現金流出的增加，因此需要在 A21 單元格中輸入預算項目「資本支出」，並在 J21 單元格中建立公式「=-I27」。

固定資產相關業務的公式設置和預算結果如表 7-12 和表 7-13 所示。

當然，固定資產還有兩個財務后果，即折舊費用和累計折舊，我們將在后面的存貨與應收帳款的損失與準備中一起說明。

（7）銀行借款的財務后果。

通過固定資產部分的預算表編制，可以看出由於資本支出的增加，ABC 公司資金缺口又開始放大，為彌補資金短缺，在不考慮股票融資的前提下，公司需要在應付帳款和銀行借款兩種籌資方式中選擇。由於該公司已經存在近 1.3 億元的應付帳款，占到採購支出的 16%，若進一步增加賒購力度，一方面供貨商可能拒絕或者加價，另一方面應付帳款還款期較短會增加公司的財務風險，因此在本例中假定 ABC 公司最終選擇了銀行借款 3,000 萬元。

在預算編制中，首先應在 A30 單元格中輸入預算項目「銀行借款」，在 I30 單元格中直接輸入「-3,000」，並在 E30 單元格中輸入標示「A」代表直接輸入。銀行借款的出現，會引發兩個間接財務后果，即現金流入和利息費用的增加，因此要在 A15 單元格中輸入預算項目「貸款注入」，在 J15 單元格中建立公式「=-I30」，然后在 A11 單元格中輸入預算項目「利息費用」，在 D11 單元格中輸入利率「0.06」這一預算變量，在 H11 單元格中建立公式「=I30＊D11」。最后修改 J19 單元格「費用支出」的計算公式為「=H7+H8+H11」，最終費用支出項目包含了經營費用和利息費用，從會計的角度而言，費用支出包括的是管理費用、銷售費用和財務費用三類期間費用的付現部分。

通過該部分的預算表編制可以看出，基本業務→存貨→應收帳款→應付帳款→固定資產→銀行借款這一過程中，利潤首次發生變化，即減少了 180 萬元，這是由於利息費用造成的，而公司的現金流缺口接近彌合。

銀行借款相關業務的公式設置和預算結果如表 7-14 和表 7-15 所示。

（8）預提費用的財務后果。

預提費用是指企業按規定預先提取但尚未實際支付的各項費用，企業還沒支付，但應該要支付的，屬於負債的範疇。中國 2006 年企業會計準則已廢除該科目，原屬於預提費用的業務現應計入「其他應付款」科目。預提費用的特點是受益、預提在前，支付在后。作為內部管理活動，預算編制中可以保留該項目。預提費用的種類有很多，在這裡為便於理解，我們就以年終獎為例：2017 年的年終獎將於 2018 年初春節前發放，但費用歸屬於 2017 年。按照本例中的已知條件，應在 A31 單元格中輸入預算項目「預提費用」，在 I31 單元格中直接輸入「-1,800」，並在 E31 單元格中輸入標示「A」代表直接輸入。預提費用的發生引發的間接財務后果是「費用支出」造成的現金流出的減少，其與應付帳款引發「採購支出」減少類似。為單獨反映這一問題，我們應在 A20 單元格中輸入預算項目「付費延遲」，在 J20 單元格中建立公式「=-I31」。「付費延遲」的概念類似於財務管理中的「非付現成本」。

通過該部分的預算表編制可以看出，公司的現金缺口得以彌補，並有了 1,447 萬元的現金流入。

預提費用相關業務的公式設置和預算結果如表 7-16 和表 7-17 所示。

（9）資產減值與固定資產折舊。

前面已經提到，存貨、應收帳款引發的間接財務后果還包括資產減值準備和減值損失，固定資產引發的間接財務后果還包括累計折舊和折舊費用，這三者對於預算報表的影響十分相似，因此我們在這裡單獨說明。

存貨的財務風險有兩方面，一是降低了資產的流動性，二是作為實物形態存在的有形資產，從物理的角度來看有損毀的風險，從價值的角度來看有滯庫貶值的風險。所以在預算編制中，必須考慮滯庫貶值風險發生的概率和可能造成的危害，並在資產負債表中提取風險準備、在利潤表中確認由此帶來的損失。首先，應在 A24 單元格中輸入預算項目「存貨跌價準備」，在 D9 單元格中輸入存貨跌價率「0.04"這一預算變量，在 I24 單元格中建立公式「=-I23＊D9」，然后在 A9 單元格中輸入預算項目「存貨跌價損失」，在 H9 單元格中建立公式「=I24"。

應收帳款的財務風險有三個方面，一是降低了資產的流動性，二是由於客戶延遲付款可能造成公司資金鏈的緊張甚至斷裂，三是債務人完全或部分喪失還款能力而造成公司全部或部分貨款無法收回，最終形成壞帳。因此在預算編制中，公司必須考慮壞帳發生的概率和可能造成的危害，並在資產負債表中提取風險準備、在利潤表中確認由此帶來的損失。首先，應在 A26 單元格中輸入預算項目「壞帳準備」，在 D10 單元格中輸入壞帳率「0.06」這一預算變量，在 I26 單元格中建立公式「=-I25＊D10」，然后在 A10 單元格中輸入預算項目「壞帳損失」，在 H10 單元格中建立公式「=I26」。

固定資產作為企業最重要的非流動資產之一，是企業提高生產能力的重要手段，因此企業擴大再生產必須投入一定數量的固定資產。但是固定資產的投入存在兩類主要風險，即固化企業資金和貶值風險，這兩點與存貨類似，在編制預算表時應該考慮提取固定資產的減值準備和減值損失，為簡化起見本書暫不考慮該問題。此外，固定資產的價值轉移方式與存貨不同，在長期的使用過程中，固定資產實物形態保持不變而價值逐漸轉移到產品或勞務之中，因此固定資產需要提取折舊。依據例題的已知條件，首先應在 A28 單元格中輸入預算項目「累計折舊」，在 D12 單元格中輸入綜合折舊率「0.15」這一預算變量，在 I28 單元格中建立公式「=-I27＊D12」，然后在 A12 單元格中輸入預算項目「折舊費用」，在 H12 單元格中建立公式「=I28」。

通過該部分的預算表編制可以看出，資產減值損失和準備、固定資產折舊影響的是資產負債表和利潤表，作為未實現的損失，兩者並不影響企業的現金流量，現金預算並未發生變化。

資產減值與固定資產折舊業務的公式設置和預算結果如表 7-18 和表 7-19 所示。同時，表 7-19 也是 2017 年度預算的最終結果。

四、結論

1. 預算編制方法的特點

至此，我們已經將編制預算時可能涉及的一些主要財務指標列入三大預算表中。同學們學習方法后可以結合具體的案例有選擇地加入其他一些未考慮的財務指標，如無形資產、增值稅、所得稅、長期股權投資、投資收益，等等。

上述的預算編制方法是對彈性預算法的一種改良，同學們可以在報表編制完成后，有目的地調整各個原生項目和預算變量的數值，可以得到不同的利潤、現金流量結果，以此模擬企業預算編制。

2. 從預算表中獲得的結論

對於 ABC 公司，如果其 2017 年實現 10 億元的銷售預算，則可以產生利潤 8,338 萬元，現金流入 1,477 萬元，資產負債率為 68%，2017 年對其來說將是一個具有發展潛力的年度。

公司現金狀況與銷售預算的實現關係緊密。通過調整預算表中的營業收入，可以發現當營業收入下降至 8.5 億元時，公司會出現 2 萬元的資金短缺，即實際銷售低於預算大約15%時，公司將面臨現金斷裂點。從這個角度來看，公司存在一定的風險，從而影響到公司的舉債能力。

這一內容可以通過表 7-20 得出結論。

3. 關鍵績效指標的確定

例題中的預算表是一種進取型的預算，正如第二章所指出的，設定單一目標可能引發「棘輪效應」或「摔破罐效應」，因此在制定進取型預算的基礎上，應該根據企業的歷史情況和行業特點，在縱向與橫向比較的基礎上結合企業現實情況和發展戰略，進一步確定保守型預算與挑戰型預算的關鍵績效指標，得到不同類型的預算結果。

2017 年三類預算方案的關鍵績效指標如表 7-3 所示。

表 7-3　關鍵績效指標（Key Performance Indicator）

	保守型	進取型	挑戰型
營業收入	850,000（萬元）	100,000（萬元）	140,000（萬元）
利潤		8,338（萬元）	
現金		1,477（萬元）	
資本支出		1,000（萬元）	
存貨週轉天數		45（天）	
應收帳款週轉天數		60（天）	
應付帳款週轉天數		60（天）	

4. 預算表的缺陷

前面介紹的預算編制雖然有很多優點，但其仍存在四個主要缺陷：

（1）未考慮期初餘額。例題中假定企業在預算期內開業，這點不符合大多數企業的現實情況。這個問題我們將在本章第四節中解決。

（2）未進行月度分解。年度預算的執行需要在各個月份間配合，而各個月份間存在天數的差異和銷量的差異，尤其在企業經營的淡季與旺季差異較為明顯，同時現金預算無法在年度預算中看到所有問題，因此對年度預算進行月度分解極為重要。這個問題我們將在第八章中解決。

（3）未對存貨進行分類。作為資產負債表的重要項目，存貨是一個外延寬泛的概括性項目。從財務會計的角度來看，存貨分為材料、燃料、低值易耗品、在產品、半成品、產成品等；而從預算管理的角度來看，存貨分為採購階段存貨、生產階段存貨和銷售階段存貨，不同階段存貨的責任主體不同，編制預算時有必要將之進行細分。這個問題我們將在第八章第三節中與營業成本一起研究。

（4）未對營業成本進行分類。正如經營費用有變動經營費用與固定經營費用，營業成本也應該分為變動成本與固定成本兩類。就製造類企業而言，營業成本主要由產成品轉化而來，這個問題我們將在第九章財務控製中為同學們解釋。

表 7-4　　基本業務公式設置

	A	B	C	D	E	F	G	H	I	J
1	ABC 公司							預算模式：進取型		
2	2016 年預算與執行情況							2017 年預算		
3	預算項目	變量指標			標示	實際數	滾動預算	單位：萬元		
4		實際	預測	預算				利潤表	資產負債表	現金預算
5	營業收入				A			100,000		
6	營業成本			0.7				=-H5 * D6		
7	變動經營費用			0.08				=-H5 * D7		
8	固定經營費用				A			-12,000		
9										
10										
11										
12										
13	現金流入									
14	銷售回款									=H5
15										
16	現金流出									
17	採購支出									=H6
18										
19	費用支出									=H7+H8
20										
21										
22	貨幣資金								=J33	
23										
24										
25										
26										
27										
28										
29										
30										
31										
32	本年利潤結轉								=-H33	
33	合計							=SUM(H5:H32)	=SUM(I5:I32)	=SUM(J5:J32)

表 7-5　　基本業務預算結果

ABC 公司							預算模式：進取型		
2016 年預算與執行情況							2017 年預算		
預算項目	變量指標			標示	單位：萬元				
	實際	預測	預算		實際數	滾動預算	利潤表	資產負債表	現金預算
營業收入				A			100,000		
營業成本			0.7				-70,000		
變動經營費用			0.08				-8,000		
固定經營費用				A			-12,000		
現金流入									
銷售回款									100,000
現金流出									
採購支出									-70,000
費用支出									-20,000
貨幣資金								10,000	
本年利潤結轉								-10,000	
合計							10,000	0	10,000

表 7-6 存貨相關業務公式設置

	A	B	C	D	E	F	G	H	I	J
1	ABC 公司							預算模式：進取型		
2	2016 年預算與執行情況							2017 年預算		
3	預算項目	變量指標			標示	實際數	滾動預算	單位：萬元		
4		實際	預測	預算				利潤表	資產負債表	現金預算
5	營業收入				A			100, 000		
6	營業成本			0. 7				=-H5 * D6		
7	變動經營費用			0. 08				=-H5 * D7		
8	固定經營費用				A			-12, 000		
9										
10										
11										
12										
13	現金流入									
14	銷售回款									=H5
15										
16	現金流出									
17	採購支出									=H6-I23
18										
19	費用支出									=H7+H8
20										
21										
22	貨幣資金								=J33	
23	存貨			45					=-H6/365 * D23	
24										
25										
26										
27										
28										
29										
30										
31										
32	本年利潤結轉								=-H33	
33	合計							=SUM(H5:H32)	=SUM(I5:I32)	=SUM(J5:J32)

表 7-7　　存貨相關業務預算結果

ABC 公司							預算模式：進取型		
2016 年預算與執行情況							2017 年預算		
預算項目	變量指標			標示	單位：萬元				
	實際	預測	預算		實際數	滾動預算	利潤表	資產負債表	現金預算
營業收入				A			100,000		
營業成本			0.7				-70,000		
變動經營費用			0.08				-8,000		
固定經營費用				A			-12,000		
現金流入									
銷售回款									100,000
現金流出									
採購支出									-78,630
費用支出									-20,000
貨幣資金								1,370	
存貨			45					8,630	
本年利潤結轉								-10,000	
合計							10,000	0	1,370

表 7-8　　應收帳款相關業務公式設置

	A	B	C	D	E	F	G	H	I	J
1	ABC 公司							預算模式：進取型		
2	2016 年預算與執行情況							2017 年預算		
3	預算項目	變量指標			標示	實際數	滾動預算	單位：萬元		
4		實際	預測	預算				利潤表	資產負債表	現金預算
5	營業收入				A			100,000		
6	營業成本			0.7				=-H5 * D6		
7	變動經營費用			0.08				=-H5 * D7		
8	固定經營費用				A			-12,000		
9										
10										
11										
12										
13	現金流入									
14	銷售回款									=H5-I25
15										
16	現金流出									
17	採購支出									=H6-I23
18										
19	費用支出									=H7+H8
20										
21										
22	貨幣資金								=J33	
23	存貨			45					=-H6/365 * D23	
24										
25	應收帳款			60					=H5/365 * D25	
26										
27										
28										
29										
30										
31										
32	本年利潤結轉								=-H33	
33	合計							=SUM(H5:H32)	=SUM(I5:I32)	=SUM(J5:J32)

表 7-9　　　應收帳款相關業務預算結果

ABC 公司							預算模式：進取型		
2016 年預算與執行情況							2017 年預算		
預算項目	變量指標			標示	單位：萬元				
	實際	預測	預算		實際數	滾動預算	利潤表	資產負債表	現金預算
營業收入				A			100,000		
營業成本			0.7				-70,000		
變動經營費用			0.08				-8,000		
固定經營費用				A			-12,000		
現金流入									
銷售回款									83,562
現金流出									
採購支出									-78,630
費用支出									-20,000
貨幣資金								-15,068	
存貨			45					8,630	
應收帳款			60					16,438	
本年利潤結轉								-10,000	
合計							10,000	0	-15,068

表 7-10　　應付帳款相關業務公式設置

	A	B	C	D	E	F	G	H	I	J
1	ABC 公司							預算模式：進取型		
2	2016 年預算與執行情況							2017 年預算		
3	預算項目	變量指標			標示	實際數	滾動預算	單位：萬元		
4		實際	預測	預算				利潤表	資產負債表	現金預算
5	營業收入				A			100, 000		
6	營業成本			0. 7				=-H5 * D6		
7	變動經營費用			0. 08				=-H5 * D7		
8	固定經營費用				A			-12, 000		
9										
10										
11										
12										
13	現金流入									
14	銷售回款									=H5-I25
15										
16	現金流出									
17	採購支出									=H6-I23
18	付款延遲									=-I29
19	費用支出									=H7+H8
20										
21										
22	貨幣資金								=J33	
23	存貨			45					=-H6/365 * D23	
24										
25	應收帳款			60					=H5/365 * D25	
26										
27										
28										
29	應付帳款			60					=J17/365 * D29	
30										
31										
32	本年利潤結轉								=-H33	
33	合計							=SUM(H5:H32)	=SUM(I5:I32)	=SUM(J5:J32)

表 7-11　　　　**應付帳款相關業務預算結果**

ABC 公司							預算模式：進取型		
2016 年預算與執行情況							2017 年預算		
預算項目	變量指標			標示	單位：萬元				
	實際	預測	預算		實際數	滾動預算	利潤表	資產負債表	現金預算
營業收入				A			100, 000		
營業成本			0.7				-70, 000		
變動經營費用			0.08				-8, 000		
固定經營費用				A			-12, 000		
現金流入									
銷售回款									83, 562
現金流出									
採購支出									-78, 630
付款延遲									12, 926
費用支出									-20, 000
貨幣資金								-2, 143	
存貨			45					8, 630	
應收帳款			60					16, 438	
應付帳款			60					-12, 926	
本年利潤結轉								-10, 000	
合計							10, 000	0	-2, 143

註：此表僅保留整數，數字出入系四捨五入所致。

表 7-12　　固定資產相關業務公式設置

	A	B	C	D	E	F	G	H	I	J
1	ABC 公司							預算模式：進取型		
2	2016 年預算與執行情況							2017 年預算		
3	預算項目	變量指標			標示	實際數	滾動預算	單位：萬元		
4		實際	預測	預算				利潤表	資產負債表	現金預算
5	營業收入				A			100,000		
6	營業成本			0.7				=-H5 * D6		
7	變動經營費用			0.08				=-H5 * D7		
8	固定經營費用				A			-12,000		
9										
10										
11										
12										
13	現金流入									
14	銷售回款									=H5-I25
15										
16	現金流出									
17	採購支出									=H6-I23
18	付款延遲									=-I29
19	費用支出									=H7+H8
20										
21	資本支出									=-I27
22	貨幣資金								=J33	
23	存貨			45					=-H6/365 * D23	
24										
25	應收帳款			60					=H5/365 * D25	
26										
27	固定資產				A				1,000	
28										
29	應付帳款			60					=J17/365 * D29	
30										
31										
32	本年利潤結轉								=-H33	
33	合計							=SUM(H5:H32)	=SUM(I5:I32)	=SUM(J5:J32)

表 7-13 固定資產相關業務預算結果

ABC 公司							預算模式：進取型		
2016 年預算與執行情況							2017 年預算		
預算項目	變量指標			標示	單位：萬元				
	實際	預測	預算		實際數	滾動預算	利潤表	資產負債表	現金預算
營業收入				A			100,000		
營業成本			0.7				-70,000		
變動經營費用			0.08				-8,000		
固定經營費用				A			-12,000		
現金流入									
銷售回款									83,562
現金流出									
採購支出									-78,630
付款延遲									12,926
費用支出									-20,000
資本支出									-1,000
貨幣資金								-3,143	
存貨			45					8,630	
應收帳款			60					16,438	
固定資產				A				1,000	
應付帳款			60					-12,926	
本年利潤結轉								-10,000	
合計							10,000	0	-3,143

註：此表僅保留整數，數字出入系四捨五入所致。

表 7-14　　銀行借款相關業務公式設置

	A	B	C	D	E	F	G	H	I	J
1	ABC 公司							預算模式：進取型		
2	2016 年預算與執行情況							2017 年預算		
3	預算項目	變量指標			標示	實際數	滾動預算	單位：萬元		
4		實際	預測	預算				利潤表	資產負債表	現金預算
5	營業收入				A			100,000		
6	營業成本			0.7				=-H5 * D6		
7	變動經營費用			0.08				=-H5 * D7		
8	固定經營費用				A			-12,000		
9										
10										
11	利息費用			0.06				=I30 * D11		
12										
13	現金流入									
14	銷售回款									=H5-I25
15	貸款注入									=-I30
16	現金流出									
17	採購支出									=H6-I23
18	付款延遲									=-I29
19	費用支出									=H7+H8+H11
20										
21	資本支出									=-I27
22	貨幣資金								=J33	
23	存貨			45					=-H6/365 * D23	
24										
25	應收帳款			60					=H5/365 * D25	
26										
27	固定資產				A				1,000	
28										
29	應付帳款			60					=J17/365 * D29	
30	銀行借款				A				-3,000	
31										
32	本年利潤結轉								=-H33	
33	合計							=SUM(H5:H32)	=SUM(I5:I32)	=SUM(J5:J32)

表 7-15　　　　　　　　銀行借款相關業務預算結果

ABC 公司							預算模式：進取型		
2016 年預算與執行情況							2017 年預算		
預算項目	變量指標			標示	單位：萬元				
	實際	預測	預算		實際數	滾動預算	利潤表	資產負債表	現金預算
營業收入				A			100, 000		
營業成本			0.7				-70, 000		
變動經營費用			0.08				-8, 000		
固定經營費用				A			-12, 000		
利息費用			0.06				-180		
現金流入									
銷售回款									83, 562
貸款注入									3, 000
現金流出									
採購支出									-78, 630
付款延遲									12, 926
費用支出									-20, 180
資本支出									-1, 000
貨幣資金								-323	
存貨			45					8, 630	
應收帳款			60					16, 438	
固定資產				A				1, 000	
應付帳款			60					-12, 926	
銀行借款				A				-3, 000	
本年利潤結轉								-9, 820	
合計							9, 820	0	-323

註：此表僅保留整數，數字出入系四捨五入所致。

表 7-16　　預提費用相關業務公式設置

	A	B	C	D	E	F	G	H	I	J
1	ABC 公司							預算模式：進取型		
2	2016 年預算與執行情況							2017 年預算		
3	預算項目	變量指標			標示	實際數	滾動預算	單位：萬元		
4		實際	預測	預算				利潤表	資產負債表	現金預算
5	營業收入				A			100,000		
6	營業成本			0.7				=-H5 * D6		
7	變動經營費用			0.08				=-H5 * D7		
8	固定經營費用				A			-12,000		
9										
10										
11	利息費用			0.06				=I30 * D11		
12										
13	現金流入									
14	銷售回款									=H5-I25
15	貸款注入									=-I30
16	現金流出									
17	採購支出									=H6-I23
18	付款延遲									=-I29
19	費用支出									=H7+H8+H11
20	付費延遲									=-I31
21	資本支出									=-I27
22	貨幣資金								=J33	
23	存貨			45					=-H6/365 * D23	
24										
25	應收帳款			60					=H5/365 * D25	
26										
27	固定資產				A				1,000	
28										
29	應付帳款			60					=J17/365 * D29	
30	銀行借款				A				-3,000	
31	預提費用				A				-1,800	
32	本年利潤結轉								=-H33	
22	合計							=SUM(H5:H32)	=SUM(I5:I32)	=SUM(J5:J32)

表 7-17 預提費用相關業務預算結果

ABC 公司							預算模式：進取型		
2016 年預算與執行情況							2017 年預算		
預算項目	變量指標			標示	單位：萬元				
	實際	預測	預算		實際數	滾動預算	利潤表	資產負債表	現金預算
營業收入				A			100, 000		
營業成本			0. 7				-70, 000		
變動經營費用			0. 08				-8, 000		
固定經營費用				A			-12, 000		
利息費用			0. 06				-180		
現金流入									
銷售回款									83, 562
貸款注入									3, 000
現金流出									
採購支出									-78, 630
付款延遲									12, 926
費用支出									-20, 180
付費延遲									1, 800
資本支出									-1, 000
貨幣資金								1, 477	
存貨			45					8, 630	
應收帳款			60					16, 438	
固定資產				A				1, 000	
應付帳款			60					-12, 926	
銀行借款				A				-3, 000	
預提費用				A				-1, 800	
本年利潤結轉								-9, 820	
合計							9, 820	0	1, 477

註：此表僅保留整數，數字出入系四捨五入所致。

表 7-18　　折舊與減值相關業務公式設置

	A	B	C	D	E	F	G	H	I	J
1	ABC 公司							預算模式：進取型		
2	2016 年預算與執行情況							2017 年預算		
3	預算項目	變量指標			標示	實際數	滾動預算	單位：萬元		
4		實際	預測	預算				利潤表	資產負債表	現金預算
5	營業收入				A			100,000		
6	營業成本			0.7				=-H5*D6		
7	變動經營費用			0.08				=-H5*D7		
8	固定經營費用				A			-12,000		
9	存貨跌價損失			0.04				=I24		
10	壞帳損失			0.06				=I26		
11	利息費用			0.06				=I30*D11		
12	折舊費用			0.15				=I28		
13	現金流入									
14	銷售回款									=H5-I25
15	貸款注入									=-I30
16	現金流出									
17	採購支出									=H6-I23
18	付款延遲									=-I29
19	費用支出									=H7+H8+H11
20	付費延遲									=-I31
21	資本支出									=-I27
22	貨幣資金								=J33	
23	存貨			45					=-H6/365*D23	
24	存貨跌價準備								=-I23*D9	
25	應收帳款			60					=H5/365*D25	
26	壞帳準備								=-I25*D10	
27	固定資產				A				1,000	
28	累計折舊								=-I27*D12	
29	應付帳款			60					=J17/365*D29	
30	銀行借款				A				-3,000	
31	預提費用				A				-1,800	
32	本年利潤結轉								=-H33	
33	合計							=SUM(H5:H32)	=SUM(I5:I32)	=SUM(J5:J32)

表 7-19　　折舊與減值相關業務預算結果

ABC 公司					預算模式：進取型				
2016 年預算與執行情況					2017 年預算				
預算項目	變量指標			標示	單位：萬元				
	實際	預測	預算		實際數	滾動預算	利潤表	資產負債表	現金預算
營業收入				A			100,000		
營業成本			0.7				-70,000		
變動經營費用			0.08				-8,000		
固定經營費用				A			-12,000		
存貨跌價損失			0.04				-345		
壞帳損失			0.06				-986		
利息費用			0.06				-180		
折舊費用			0.15				-150		
現金流入									
銷售回款									83,562
貸款注入									3,000
現金流出									
採購支出									-78,630
付款延遲									12,926
費用支出									-20,180
付費延遲									1,800
資本支出									-1,000
貨幣資金								1,477	
存貨			45					8,630	
存貨跌價準備								-345	
應收帳款			60					16,438	
壞帳準備								-986	
固定資產				A				1,000	
累計折舊								-150	
應付帳款			60					-12,926	
銀行借款				A				-3,000	
預提費用				A				-1,800	
本年利潤結轉								-8,338	
合計							8,338	0	1,477

註：此表僅保留整數，數字出入系四舍五入所致。

表 7-20 企業資金斷裂點

ABC 公司							預算模式：進取型		
2016 年預算與執行情況							2017 年預算		
預算項目	變量指標			標示	單位：萬元				
	實際	預測	預算		實際數	滾動預算	利潤表	資產負債表	現金預算
營業收入				A			85, 000		
營業成本			0. 7				-59, 500		
變動經營費用			0. 08				-6, 800		
固定經營費用				A			-12, 000		
存貨跌價損失			0. 04				-293		
壞帳損失			0. 06				-838		
利息費用			0. 06				-180		
折舊費用			0. 15				-150		
現金流入									
銷售回款									71, 027
貸款注入									3, 000
現金流出									
採購支出									-66, 836
付款延遲									10, 987
費用支出									-18, 980
付費延遲									1, 800
資本支出									-1, 000
貨幣資金								-2	
存貨			45					7, 336	
存貨跌價準備								-293	
應收帳款			60					13, 973	
壞帳準備								-838	
固定資產				A				1, 000	
累計折舊								-150	
應付帳款			60					-10, 987	
銀行借款				A				-3, 000	
預提費用				A				-1, 800	
本年利潤結轉								-5, 238	
合計							5, 238	0	-2

註：此表僅保留整數，數字出入系四舍五入所致。

第四節　有期初餘額的年度預算編制

無期初餘額的年度預算編制僅僅適用於新開業企業和項目預算，而現實中的企業，其資產負債表中均存在期初餘額，本節將從這個現實出發，講述加入期初數后的年度預算編制方法。

一、案例說明

2017 年度預算的期初數，也是 2016 年的期末數。從財務會計報表編制的角度來看，這是個很簡單的問題。但是在預算編制中，期初數並不存在，因為 2017 年度預算的編制工作一般發生於 2016 年第四季度初，此時只有前三季度的實際數額。因此，編制有期初餘額的年度預算首先要解決的問題就是如何預測預算編制年度的期末數。

確定預算編制年度期末餘額的方法就是滾動預算，其一方面可以估計年末數，為 2017 年年度預算做準備，另一方面還能起到對 2016 年預算調整的作用。這種方法在實踐中被廣泛採用。現實中，ABC 公司在很多年前已經存在，因此編制滾動預算也要考慮 2016 年度的期初餘額，但本著由簡入繁的原則，我們在本案例中假定 ABC 公司開業於 2016 年，即預算編制年度沒有期初餘額。

二、已知條件

2017 年年度預算的條件與本節第二部分相同，即 ABC 公司 2017 年度的營業收入預算為 10 億元，營業成本率為 70%，變動經營費用率為 8%，固定經營費用為 1.2 億元，存貨週轉天數、應收帳款週轉天數、應付帳款週轉天數分別為 45 天、60 天、60 天，存貨跌價率 4%，壞帳率 6%，購買固定資產 1,000 萬元，綜合折舊率 15%，借款 3,000 萬元，利率 6%，預提費用 1,800 萬元。

2016 年三季度報表相關數值如表 7-21 所示。對比表 7-18，其主要變化有如下幾個方面：

（1）預算表增加了三行，即第 5 行增加「經營天數」，相對應單元格 B5 填列數值「273」，這是 2016 年前三季度的天數，單元格 C5 填列數值「365」，即 2016 年全年的天數（在這裡忽略 2016 年為閏年的事實）；第 17 行增加「資本注入」，代表 2016 年 1 月 1 日開業時股東投入的資本數額；第 35 行增加「股本」，其數額對應於「資本注入」（在這裡假定股票平價發行，如果溢價發行股票，A35 單元格預算指標可以更名為「股本與資本公積」）。

（2）F 列加入實際數，即為 2016 年三季度利潤表、資產負債表和現金報表的數額。

（3）G 列加入兩個數值，即 G6 單元格加入 2016 年滾動預算營業收入預測數，G9 加入固定經營費用預測數。

三、編制思路

（1）根據 F 列實際數計算實際變量指標，並填入 B 列相關單元格。實際變量指標和預算變量指標相同，一共 9 個：營業成本率、變動經營費用率、利息率、存貨跌價率、壞帳率、綜合折舊率、存貨週轉天數、應收帳款週轉天數、應付帳款週轉天數。

（2）根據 2016 年年度預算與前三季度執行情況，對 2016 年度預算進行調整。這一工作分兩步，第一步根據調整的營業收入預算將實際變量指標調整為預測變量指標，並填入 C 列相關單元格；第二步根據 C 列預算變量指標和 G6 單元格中營業收入預測數編制 2016 年滾動預算，相關數值填入 G 列相關單元格。

（3）根據 2017 年年度預算已知條件和 2016 年滾動預算，重新編制 2017 年的年度預算。

四、具體編制過程

1. 實際變量指標的計算

2016 年 10 月，ABC 公司三季度報表已經完成，全年過去大半，2016 年預算執行情況可見端倪，針對該年度公司內外環境變化，可能需要對最終預算進行調整，這就是滾動預算。編制滾動預算，需要調整預測變量指標，而調整的前提是計算前三季度的實際變量指標，因此實際變量指標的計算是編制 2016 年滾動預算和 2017 年年度預算的前提。

（1）營業成本率=營業成本÷營業收入，在 B7 單元格建立公式「=-F7/F6」。

（2）變動經營費用率=變動經營費用÷營業收入，在 B8 單元格建立公式「=-F8/F6」。

（3）存貨跌價率=存貨跌價準備÷存貨，在 B10 單元格建立公式「=-F26/F25」。

（4）壞帳率=壞帳準備÷應收帳款，在 B11 單元格建立公式「=-F28/F27」。

（5）利息率=利息費用÷銀行借款，這裡需要注意的問題是 F12 單元格的利息費用是前三季度的數額，而利息率是年利率，需要對時間進行調整，因此在 B12 單元格建立公式「=F12/F32/B5 * C5」。

（6）綜合折舊率=該年累計折舊÷固定資產，基於（5）的同樣原因，需要將前三季度的累計折舊調整為全年數額，因此在 B13 單元格建立公式「=-F30/F29/B5 * C5」。

（7）存貨週轉天數=經營期天數÷存貨週轉次數

=經營期天數÷（營業成本÷存貨）

前三季度的天數是 273 天，因此在 B25 單元格建立公式「=-B5/(F7/F25)」。

（8）應收帳款週轉天數=經營期天數÷應收帳款週轉次數

=經營期天數÷（營業收入÷應收帳款）

前三季度天數是 273 天，因此在 B27 單元格中建立公式「=B5/(F6/F27)」。

（9）應付帳款週轉天數=經營期天數÷應付帳款週轉次數

=經營期天數÷[(營業成本+存貨)÷應付帳款]

=經營期天數÷(採購支出÷應付帳款)

前三季度天數是 273 天，因此在 B31 單元格中建立公式「=B5/(F19/F31)」。

編制公式和預算結果如表 7-22 和表 7-23 的「B 列」所示。

通過上述 9 個實際變量指標的計算，我們可以看出前 4 個指標不受經營期的影響，屬於「時點」數值，如跌價準備就是某個時點上資產的數額乘以跌價率；而后 5 個指標屬於「時期」數值，需要考慮經營期的天數。

2. 預測變量指標的估算

通過第三季度實際數值與 2016 年月度預算的對比，尤其是營業收入、利潤、貨幣資金等關鍵績效指標，ABC 公司可以推測出 2016 年年度預算能否完成，並根據實際情況的變化做出預算的調整。本案例中，ABC 公司對比發現預算完成情況並不理想，為了年末完成預算或接近預算，需要在第四季度提高運營效率、增加盈利能力，對實際預算變量進行調整，如提高存貨、應收帳款、應付帳款的週轉率，降低費用率，其預測變量指標如表 7-24「C 列」所示。

3. 滾動預算的編制

滾動預算作為一種對年度剩餘月份的調整預算，計算結果全部體現在預算表的「G 列」。該列有兩個已知條件，即 G6 單元格 7 億元的營業收入、G9 單元格 1.1 億元的固定經營費用。計算依據是 D 列中的 9 個預測變量。其編制過程如下：

（1）營業成本的計算，在 G7 單元格中建立公式「=-G6＊C7」。

（2）變動經營費用的計算，在 G8 單元格中建立公式「=-G6＊C8」。

（3）存貨的計算及其間接財務后果。在 G25 單元格中建立公式「=-G7/365＊C25」得出存貨餘額，存貨還有三個間接財務后果即存貨跌價準備、存貨跌價損失和採購支出，在 G26 單元格中建立公式「=-G25＊C10」得出存貨跌價準備，在 G10 單元格中建立公式「=G26」得出存貨跌價損失，在 G19 單元格中建立公式「=G7-G25」得出採購支出。

需要提醒讀者注意的是，滾動預算是對 2016 年年度預算的調整，而不是第四季度的預算，因此經營期天數為 365，而不是 92。下文中其他預算項目的計算也依據此原理。

（4）應收帳款的計算及其間接財務后果。在 G27 單元格中建立公式「=G6/365＊C27」得出應收帳款餘額，應收帳款也有三個間接財務后果即壞帳準備、壞帳損失和銷售回款，在 G28 單元格中建立公式「=-G27＊C11」得出壞帳準備，在 G11 單元格中建立公式「=G28」得出壞帳損失，在 G15 單元格中建立公式「=G6-G27」得出銷售回款。

（5）應付帳款的計算及其間接財務后果。在 G31 單元格中建立公式「=G19/365＊C31」得出應付帳款餘額，應付帳款的間接財務后果只有一個即付款延遲，在 G20 單元格中建立公式「=-G31」。

（6）固定資產計算及其間接財務后果。本案例中假定固定資產在 2016 年年初已經購置，同時假定折舊當月增加當月計提，因此第四季度沒有新增固定資產。在 G29 單元格中建立公式「=F29」得出固定資產餘額，固定資產還有三個間接的財務后果即累計折舊、折舊費用、資本支出，在 G30 單元格中建立公式「=-G29 * C13」得出累計折舊，在 G13 單元格中建立公式「=G30」得出折舊費用，在 G23 單元格中建立公式「=-G29」得出資本支出。

（7）銀行借款計算及其間接財務后果。本案例中假定銀行借款發生於 2016 年年初，第四季度沒有新增借款。在 G32 單元格中建立公式「=F32」得出銀行借款，銀行借款還有三個間接財務后果即利息費用、貸款注入、費用支出，在 G12 單元格中建立公式「=G32 * C12」得出利息費用，在 G16 單元格中建立公式「=-G32」得出貸款注入，在 G21 單元格中建立公式「=G8+G9+G12」得出費用支出。

（8）預提費用計算及其間接財務后果。本案例中假定預提費用是留待 2017 年年初發放的 2016 年年終獎金。前三季度為 900 萬元，第四季度為 300 萬元，則在 G33 單元格中直接輸入「-1,200」得到預提費用數額。預提費用還有一個間接財務后果即付費延遲，在 G22 單元格中建立公式「=-G33」。

（9）股本與資本注入。本案例中假定股東平價購入股本並於 2016 年年初開業時注入資金，那麼第四季度股本和資本注入並不發生變化，因此在 G35 單元格中建立公式「=F35」得到股本，在 G17 單元格中建立公式「=F17」或「=-G35」得出資本注入。

（10）三個平衡關係的構建。作為現金預算的結果，增加了公司的貨幣資金，因此在 G24 單元格中建立公式「=SUM（G15：G23）」得到 2016 年現金淨流入，即貨幣資金餘額；作為利潤表的結果，增加公司留存收益，因此在 G34 單元格中建立公式「=-SUM（G6：G13）」得到 2016 年利潤的負數，即本年利潤結轉；最后在最后一行 G36 單元格中建立公式「=SUM（G24：G35）」，此公式的原理是「資產-負債-所有者權益=0」，因此該數值必定為「0」，否則說明預算表編制中存在錯誤。

滾動預算的公式設置和編制結果如表 7-25 和表 7-26 的「G 列」所示。表 7-26 的 G36 單元格中的數值為 0，說明我們已經正確地編制了滾動預算。

4. 2017 年年度預算編制

滾動預算不僅起到了調整 2016 年預算的作用，同時也為 2017 年年度預算提供了期初數額。在存在期初數的情況下，2017 年年度預算將會發生重大變化。編制的思路與無期初餘額的預算編制類似，下面我們將逐步編制，並在確定每個預算項目數額時思考一下和無期初餘額的預算結果是否一致？如果一致，為什麼？如果不一致，如何修改？

（1）基本業務的預算編制。

如前所述，基本業務包括營業收入、營業成本和經營費用。

營業收入和固定經營費用作為已知數額，當然不發生變化，即在 H6 單元格中直接輸入數值「100,000」，在 H9 單元格中直接輸入數值「-12,000」。

營業成本變不變？由於營業成本=營業收入×營業成本率，營業成本率不變，營業成本當然也不發生變化，因此在 H7 單元格中建立公式「=-H6 * D7」得到營業成本；同樣的道理，變動經營費用率不變，變動經營費用也不發生變化，在 H8 單元格中建立公式「=-H6 * D8」得到變動經營費用。

一言以蔽之，有無期初餘額，基本業務並不發生變化。

（2）存貨的財務后果。

首先思考一下，當存在 5,216 萬元的期初存貨時，期末存貨數額是否發生變化？這需要考慮存貨餘額的計算方法。如前所述，存貨餘額=存貨週轉天數×（營業成本÷365），我們可以看到影響存貨餘額的三個變量——存貨週轉天數、營業成本、經營期都未發生變化，那麼存貨期末餘額並不會因為有了期初餘額而發生變化，因此應在 I25 單元格中建立公式「=-H7/365 * D25」得到存貨餘額。

存貨的出現，會引發三個間接財務后果即存貨跌價準備、存貨跌價損失和採購支出。那麼這三個預算項目會不會發生變化？

①存貨跌價準備=存貨餘額×跌價率。也就是說，任何一個時點的準備數都是存貨餘額的一個比例，只要跌價率不變，同時存貨也未因為期初餘額的出現而改變，存貨跌價準備數額肯定不變。因此應在 I26 單元格中建立公式「=-I25 * D10」得到存貨跌價準備。

②存貨跌價損失的發生額。我們可以回顧一下財務會計的核算內容，每個月末提取存貨跌價準備的時候，會計分錄為：

借：存貨跌價損失

　貸：存貨跌價準備

在沒有期初餘額的前提下，發生額=存貨餘額×跌價率，這和前面講述一致。如果有期初餘額，發生額=存貨跌價準備期末數-存貨跌價準備期初數。也就是說當有期初餘額時，存貨跌價損失會發生變化。因此應在 H10 單元格中建立公式「=I26-G26」得到存貨跌價損失。

③採購支出=營業成本+存貨的增加。在沒有期初餘額的前提下，我們在前面直接採用了「採購支出=營業成本+存貨」的公式，如果有期初餘額，則必須將期初餘額減掉，從而使得採購支出發生了變化。因此應在 J19 單元格中建立公式「=H7-(I25-G25)」得到採購支出。

這裡要說明的一點是，在無期初餘額的年度預算編制中，I26 和 H10 兩個單元格的填列不存在先后順序，因為存貨跌價準備和存貨跌價損失兩者一定相等。但是存在期初數后，兩者並不相等。鑒於后面將要介紹月度預算，故本書從此部分開始，「先計算準備后計算損失」。

（3）應收帳款的財務后果。

與存貨一樣，當出現 9,589 萬元的期初數時，應收帳款期末數是否發生變化，取決於應收帳款的計算公式，即應收帳款平均餘額=應收帳款週轉天數×（營業收入÷365）。通過公式我們可以發現，影響應收帳款的三個變量即應收帳款週轉天數、營業收入、經營期均未發生變化，因此應收帳款期末餘額不會因為出現期初餘額而發生變動，這點和存貨完全一樣。因此應在 I27 單元格中建立公式「=H6/365 * D27」得到應收帳款餘額。

應收帳款的出現會引發三個間接財務后果，即壞帳準備、壞帳損失和銷售回款。那麼這三個預算項目是否發生變化？當我們學習了存貨的間接財務后果后，一定會感覺到原理完全一致，即壞帳準備不變、壞帳損失和銷售回款會發生變化。因此，本著「先計算準備后計算損失」的原則，我們首先在 I28 單元格中建立公式「=-I27 * D11」得到壞帳準備，然后在 H11 單元格中建立公式「=I28-G28」得到壞帳損失，最后在 J15 單元格中建立公式「=H6-（I27-G27）」得到銷售回款。

（4）應付帳款的財務后果。

編制完存貨和應收帳款的預算后，大多數同學可能會很自然地認為應付帳款也不會因為期初餘額的出現而發生變化。但是問題的解決還是要看公式，應付帳款餘額=應付帳款週轉天數×（營業成本+存貨增加）÷365=應付帳款週轉天數×採購支出÷365，存貨有了期初數、採購支出變了，應付帳款的餘額也會變，當然變動原因不在於其本身的期初餘額。因此，應在 I31 單元格中建立公式「=J19/365 * D31」，我們發現公式不變，但是數值發生了變化，原因是 J19 中採購支出的數值發生了變化。

應付帳款只有一個間接財務后果即付款延遲，那麼付款延遲變不變？由於付款延遲=應付帳款增加額，因此應付帳款有了期初數，付款延遲肯定會發生變化，故應在 J20 單元格中建立公式「=-（I31-G31）」得到付款延遲。

（5）固定資產的財務后果。

首先，在年初固定資產未被清理的前提下，其一定會合併到本期的固定資產餘額之中。同時，固定資產有三個間接財務后果，即累計折舊、折舊費用、資本支出，這三個預算項目只有資本支出不變，因為無論去年買多少，今年花的錢不受去年的影響。鑒於后面講述月度分解的需要，我們在這裡確定一下 4 個預算項目的輸入順序。首先，在 J23 單元格中直接輸入「-1,000」表示資本支出數額，並在 E23 單元格中標示「A」；其次，在 I29 單元格中建立公式「=-J23+G29」得到固定資產餘額；再次，在 H13 單元格中建立公式「=-I29 * D13」得到折舊費用；最后，在 I30 單元格中建立公式「=H13+G30」得到累計折舊。這裡注意對比一下存貨與應收帳款，存貨的間接財務后果的輸入方式是「先準備后損失」，而固定資產的間接財務后果的輸入方式是「先折舊費后累計折舊」。

此外，從簡便的角度出發，本案例忽略了固定資產的減值準備與減值損失，我們可以在編制中自己加上。其原理與存貨和應付帳款完全一致，輸入順序也是「先準備后損失」。

（6）銀行借款的財務后果。

首先，假定年初銀行借款並未到期或歸還，其數額一定會合併到本期的銀行借款餘額之中。同時，銀行借款有三個間接經濟后果，即利息費用、貸款注入、費用支出，此三個預算項目中只有貸款注入不會因為期初有銀行借款而發生變化。同樣，鑒於后面講述月度分解的需要，我們在這裡確定一下 4 個預算項目的輸入順序。首先，在 J16 單元格中直接輸入「3,000」表示貸款注入數額，並在 E16 單元格中標示「A」；其次，在 I32 單元格中建立公式「=-J16+G32」得出銀行借款餘額；再次，在 H12 單元格中建立公式「=I32＊D12」得到利息費用；最后，在 J21 單元格中建立公式「=H8+H9+H12」，將變動經營費用、固定經營費用與利息費用合計得到費用支出。

（7）預提費用的財務后果。

預提費用在現行的會計準則中被合併到「其他應付款」中，其性質類似於「應付帳款」，餘額不受預提費用本身期初餘額的影響。預提費用的間接財務后果只有一個，即付費延遲，其數值等於預提費用的增加。因此在預算編制中，首先應在 I33 單元格中直接輸入「-1, 800」表示預提費用的期末餘額，並在 E33 單元格中標示「A」；然后，在 J22 單元格中建立公式「=-（I33-G33）」得到付費延遲。

（8）股本與資本注入。

本例中 2017 年預算年度未增發股票，因此 2017 年股本預算數等於期初數，資本注入項目發生額為 0。即預算編制中，僅在 I35 單元格中建立公式「=G35」。

（9）三個平衡關係的構建。

作為現金預算的結果，增加了公司的貨幣資金，因此應在 J36 單元格中建立公式「=SUM（J6：J35）」得到 2016 年現金淨流入，進而在 I24 單元格中建立公式「=J36+G24"，即期初現金餘額加上本期現金增加得到期末貨幣資金餘額；作為利潤表的結果，增加公司留存收益，因此應在 H36 單元格中建立公式「=SUM（H6：H35）」得到 2016 年利潤，進而在 I34 單元格中建立公式「=-H36+G34"，即期初未分配利潤加上本年利潤結轉得到期末未分配利潤；最后，在最后一行 I36 單元格中建立公式「=SUM（I6：I35）」，此公式的原理是「資產-負債-所有者權益」，因此該數值必定為「0」，否則說明預算表編制中存在錯誤。

上述業務的公式設置和編制結果如表 7-27 和表 7-28 所示。

五、結論

通過上述說明，我們完成了有期初餘額的年度預算編制工作。

1. 有期初餘額和無期初餘額的年度預算表對比

根據本節第三部分的分析，我們可以大體總結出來，期初餘額的出現，不影響的預算項目包括基本業務、存貨、存貨跌價準備、應收帳款、應收帳款壞帳準備、預提費用、貸款注入、資本支出等，其中基本業務包括營業收入、營業成本、變動經營費用、固定經營費用。具體可見表 7-29。該表格將無期初餘額的預算結果列示了出來，表中帶陰影的單元格中，有期初餘額和無期初餘額的預算項目數值相同。

2. 年度預算中存在的問題

（1）預算管理是一種過程管理，必須建立全程的跟蹤調控系統，因此必須將年度預算分解到各個季度與月度之中，以便跟蹤、分析與控製。

（2）年度預算中的現金預算和資產負債表預算，都表明企業擁有 8, 732 萬元的現金，如果聯繫到當年的 3, 000 萬元銀行借款，可能很多人有疑問——既然企業有這麼多錢，還需要借錢嗎？年度預算的現金僅僅是年終數值，我們無法從中得到各月的信息，加強資金管理就需要進行月度分解。

表 7-21　　　　　　　　2016 年實際數

	A	B	C	D	E	F	G	H	I	J
1	ABC 公司							預算模式：進取型		
2	2016 年預算與執行情況							2017 年預算		
3	預算項目	變量指標			標識	實際數	滾動預算	單位：萬元		
4		實際	預測	預算				利潤表	資產負債表	現金預算
5	經營天數	273	365							
6	營業收入				A	56,000	70,000	100,000		
7	營業成本			0.7		-38,080		-70,000		
8	變動經營費用			0.08		-4,480		-8,000		
9	固定經營費用				A	-8,600	-11,000	-12,000		
10	存貨跌價損失			0.04		-574		-345		
11	壞帳損失			0.06		-580		-986		
12	利息費用			0.06		-540		-180		
13	折舊費用			0.15		-1,660		-150		
14	現金流入									
15	銷售回款					45,200				83,562
16	貸款注入					6,400				3,000
17	資本注入					6,000				
18	現金流出									
19	採購支出					-43,820				-78,630
20	付款延遲					10,600				12,926
21	費用支出					-13,620				-20,180
22	付費延遲					900				1,800
23	資本支出					-9,000				-1,000
24	貨幣資金					2,660			1,477	
25	存貨			45		5,740			8,630	
26	存貨跌價準備					-574			-345	
27	應收帳款			60		10,800			16,438	
28	壞帳準備					-580			-986	
29	固定資產				A	9,000			1,000	
30	累計折舊					-1,660			-150	
31	應付帳款			60		-10,600			-12,926	
32	銀行借款				A	-6,400			-3,000	
33	預提費用				A	-900			-1,800	
34	本年利潤結轉					-1,486			-8,338	
35	股本					-6,000				
36	合計					0		8,338	0	1,477

註：此表僅保留整數，數字出入系四捨五入所致。

表 7-22　　實際變量指標計算公式

	A	B	C	D	E	F	G
1	ABC 公司						
2	2016 年預算與執行情況						
3	預算項目	變量指標			標示	實際數	滾動預算
4		實際	預測	預算			
5	經營天數	273	365				
6	營業收入				A	56,000	70,000
7	營業成本	=-F7/F6		0.7		-38,080	
8	變動經營費用	=-F8/F6		0.08		-4,480	
9	固定經營費用				A	-8,600	-11,000
10	存貨跌價損失	=-F26/F25		0.04		-574	
11	壞帳損失	=-F28/F27		0.06		-580	
12	利息費用	=F12/F32/B5 * C5		0.06		-540	
13	折舊費用	=-F30/F29/B5 * C5		0.15		-1,660	
14	現金流入						
15	銷售回款					45,200	
16	貸款注入					6,400	
17	資本注入					6,000	
18	現金流出						
19	採購支出					-43,820	
20	付款延遲					10,600	
21	費用支出					-13,620	
22	付費延遲					900	
23	資本支出					-9,000	
24	貨幣資金					2,660	
25	存貨	=-B5/（F7/F25）		45		5,740	
26	存貨跌價準備					-574	
27	應收帳款	=B5/（F6/F27）		60		10,800	
28	壞帳準備					-580	
29	固定資產				A	9,000	
30	累計折舊					-1,660	
31	應付帳款	=B5/（F19/F31）		60		-10,600	
32	銀行借款				A	-6,400	
33	預提費用				A	-900	
34	本年利潤結轉					-1,486	
35	股本					-6,000	
36	合計					0	

註：此表僅保留整數，數字出入系四捨五入所致。

表 7-23　　　　實際變量指標計算結果

	A	B	C	D	E	F	G	H	I	J
1	ABC 公司							預算模式：進取型		
2	2016 年預算與執行情況							2017 年預算		
3	預算項目	變量指標			標識	實際數	滾動預算	單位：萬元		
4		實際	預測	預算				利潤表	資產負債表	現金預算
5	經營天數	273	365							
6	營業收入				A	56, 000	70, 000	100, 000		
7	營業成本	0. 68		0. 7		-38, 080		-70, 000		
8	變動經營費用	0. 08		0. 08		-4, 480		-8, 000		
9	固定經營費用				A	-8, 600	-11, 000	-12, 000		
10	存貨跌價損失	0. 1		0. 04		-574		-345		
11	壞帳損失	0. 05		0. 06		-580		-986		
12	利息費用	0. 11		0. 06		-540		-180		
13	折舊費用	0. 25		0. 15		-1, 660		-150		
14	現金流入									
15	銷售回款					45, 200				83, 562
16	貸款注入					6, 400				3, 000
17	資本注入					6, 000				
18	現金流出									
19	採購支出					-43, 820				-78, 630
20	付款延遲					10, 600				12, 926
21	費用支出					-13, 620				-20, 180
22	付費延遲					900				1, 800
23	資本支出					-9, 000				-1, 000
24	貨幣資金					2, 660			1, 477	
25	存貨	41. 15		45		5, 740			8, 630	
26	存貨跌價準備					-574			-345	
27	應收帳款	52. 65		60		10, 800			16, 438	
28	壞帳準備					-580			-986	
29	固定資產				A	9, 000			1, 000	
30	累計折舊					-1, 660			-150	
31	應付帳款	66. 04		60		-10, 600			-12, 926	
32	銀行借款				A	-6, 400			-3, 000	
33	預提費用				A	-900			-1, 800	
34	本年利潤結轉					-1, 486			-8, 338	
35	股本					-6, 000				
36	合計					0		8, 338	0	1, 477

註：此表僅保留整數，數字出入系四捨五入所致。

表 7-24　　預測變量指標

	A	B	C	D	E	F	G	H	I	J
1	ABC 公司							預算模式：進取型		
2	2016 年預算與執行情況							2017 年預算		
3	預算項目	變量指標			標識	實際數	滾動預算	單位：萬元		
4		實際	預測	預算				利潤表	資產負債表	現金預算
5	經營天數	273	365							
6	營業收入				A	56, 000	70, 000	100, 000		
7	營業成本	0. 68	0. 68	0. 7		-38, 080		-70, 000		
8	變動經營費用	0. 08	0. 08	0. 08		-4, 480		-8, 000		
9	固定經營費用				A	-8, 600	-11, 000	-12, 000		
10	存貨跌價損失	0. 1	0. 08	0. 04		-574		-345		
11	壞帳損失	0. 05	0. 04	0. 06		-580		-986		
12	利息費用	0. 11	0. 1	0. 06		-540		-180		
13	折舊費用	0. 25	0. 2	0. 15		-1, 660		-150		
14	現金流入									
15	銷售回款					45, 200				83, 562
16	貸款注入					6, 400				3, 000
17	資本注入					6, 000				
18	現金流出									
19	採購支出					-43, 820				-78, 630
20	付款延遲					10, 600				12, 926
21	費用支出					-13, 620				-20, 180
22	付費延遲					900				1, 800
23	資本支出					-9, 000				-1, 000
24	貨幣資金					2, 660			1, 477	
25	存貨	41. 15	40	45		5, 740			8, 630	
26	存貨跌價準備					-574			-345	
27	應收帳款	52. 65	50	60		10, 800			16, 438	
28	壞帳準備					-580			-986	
29	固定資產				A	9, 000			1, 000	
30	累計折舊					-1, 660			-150	
31	應付帳款	66. 04	70	60		-10, 600			-12, 926	
32	銀行借款				A	-6, 400			-3, 000	
33	預提費用				A	-900			-1, 800	
34	本年利潤結轉					-1, 486			-8, 338	
35	股本					-6, 000				
36	合計					0		8, 338	0	1, 477

註：此表僅保留整數，數字出入系四捨五入所致。

表 7-25　　　滾動預算公式設置

	A	B	C	D	E	F	G
1	ABC 公司						
2	2016 年預算與執行情況						
3	預算項目	變量指標			標示	實際數	滾動預算
4		實際	預測	預算			
5	經營天數	273	365				
6	營業收入				A	56, 000	70, 000
7	營業成本	0. 68	0. 68	0. 7		-38, 080	=-G6 * C7
8	變動經營費用	0. 08	0. 08	0. 08		-4, 480	=-G6 * C8
9	固定經營費用				A	-8, 600	-11, 000
10	存貨跌價損失	0. 1	0. 08	0. 04		-574	=G26
11	壞帳損失	0. 05	0. 05	0. 06		-580	=G28
12	利息費用	0. 11	0. 11	0. 06		-540	=G32 * C12
13	折舊費用	0. 25	0. 2	0. 15		-1, 660	=G30
14	現金流入						
15	銷售回款					45, 200	=G6-G27
16	貸款注入					6, 400	=-G32
17	資本注入					6, 000	=-G35
18	現金流出						
19	採購支出					-43, 820	=G7-G25
20	付款延遲					10, 600	=-G31
21	費用支出					-13, 620	=G8+G9+G12
22	付費延遲					900	=-G33
23	資本支出					-9, 000	=-G29
24	貨幣資金					2, 660	=SUM(G15:G23)
25	存貨	41. 2	40	45		5, 740	=-G7/365 * C25
26	存貨跌價準備					-574	=-G25 * C10
27	應收帳款	52. 7	50	60		10, 800	=G6/365 * C27
28	壞帳準備					-580	=-G27 * C11
29	固定資產				A	9, 000	=F29
30	累計折舊					-1, 660	=-G29 * C13
31	應付帳款	66	70	60		-10, 600	=G19/365 * C31
32	銀行借款				A	-6, 400	=F32
33	預提費用				A	-900	-1, 200
34	本年利潤結轉					-1, 486	=-SUM(G6:G13)
35	股本					-6, 000	=F35
36	合計					0	=SUM(G24:G35)

表 7-26　　滾動預算編制結果

	A	B	C	D	E	F	G	H	I	J
1	ABC 公司							預算模式：進取型		
2	2016 年預算與執行情況							2017 年預算		
3	預算項目	變量指標			標識	實際數	滾動預算	單位：萬元		
4		實際	預測	預算				利潤表	資產負債表	現金預算
5	經營天數	273	365							
6	營業收入				A	56, 000	70, 000	100, 000		
7	營業成本	0. 68	0. 68	0. 7		-38, 080	-47, 600	-70, 000		
8	變動經營費用	0. 08	0. 08	0. 08		-4, 480	-5, 600	-8, 000		
9	固定經營費用				A	-8, 600	-11, 000	-12, 000		
10	存貨跌價損失	0. 1	0. 08	0. 04		-574	-417	-345		
11	壞帳損失	0. 05	0. 05	0. 06		-580	-479	-986		
12	利息費用	0. 11	0. 11	0. 06		-540	-704	-180		
13	折舊費用	0. 25	0. 2	0. 15		-1, 660	-1, 800	-150		
14	現金流入									
15	銷售回款					45, 200	60, 411			83, 562
16	貸款注入					6, 400	6, 400			3, 000
17	資本注入					6, 000	6, 000			
18	現金流出									
19	採購支出					-43, 820	-52, 816			-78, 630
20	付款延遲					10, 600	10, 129			12, 926
21	費用支出					-13, 620	-17, 304			-20, 180
22	付費延遲					900	1, 200			1, 800
23	資本支出					-9, 000	-9, 000			-1, 000
24	貨幣資金					2, 660	5, 020		1, 477	
25	存貨	41. 2	40	45		5, 740	5, 216		8, 630	
26	存貨跌價準備					-574	-417		-345	
27	應收帳款	52. 7	50	60		10, 800	9, 589		16, 438	
28	壞帳準備					-580	-479		-986	
29	固定資產				A	9, 000	9, 000		1, 000	
30	累計折舊					-1, 660	-1, 800		-150	
31	應付帳款	66	70	60		-10, 600	-10, 129		-12, 926	
32	銀行借款				A	-6, 400	-6, 400		-3, 000	
33	預提費用				A	-900	-1, 200		-1, 800	
34	本年利潤結轉					-1, 486	-2, 399		-8, 338	
35	股本					-6, 000	-6, 000			
36	合計					0	0	8, 338	0	1, 477

註：此表僅保留整數，數字出入系四捨五入所致。

表 7-27　　有期初餘額年度預算公式設置

	A	B	C	D	E	F	G	H	I	J
1	ABC 公司							預算模式：進取型		
2	2016 年預算與執行情況							2017 年預算		
3	預算項目	變量指標			標識	實際數	滾動預算	單位：萬元		
4		實際	預測	預算				利潤表	資產負債表	現金預算
5	經營天數	273	365							
6	營業收入				A	56, 000	70, 000	100, 000		
7	營業成本	0. 68	0. 68	0. 7		-38, 080	-47, 600	=-H6 * D7		
8	變動經營費用	0. 08	0. 08	0. 08		-4, 480	-5, 600	=-H6 * D8		
9	固定經營費用				A	-8, 600	-11, 000	-12, 000		
10	存貨跌價損失	0. 1	0. 08	0. 04		-574	-417	=I26-G26		
11	壞帳損失	0. 05	0. 05	0. 06		-580	-479	=I28-G28		
12	利息費用	0. 11	0. 11	0. 06		-540	-704	=I32 * D12		
13	折舊費用	0. 25	0. 2	0. 15		-1, 660	-1, 800	=-I29 * D13		
14	現金流入									
15	銷售回款					45, 200	60, 411			=H6-(I27-G27)
16	貸款注入				A	6, 400	6, 400			3, 000
17	資本注入					6, 000	6, 000			
18	現金流出									
19	採購支出					-43, 820	-52, 816			=H7-(I25-G25)
20	付款延遲					10, 600	10, 129			=-(I31-G31)
21	費用支出					-13, 620	-17, 304			=H8+H9+H12
22	付費延遲					900	1, 200			=-(I33-G33)
23	資本支出				A	-9, 000	-9, 000			-1, 000
24	貨幣資金					2, 660	5, 020		=J36+G24	
25	存貨	41. 2	40	45		5, 740	5, 216		=-H7/365 * D25	
26	存貨跌價準備					-574	-417		=-I25 * D10	
27	應收帳款	52. 7	50	60		10, 800	9, 589		=H6/365 * D27	
28	壞帳準備					-580	-479		=-I27 * D11	
29	固定資產				A	9, 000	9, 000		=-J23+G29	
30	累計折舊					-1, 660	-1, 800		=H13+G30	
31	應付帳款	66	70	60		-10, 600	-10, 129		=J19/365 * D31	
32	銀行借款				A	-6, 400	-6, 400		=-J16+G32	
33	預提費用				A	-900	-1, 200		-1, 800	
34	本年利潤結轉					-1, 486	-2, 399		=-H36+G34	
35	股本					-6, 000	-6, 000		=G35	
36	合計					0	0	=SUM(H6:H35)	=SUM(I6:I35)	=SUM(J6:J35)

表 7-28 ABC 公司 2017 年度預算（有期初餘額）

	A	B	C	D	E	F	G	H	I	J
1	ABC 公司							預算模式：進取型		
2	2016 年預算與執行情況							2017 年預算		
3	預算項目	變量指標			標示	單位：萬元				
4		實際	預測	預算		實際數	滾動預算	利潤表	資產負債表	現金預算
5	經營天數	273	365							
6	營業收入				A	56,000	70,000	100,000		
7	營業成本	0.68	0.68	0.7		-38,080	-47,600	-70,000		
8	變動經營費用	0.08	0.08	0.08		-4,480	-5,600	-8,000		
9	固定經營費用				A	-8,600	-11,000	-12,000		
10	存貨跌價損失	0.1	0.08	0.04		-574	-417	72		
11	壞帳損失	0.05	0.05	0.06		-580	-479	-507		
12	利息費用	0.11	0.11	0.06		-540	-704	-564		
13	折舊費用	0.25	0.2	0.15		-1,660	-1,800	-1,500		
14	現金流入									
15	銷售回款					45,200	60,411			93,151
16	貸款注入					6,400	6,400			3,000
17	資本注入					6,000	6,000			
18	現金流出									
19	採購支出					-43,820	-52,816			-73,414
20	付款延遲					10,600	10,129			1,939
21	費用支出					-13,620	-17,304			-20,564
22	付費延遲					900	1,200			600
23	資本支出				A	-9,000	-9,000			-1,000
24	貨幣資金					2,660	5,020		8,732	
25	存貨	41.2	40	45		5,740	5,216		8,630	
26	存貨跌價準備					-574	-417		-345	
27	應收帳款	52.7	50	60		10,800	9,589		16,438	
28	壞帳準備					-580	-479		-986	
29	固定資產				A	9,000	9,000		10,000	
30	累計折舊					-1,660	-1,800		-3,300	
31	應付帳款	66	70	60		-10,600	-10,129		-12,068	
32	銀行借款				A	-6,400	-6,400		-9,400	
33	預提費用				A	-900	-1,200		-1,800	
34	本年利潤結轉					-1,486	-2,399		-9,900	
35	股本					-6,000	-6,000		-6,000	
36	合計					0	0	7,501	0	3,712

註：此表僅保留整數，數字出入系四捨五入所致。

表 7-29　　　　有無期初餘額的年度預算結果對比

ABC 公司	預算模式：進取型			預算模式：進取型		
	2017 年預算（有期初餘額）			2017 年預算（無期初餘額）		
預算項目	單位：萬元					
	利潤表	資產負債表	現金預算	利潤表	資產負債表	現金預算
經營天數						
營業收入	100,000			100,000		
營業成本	-70,000			-70,000		
變動經營費用	-8,000			-8,000		
固定經營費用	-12,000			-12,000		
存貨跌價損失	72			-345		
壞帳損失	-507			-986		
利息費用	-564			-180		
折舊費用	-1,500			-150		
現金流入						
銷售回款			93,151			83,562
貸款注入			3,000			3,000
資本注入						
現金流出						
採購支出			-73,414			-78,630
付款延遲			1,939			12,926
費用支出			-20,564			-20,180
付費延遲			600			1,800
資本支出			-1,000			-1,000
貨幣資金		8,732			1,477	
存貨		8,630			8,630	
存貨跌價準備		-345			-345	
應收帳款		16,438			16,438	
壞帳準備		-986			-986	
固定資產		10,000			1,000	
累計折舊		-3,300			-150	
應付帳款		-12,068			-12,926	
銀行借款		-9,400			-3,000	
預提費用		-1,800			-1,800	
本年利潤結轉		-9,900			-8,338	
股本		-6,000				
合計	7,501	0	3,712	8,338	0	1,477

註：此表僅保留整數，數字出入系四捨五入所致。

第八章
財務預算(下)：月度預算

月度預算編制即是對年度預算進行的月度分解。作為財務預算的下篇，本章將在上一章年度預算的基礎上，講述預算指標的分解方法，最終形成預算年度的月度預算報表。

第一節　年度預算指標的分解方法

正如第七章所指出的，年度預算僅僅告訴我們 ABC 公司預算年度末的資金餘額，但是年底有貨幣資金並不代表公司一年內的每個時點都有現金流，因此要搞清楚企業經營過程中的現金情況，唯一途徑就是將年度預算方案分解到各個月份。這一點對於第五章中談到的經營預算一樣適用。

年度預算指標分解的方法主要有兩種，因為沒有被大家廣泛接受的統一稱謂，本書就暫且稱這兩種方法為直線法和曲線法。

一、直線法

直線法就是簡單平均，其重心是預算指標與預算期間的匹配。在財務報表分析的課程中，我們可能適應了一年 360 天、一年 12 個月，每月 30 天的概念。這是一種簡化，同時與財務報表分析工作本身的特點有關。外部人員閱讀報表，不會因為一個月是 30 天還是 31 天，或者是 28 天還是 29 天而造成財務比率的誤讀，這是由於這一兩天的差異會隨著小數點后幾位數而四舍五入。而預算工作雖不能做到精確，但是在可能的情況下仍然要做到盡量精確。對於一個小微企業而言，一兩天的差異或許影響甚微，但是對於大公司，比如一天的銷售額就超過 10 億元的京東（2015 年京東年銷售額為 4, 465 億元），細微的差異將對其預算結果產生巨大影響。因此，直線法下，必須使用每月的實際天數進行指標分解，其基本公式為：

某月預算額＝年度預算總額÷365×本月實際天數

二、曲線法

直線法主要適用於固定費用預算，如基本工資、折舊費等。但是，很多預算指標會隨著企業產銷量的波動而波動，直線法不再適用，這時就需要使用曲線法。曲線法，就是將預算指標按照一定的規律、非直線地分解到各有關月份的預算分解方法。分解的目的是體現企業的經營規律，如企業銷售的淡旺季、企業的節假日等，其首要工作即是計算銷售波動率。

某月銷售波動率=本月歷史銷售÷[（全年歷史銷售合計÷365）×本月天數]

上式中，小括號內的內容是指日平均銷售額，方括號內的內容是考慮了本月實際天數的月均銷售額。最終，某月銷售波動率大於1，則屬於銷售旺季，否則就是淡季或者節假日過多。

此外，計算波動率所依據的歷史數據不能只使用過去一年的數據，而至少應該是3~5年的平均數。就目前的經濟形勢來看，一些受經濟形勢影響大的行業，如上游大型國企、房地產等行業，甚至需要2008年開始的數據；對於受影響較小的行業，如影視、零售行業等，使用較短期的數據即可。

第二節　月度預算編制的準備工作

月度預算是年度預算的繼續，其準備工作主要有二，一是年度預算的合併，二是月度預算模板的設計。

一、年度預算的合併

鑒於表7-26是按三列分別編制利潤表、資產負債表和現金預算的，這會對月度分解造成不便，因此編制月度預算時，首先要將此三列數據合併為一列。其編制原理與滾動預算和未合併的年度預算完全一致。因此，我們可以借鑑第七章年度預算的基本數據和滾動預算的編制方法，先編制一下合併的年度預算報表，然后再和本章下面的內容進行對照。

公式設置和編制結果如表8-1和表8-2所示，其有9個基本步驟。

1. 基本業務的預算編制

正如上章所述，基本業務是指營業收入、營業成本和經營費用。

在H6單元格中直接輸入數值「100,000」，在H9單元格中直接輸入數值「-12,000」，分別表示營業收入和固定經營費用的金額。在H7單元格中建立公式「=-H6＊D7」得到營業成本；在H8單元格中建立公式「=-H6＊D8」得到變動經營費用。

2. 存貨相關業務的預算編制

在H25單元格中建立公式「=-H7/365＊D25」得到存貨餘額；在H26單元格中建立公式「=-H25＊D10」得到存貨跌價準備；在H10單元格中建立公式「=H26-G26」得到存貨跌價損失；在H19單元格中建立公式「=H7-(H25-G25)」

得到採購支出。

3. 應收帳款相關業務的預算編制

在 H27 單元格中建立公式「=H6/365 * D27」得到應收帳款餘額；在 H28 單元格中建立公式「=-H27 * D11」得到壞帳準備，然后在 H11 單元格中建立公式「=H28-G28」得到壞帳損失，最后在 H15 單元格中建立公式「=H6-(H27-G27)」得到銷售回款。

4. 應付帳款相關預算的業務編制

在 H31 單元格中建立公式「=H19/365 * D31」得到應付帳款；在 H20 單元格中建立公式「=-（H31-G31）」得到付款延遲。

5. 固定資產相關業務的預算編制

在 H23 單元格中直接輸入「-1,000」表示資本支出數額，並在 E23 單元格中標示「A」；在 H29 單元格中建立公式「=-H23+G29」得到固定資產餘額；在 H13 單元格中建立公式「=-H29 * D13」得到折舊費用；最后在 H30 單元格中建立公式「=H13+G30」得到累計折舊。

6. 銀行借款相關業務的預算編制

在 H16 單元格中直接輸入「3,000」表示貸款注入數額，並在 E16 單元格中標示「A」；在 H32 單元格中建立公式「=-H16+G32」得出銀行借款餘額；在 H12 單元格中建立公式「=H32 * D12」得到利息費用；在 H21 單元格中建立公式「=H8+H9+H12」，將變動經營費用、固定經營費用與利息費用合計得到費用支出。

7. 預提費用相關業務的預算編制

在 H33 單元格中直接輸入「-1,800」表示預提費用期末餘額，並在 E23 單元格中標示「A」；然后在 H22 單元格中建立公式「=-(H33-G33)」得到付費延遲。

8. 股本與資本注入

預算年度未增發股票，因此僅在 H35 單元格中建立公式「=G35」得到與期初相同的股本。

9. 三個平衡關係的建立

在 H24 單元格中建立公式「=SUM（H15：H23）+G24" 得到期末貨幣資金餘額；在 H34 單元格建立公式「=-SUM（H6：H13）+G34" 得到期末未分配利潤；在 H36 單元格中建立公式「=SUM（H6：H35）」，其數值必為 0，否則說明預算報表編制存在錯誤。

通過上述 9 個步驟，我們完成了預算報表的合併。我們還可以將合併前后的預算表進行對比，其數值完全一致。具體見表 8-3。

二、月度預算模板的設計

在年度預算表的基礎上，可以通過增加行和列的方式設計月度預算的模板。

（1）在經營天數后加入「累積經營天數」行，用於表示到預算年度某月底為止已經經歷的天數。其在模板中處於第 6 行。

(2) 加入「銷售波動率」行，反映預算年度各月份銷售波動的情況。其在模板中處於第 7 行。

(3) 加入「存貨週轉天數」「應收帳款週轉天數」「應付帳款週轉天數」三行，反映各月份間的週轉情況，並命名為「存貨期」「收款期」和「付款期」。其在模板中處於第 7—9 行。

(4) 加入「累計營業收入」和「累計營業成本」行，用於表示截止到預算年度某月底的營業收入和營業成本數額。其在模板中處於第 11 和 12 行。

(5) 在年度預算所在列后加入 12 列，用於對年度預算進行月度分解。其在模板中處於第 I 列至第 T 列。

此外，為了驗證分解是否準確，可以在 T 列后再加入 U 列。此列為可選項。

總之，需要將年度預算表中增加 7 行、12 列，具體模板如表 8-4 所示。

第三節　月度預算編制過程

月度預算是年度預算的繼續，是在年度預算編制完成后將年度預算指標在 12 個月份間分別按直線法和曲線法分解的過程。其基本邏輯和年度預算類似，但有很多細節問題需要認真剖析。

一、經營天數與累積經營天數的填列

這一步很簡單，和財務理論沒有關係。只需要在 I5 至 T5 單元格中直接輸入 1~12 月的每月實際天數，即可完成經營天數的填列。在 I6 單元格中建立公式「=I5」，在 J6 單元格中建立公式「=I6+J5」，然后拖動填充柄至 T6 單元格，即可完成累積經營天數的填列。

上述業務的公式設置和編制結果如表 8-5 和表 8-6 所示。

二、銷售波動率的填列

通過歷史數據計算銷售波動率，直接填列到 I7 至 T7 單元格即可。需要注意的是，由於四舍五入的關係，為保證月度分解數值的合計數等於年度預算數值，應盡量在小數點后多保留幾位數，也可以僅就某個月的數值多保留幾位數。本例中，在 I7 至 T7 單元格依次填入根據 ABC 公司以往五年歷史數據計算出的 12 個月的銷售波動率，其數值如表 8-7 所示。

需要說明的是，為保證分解后的合計數等於分解前的年度數，12 月的波動率本應為 88.84%，但表中不保留小數點表示為 89%。此外，也是由於四舍五入的關係，U7 單元格中顯示的合計數是 1,198%，而不是 1,200%。

三、存貨期、收款期、付款期的填列

這三類週轉天數，均根據預算變量指標填列，即在 I8—T8 單元格全部填列 45，在 I9—T9 單元格全部填列 60，在 I10—T10 單元格全部填列 60。

填列此三行的目的是可以隨時調整每個月的週轉率，並得出不同的預算結果。我們在第七章中已經說明，在現有的數據中，預算變量指標一共有 9 個，這裡只填列 3 個的原因是：①基於講課簡化的考慮。②由於其他 6 個變量指標實際上企業也很難改動，至少在短期內改動的困難較大，比如存貨跌價率、壞帳率產生的部分原因是不以企業意志為轉移的；折舊率要遵循會計準則與財務制度，企業選擇的空間很小；在銀行與企業的博弈中，強勢方一般是銀行，企業想改變利率的難度很大；營業成本率與經營費用率是企業運營能力的體現，企業不可能一天將羅馬建成。

當然，我們在做預算編制的時候，完全可以自己將其他 6 個變量指標的部分或全部加入報表的行中。

四、基本業務的分解與累計營業收入、累計營業成本

1. 基本業務的分解

基本業務還是營業收入、營業成本、變動經營費用和固定經營費用。其中，前三個屬於變動費用，各月間的差異不僅在於天數的不同，更和銷售波動相關，應該採用曲線法分解；固定費用在各月間的差異僅與天數相關，應該採用直線法分解。

（1）營業收入的分解。某月的營業收入＝營業收入年度預算數÷365×該月實際天數×該月銷售波動率。因此，首先應在 I13 單元格中建立公式「=$H$13/365 * I5 * I7」，然后拖動填充柄至 T13 單元格。

這裡尤其需要強調的是，年度預算數額在公式中應當「絕對引用」而不是「相對引用」。月度分解中涉及絕對引用的情況有很多，我們要注意相關公式，本書后面將不再提示。

此外，為了驗證分解的準確性，我們需要將 I13 至 T13 這 12 個單元格的數值加總至單元格 U13，並與 H13 數值對應，如果相等就說明分解無誤。

（2）營業成本的分解。某月的營業成本＝營業成本年度預算數÷365×該月實際天數×該月銷售波動率。因此，首先應在 I14 單元格中建立公式「=$H$14/365 * I5 * I7」，然后拖動填充柄至 T14 單元格。當然，因為本例中各月的營業成本率不變，我們也可以採用簡便的公式，即在 I14 單元格建立公式「=-I13 * $D$14"，然后拖動填充柄至 T14 單元格。同樣，為了驗證分解的準確性，我們需要將 I14 至 T14 這 12 個單元格的數值加總至單元格 U14，並與 H14 數值對應，如果相等就說明分解無誤。

（3）變動經營費用的分解。其原理與營業成本分解完全一致，這裡僅說明填列方法。即首先在 I15 單元格中建立公式「=-I13 * $D$15」，然后拖動填充柄至 T15

單元格。同樣，為了驗證分解的準確性，需要將 I15 至 T15 這 12 個單元格的數值加總至單元格 U15，並與 H15 數值對應，如果相等就說明分解無誤。

（4）固定經營費用的分解。由於固定費用與產銷量無關，因此僅需要按實際天數進行直接分解即可。首先，在 I16 單元格中建立公式「=$H$16/365 * I5」，然后拖動填充柄至 T16 單元格。為了驗證分解的準確性，需要將 I16 至 T16 這 12 個單元格的數值加總至單元格 U16，並與 H16 的數值對應，如果相等就說明分解無誤。

2. 累計營業收入與累計營業成本

這兩個預算項目分別指截止到某個月末，企業營業收入或營業成本的累計數額。填列這兩個指標的目的是為了后面計算的方便，這裡暫不說明，我們在實際使用時自然會明白。

在 I11 單元格中建立公式「=I13」得到 1 月末的累計營業收入，其實就是 1 月的營業收入。在 J11 單元格中建立公式「=J13+I11」得到 2 月末的累計營業收入，即 1 月與 2 月的營業收入之和，然后拖動填充柄至 T11，T11 單元格中的數值就是全年的營業收入，一定等於 H13 單元格的數值。

同理，在 I12 單元格中建立公式「=I14" 得到 1 月末累計營業成本，在 J12 單元格中建立公式「=J14+I12」得到 2 月末的累計營業收入，然后拖動填充柄至 T12，T12 單元格中的數值就是全年的營業成本，一定等於 H14 單元格的數值。

上述業務的公式設置和編制結果如表 8-8 和表 8-9 所示。

五、存貨相關業務的分解

當企業出現存貨時，其間接財務后果包括存貨跌價準備、存貨跌價損失和採購支出。因此，我們需要對存貨、存貨跌價準備、存貨跌價損失和採購支出這 4 個預算項目的年度預算進行分解。

1. 存貨的分解

分解存貨的方法，可以直接排除的是直線法，當然其也不同於營業成本那樣按銷售波動率進行的曲線分解法。存貨的分解仍然使用存貨週轉率的公式，但此時需要對公式進行重新表述：

某月存貨餘額=該月累計營業成本÷該月累計經營天數×存貨週轉天數

上式可以直接說明在月度預算時加入累計經營天數和累計營業成本的原因。因此，應在 I32 單元格中建立公式「=-I12/I6 * I8」得到 1 月末的存貨餘額，然后拖動填充柄至 T32，其中 T32 單元格的數值就是 12 月末的存貨餘額，必然等於 2017 年度預算存貨數值。在這一方面，存貨分解的正確性驗證不同於營業成本，后者是將 12 個月的數值相加等於全年數值，而存貨是 12 月底的數值等於全年數值，這正是利潤表和資產負債表的差異。利潤表是動態報表，其數值是一年內的流量，而資產負債表是靜態報表，其數值是某一個時點上的資產、負債和所有者權益的數值，故 12 月末的數值就是年底數值。

2. 存貨跌價準備的分解

正如上章說到的，存貨跌價準備的數值，在任何一個時點上，都等於存貨餘額與存貨跌價率的乘積。因此，存貨分解完成后，存貨跌價準備的分解就變得異常簡單，即每個月的存貨跌價準備等於該月存貨餘額乘以存貨跌價率。因此，應在 I33 單元格中建立公式「=-I32 *$D$17」，然后拖動填充柄至 T33，其中 T33 單元格數值即為 12 月末的存貨跌價準備，其數值等於 H33 的數值。

3. 存貨跌價損失的分解

存貨跌價損失等於存貨跌價準備的期末數減期初數。其中期末數很明確，即本月底數值，而期初數是年初數還是月初數？由於利潤表每月都需要結轉，因此此時的期初數一定是月初數。因此，首先在 I17 單元格中建立公式「=I33-G33」得到 1 月份存貨跌價損失，然后拖動填充柄至 T17，其中 T17 單元格數值為 12 月份存貨跌價損失，將 I17 至 T17 數值加總至 U17 單元格，其數值必然與 H17 相等，否則說明分解錯誤。

4. 採購支出的分解

採購支出屬於現金預算。月度分解問題分析到目前為止，僅涉及利潤表和資產負債表。在分解后的驗證過程，我們可以發現這樣一個規律，就是資產負債表的預算項目的 12 月份數值等於年度預算數，而利潤表的年度預算數等於 12 個月的數值相加。那麼，在現金預算中是什麼樣的情形？本書將在后面對此加以分析說明。

採購支出等於營業成本加上存貨的增加，這一內容上一章已經說得很清楚。現在的問題有兩個：一是營業成本是累計數還是當月數？二是存貨增加等於存貨期末數減期初數，那麼這個期初數是月初數還是年初數？正確的答案在採購支出的公式中可以看出：

某月採購累計支出=本月累計營業成本+存貨增加額

=本月累計營業成本+（存貨本月期末餘額-存貨年初數）

因此，首先在 I26 單元格中建立公式「=I12-（I32-$G$32）」得到 1 月份採購支出，拖動填充柄至 T26，對比 T26 和 H26 的數值，我們可以看出兩者相同，即 12 月份的採購支出即為全年的採購支出，這說明現金流量表更接近於資產負債表。在后面的計算中，我們可以發現這個規律，即資產負債表和現金流量表的年度預算數等於 12 月份的月度預算數，而利潤表的年度預算數等於 12 個月的月度預算數相加。

上述業務的公式設置和編制結果如表 8-10 和表 8-11 所示。

六、應收帳款相關業務的分解

與存貨類似，當企業出現應收帳款時，其間接財務后果包括壞帳準備、壞帳損失和銷售回款。因此，需要對應收帳款、壞帳準備、壞帳損失和銷售回款四個預算項目的年度預算進行分解。

1. 應收帳款的分解

與存貨一樣，應收帳款餘額是通過應收帳款週轉率的公式推導得出的，但是涉及累計數和當月數的區分，我們需要將公式重新表述一下：

某月應收帳款餘額=本月累計營業收入÷本月累計經營天數×應收帳款週轉天數

因此，應在 I34 單元格中建立公式「=I11/I6 * I9」得出 1 月份的應收帳款，然后拖動填充柄至 T34，其中 T34 單元格數值等於 H34 單元格數值，是 12 月末即年末的應收帳款數額。

2. 壞帳準備的分解

壞帳準備在任何時點都等於應收帳款的餘額與壞帳率的乘積。因此完成應收帳款分解后，壞帳準備的分解就迎刃而解。在 I35 單元格中建立公式「=-I34 *$D$18」得出 1 月末的壞帳準備，然后拖動填充柄至 T35，其中 T35 單元格數值等於 H35 單元格數值，是 12 月末即年末的壞帳準備數額。

3. 壞帳損失的分解

某月的壞帳損失=該月壞帳準備期末餘額-壞帳準備月初數

在 I18 單元格中建立公式「=I35-G35」得到 1 月份壞帳損失，然后拖動填充柄至 T18，其中 T18 單元格數值為 12 月份壞帳損失。將 I18 單元格至 T18 單元格數值加總至 U18 單元格，其數值必然與 H18 單元格相等，否則說明分解錯誤。

4. 銷售回款的分解

某月累計銷售回款=本月累計營業收入-應收帳款增加額

=本月累計營業收入-（應收帳款本月期末餘額-應收帳款年初數）

首先在 I22 單元格中建立公式「=I11-（I34-$G$34）」得到 1 月份銷售回款數值，然后拖動填充柄至 T22，其中 T22 單元格為 12 月底累計銷售回款數值，其必然等於 H22 的年度預算數。

上述業務的公式設置和編制結果如表 8-12 和表 8-13 所示。

七、應付帳款相關業務的分解

應付帳款會帶來一個間接財務后果，即付款延遲。應付帳款相關業務的分解就包括應付帳款的分解與付款延遲的分解。

1. 應付帳款的分解

某月應付帳款餘額=該月累計採購支出÷該月累計經營天數×應付帳款週轉期

根據公式，首先在 I38 單元格中建立公式「=I26/I6 * I10」，得到 1 月末的應付帳款餘額，然后拖動填充柄至 T38，其中 T38 單元格數值為 12 月末即年末應付帳款餘額，其數值必然等於 H38 單元格數值。

2. 付款延遲的分解

某月累計延遲付款=應付帳款本月期末餘額-應付帳款年初數

根據公式，首先在 I27 單元格中建立公式「=-（I38-$G$38）」得到 1 月份的付款延遲數，然后拖動填充柄至 T27，其中 T27 單元格數值必然等於 H27 單元格數值，表示截止到 12 月底即年末付款延遲的數額。

上述業務的公式設置和編制結果如表 8-14 和表 8-15 所示。

八、固定資產相關業務的分解

當企業出現固定資產，會帶來三個間接財務后果即資本支出、折舊費用和累計折舊。按照順序，固定資產相關業務的分解包括資本支出、固定資產、折舊費用和累計折舊的分解。

1. 資本支出的分解

由於假定固定資產在年初就已經購進，因此資本支出發生在 1 月份，以后月份再未發生過資本支出。由於現金流量表數值是當年的累計數，因此在 I30 單元格中直接輸入「-1,000」，然后拖動填充柄至 T30，得到 12 個月的累計資本支出數額。

2. 固定資產的分解

固定資產的分解根據資本支出的分解進行，首先在 I36 單元格中建立公式「=$G$36-I30」得到 1 月末的固定資產數額，然后拖動填充柄至 T36，其中 T36 單元格數值必然等於 H36 單元格數值，表示 12 月底即年末固定資產數額。

3. 折舊費用的分解

由於假定當月增加固定資產當月計提折舊，同時折舊費用作為固定費用應該按直線法分解，因此在 I20 單元格中建立公式「=-I36*$D$20/365*I5」得到 1 月份的折舊費用，然后拖動填充柄至 T20，其中 T20 單元格數值為 12 月份的折舊費用，將 I20 至 T20 單元格數值相加至單元格 U20，其數值必然等於 H20 單元格數值。

4. 累計折舊的分解

在未發生固定資產減少的情況下，累計折舊等於本月折舊費用加上累計折舊期初數。因此首先在 I37 單元格中建立公式「=G37+I20」得到 1 月末的累計折舊，然后拖動填充柄至 T37，其中 T37 單元格為 12 月末即年底的累計折舊數額，這個數值必然等於 H37 單元格數值。

上述業務的公式設置和編制結果如表 8-16 和表 8-17 所示。

九、銀行借款相關業務的分解

當企業出現銀行借款，其間接財務后果有三，即貸款注入、利息費用與費用支出，因此需要對銀行借款、貸款注入、利息費用、費用支出 4 個預算項目的年度預算按順序進行月度分解。

1. 貸款注入的分解

由於假定預算年度銀行借款在年初借入，並且未歸還前年度借款，因此，貸款注入發生於 1 月份，其他月份注入數為 0，因此每月累計貸款注入數均為本年借款數。首先在 I23 單元格中直接輸入「3,000」，考慮到后面對預算的調整，J23 至 T23 均直接輸入「3,000」。

2. 銀行借款的分解

鑒於與貸款注入分解同樣的理由，應在 I39 單元格中建立公式「=$G$39-I23」得到 1 月末的借款數額，然后拖動填充柄至 T39，其中 T39 單元格數值為 12 月底即年末銀行借款數額，必然等於 H39 單元格數值。

3. 借款利息的分解

由於貸款數額在預算年度的 12 個月均相同，因此利息費用就成為固定費用，需要採用直線法進行分解。首先在 I19 單元格中建立公式「=I39*$D$19/365*I5」得到 1 月份的利息費用，然后拖動填充柄至 T19，其中 T19 為 12 月份的借款費用。將 I19 至 T19 單元格數值加總至 U19 單元格，其數值必然等於 H19 單元格中的年度預算數。

4. 費用支出的分解

當變動經營費用、固定經營費用和利息費用的月度預算編制完成后，就可以編制現金預算中的費用支出預算。首先在 I28 單元格中建立公式「=I15+I16+I19」得出 1 月份的費用支出數，然后在 J28 單元格中建立公式「=J15+J16+J19+I28」得到截至 2 月底的費用支出數，即前兩個月的費用支出，最后拖動填充柄至 T28，其中 T28 單元格數值為截至 12 月底即整個預算年度的費用支出總額，必然等於 H28 單元格數值。

上述業務的公式設置和編制結果如表 8-18 和表 8-19 所示。

十、預提費用相關業務的分解

現行的企業會計準則已經取消了預提費用，而更多企業將原本使用預提費用的業務改用「其他應付款」核算，從這個角度也可以說明預提費用類似於「應付帳款」。其相關業務的分解包括預提費用和付費延遲的分解。

1. 預提費用的分解

本例中的預提費用使用的是預提年終獎的例子，因此需要從 1 月份開始，每個月底計提一次。如此一來，預提費用就成了固定費用，應該採用直線法進行分解。首先，在 I40 單元格中建立公式「=$H$40/365*I6」得到 1 月末的預提費用數值，然后拖動填充柄至 T40，其中 T40 的單元格中的數值為 12 月底即年末預提費用數值，必然等於 H40 單元格的數值。

2. 付款延遲的分解

某月付費延遲=該月預提費用餘額-預提費用年初數

根據公式，首先在 I27 單元格中建立公式「=-（I38-$G$38）」得到 1 月份的付款延遲，然后拖動填充柄至 T27 單元格得到 12 月末即整個預算年度的付款延遲數額。

上述業務的公式設置和編制結果如表 8-20 和表 8-21 所示。

對於表 8-21 的結果，很多人可能會疑惑——為什麼前六個月的付費延遲均為負數？這一現象的成因很明顯，即預算年度不僅要按月預提年終獎形成現金流入，而且在預算年度的 1 月份要發放 2016 年的年終獎而形成現金流出，這種抵消一直要持續到 7 月份才能變為淨流入。到年末，預提 2017 年年終獎 2,400 萬元，而發放 2016 年年終獎 1,200 萬元，最終付費延遲帶來的現金淨流入為 1,200 萬元。

十一、股本的處理

由於本年未增發新股，因此對股本及其引發的資本注入的處理極為簡單，資本注入額全年為零，每個月自然為零。每月股本均延續年初數則可，即在 I41 單元格中建立公式「=H42」，然后拖動填充柄至 T42，如表 8-22 所示。

十二、三個平衡關係的處理

（1）對於貨幣資金而言，其計算公式為：

某月貨幣資金餘額=截至該月末現金淨流入+貨幣資金年初額

根據公式，首先在 I31 單元格中建立公式「=SUM（I22：I30）+$G$31」得到 1 月末的貨幣資金，然后拖動填充柄至 T31，其中 T31 單元格的數值表示 12 月底即預算年度年底的現金餘額，其數值必然等於 H31 單元格數值。

（2）對於本年利潤結轉而言，其計算公式為：

本年利潤結轉=本月利潤的負數+月初未分配利潤

根據公式，首先在 I41 單元格中建立公式「=-SUM（I13：I20）+G41」得到 1 月底利潤結轉數額，然后在 J41 單元格中建立公式「=-SUM（J13：J20）+I41」得到 2 月底利潤結轉數額，最后拖動填充柄至 T41，其中 T41 單元格數值為 12 月末即預算年度所有者權益中留存收益的數額，其數值必然等於 H41 單元格數值。

（3）將資產負債表按照「資產-負債-所有者權益=0」的基本公式，在 I43 單元格建立公式「=SUM（I31：I42）」，然后拖動填充柄至 T43。當 I43 至 T43 數值均為零，說明月度預算成功完成。

上述業務的公式設置和編制結果如表 8-22 和表 8-23 所示。

表 8-1　　**年度預算合併公式**

	A	B	C	D	E	F	G	H
1	ABC 公司							
2	2016 年預算與執行情況							2017 年預算
3	預算項目	變量指標			標示	實際數	滾動預算	
4		實際	預測	預算				
5	經營天數	273	365					
6	營業收入				A	56, 000	70, 000	100, 000
7	營業成本	0. 68	0. 68	0. 7		-38, 080	-47, 600	=-H6 * D7
8	變動經營費用	0. 08	0. 08	0. 08		-4, 480	-5, 600	=-H6 * D8
9	固定經營費用				A	-8, 600	-11, 000	-12, 000
10	存貨跌價損失	0. 1	0. 08	0. 04		-574	-417	=H26-G26
11	壞帳損失	0. 05	0. 05	0. 06		-580	-479	=H28-G28
12	利息費用	0. 11	0. 11	0. 06		-540	-704	=H32 * D12
13	折舊費用	0. 25	0. 2	0. 15		-1, 660	-1, 800	=-H29 * D13
14	現金流入							
15	銷售回款					45, 200	60, 411	=H6-(H27-G27)
16	貸款注入				A	6, 400	6, 400	3, 000
17	資本注入					6, 000	6, 000	
18	現金流出							
19	採購支出					-43, 820	-52, 816	=H7-(H25-G25)
20	付款延遲					10, 600	10, 129	=-(H31-G31)
21	費用支出					-13, 620	-17, 304	=H8+H9+H12
22	付費延遲					900	1, 200	=-(H33-G33)
23	資本支出				A	-9, 000	-9, 000	-1, 000
24	貨幣資金					2, 660	5, 020	=SUM(H15:H23)+G24
25	存貨	41. 2	40	45		5, 740	5, 216	=-H7/365 * D25
26	存貨跌價準備					-574	-417	=-H25 * D10
27	應收帳款	52. 7	50	60		10, 800	9, 589	=H6/365 * D27
28	壞帳準備					-580	-479	=-H27 * D11
29	固定資產					9, 000	9, 000	=-H23+G29
30	累計折舊					-1, 660	-1, 800	=H13+G30
31	應付帳款	66	70	60		-10, 600	-10, 129	=H19/365 * D31
32	銀行借款					-6, 400	-6, 400	=-H16+G32
33	預提費用				A	-900	-1, 200	-1, 800
34	本年利潤結轉					-1, 486	-2, 399	=-SUM(H6:H13)+G34
35	股本					-6, 000	-6, 000	=G35
36	合計					0	0	=SUM(H6:H35)

註:此表僅保留整數,數字出入系四捨五入所致。

表 8-2　　　　年度預算合併結果

ABC 公司							2017 年進取型預算
2016 年預算與執行情況							
預算項目	變量指標			標示	單位:萬元		
	實際	預測	預算		實際數	滾動預算	
經營天數	273	365					
營業收入				A	56, 000	70, 000	100, 000
營業成本	0. 68	0. 68	0. 7		-38, 080	-47, 600	-70, 000
變動經營費用	0. 08	0. 08	0. 08		-4, 480	-5, 600	-8, 000
固定經營費用				A	-8, 600	-11, 000	-12, 000
存貨跌價損失	0. 1	0. 08	0. 04		-574	-417	72
壞帳損失	0. 05	0. 05	0. 06		-580	-479	-507
利息費用	0. 11	0. 11	0. 06		-540	-704	-564
折舊費用	0. 25	0. 2	0. 15		-1, 660	-1, 800	-1, 500
現金流入							
銷售回款					45, 200	60, 411	93, 151
貸款注入				A	6, 400	6, 400	3, 000
資本注入					6, 000	6, 000	
現金流出							
採購支出					-43, 820	-52, 816	-73, 414
付款延遲					10, 600	10, 129	1, 939
費用支出					-13, 620	-17, 304	-20, 564
付費延遲					900	1, 200	600
資本支出				A	-9, 000	-9, 000	-1, 000
貨幣資金					2, 660	5, 020	8, 732
存貨	41. 2	40	45		5, 740	5, 216	8, 630
存貨跌價準備					-574	-417	-345
應收帳款	52. 7	50	60		10, 800	9, 589	16, 438
壞帳準備					-580	-479	-986
固定資產					9, 000	9, 000	10, 000
累計折舊					-1, 660	-1, 800	-3, 300
應付帳款	66	70	60		-10, 600	-10, 129	-12, 068
銀行借款					-6, 400	-6, 400	-9, 400
預提費用				A	-900	-1, 200	-1, 800
本年利潤結轉					-1, 486	-2, 399	-9, 900
股本					-6, 000	-6, 000	-6, 000
合計					0	0	0

註:此表僅保留整數,數字出入系四捨五入所致。

表 8-3　　　　　**年度報表合併前后對比**

ABC 公司							2017年進取型預算	預算模式:進取型		
2016 年預算與執行情況								2017 年預算		
預算項目	變量指標			標識	單位:萬元			單位:萬元		
	實際	預測	預算		實際數	滾動預算		利潤表	資產負債表	現金預算
經營天數	273	365								
營業收入				A	56, 000	70, 000	100, 000	100, 000		
營業成本	0. 68	0. 68	0. 7		−38, 080	−47, 600	−70, 000	−70, 000		
變動經營費用	0. 08	0. 08	0. 08		−4, 480	−5, 600	−8, 000	−8, 000		
固定經營費用				A	−8, 600	−11, 000	−12, 000	−12, 000		
存貨跌價損失	0. 1	0. 08	0. 04		−574	−417	72	72		
壞帳損失	0. 05	0. 05	0. 06		−580	−479	−507	−507		
利息費用	0. 11	0. 11	0. 06		−540	−704	−564	−564		
折舊費用	0. 25	0. 2	0. 15		−1, 660	−1, 800	−1, 500	−1, 500		
現金流入										
銷售回款					45, 200	60, 411	93, 151			93, 151
貸款注入				A	6, 400	6, 400	3, 000			3, 000
資本注入					6, 000	6, 000				
現金流出										
採購支出					−43, 820	−52, 816	−73, 414			−73, 414
付款延遲					10, 600	10, 129	1, 939			1, 939
費用支出					−13, 620	−17, 304	−20, 564			−20, 564
付費延遲					900	1, 200	600			600
資本支出				A	−9, 000	−9, 000	−1, 000			−1, 000
貨幣資金					2, 660	5, 020	8, 732		8, 732	
存貨	41. 2	40	45		5, 740	5, 216	8, 630		8, 630	
存貨跌價準備					−574	−417	−345		−345	
應收帳款	52. 7	50	60		10, 800	9, 589	16, 438		16, 438	
壞帳準備					−580	−479	−986		−986	
固定資產					9, 000	9, 000	10, 000		10, 000	
累計折舊					−1, 660	−1, 800	−3, 300		−3, 300	
應付帳款	66	70	60		−10, 600	−10, 129	−12, 068		−12, 068	
銀行借款					−6, 400	−6, 400	−9, 400		−9, 400	
預提費用				A	−900	−1, 200	−1, 800		−1, 800	
本年利潤結轉					−1, 486	−2, 399	−9, 900		−9, 900	
股本					−6, 000	−6, 000	−6, 000		−6, 000	
合計					0	0	0	7, 501	0	3, 712

註:此表僅保留整數,數字出入系四捨五入所致。

表 8-4

月度預算模板

	A	B	C	D	E	F	G	H	I	J	K	L	M	N	O	P	Q	R	S	T	U
1	ABC 公司							2017 年預算模式：進取型													
2	2016 年預算與執行情況							年度預算	月度分解												
3	預算項目	變量指標			標識	單位：萬元			1	2	3	4	5	6	7	8	9	10	11	12	合計
4		實際	預測	預算		實際數	滾動預算														
5	經營天數																				
6	累計經營天數																				
7	銷售波動率																				
8	存貨期																				
9	收款期																				
10	付款期																				
11	累計營業收入																				
12	累計營業成本																				
13	營業收入																				
14	營業成本																				
15	變動經營費用																				
16	固定經營費用																				
17	存貨跌價損失																				
18	壞帳損失																				
19	利息費用																				
20	折舊費用																				
21	現金流入																				
22	銷售回款																				

表8-4(續)

	A	B	C	D	E	F	G	H	I	J	K	L	M	N	O	P	Q	R	S	T	U
23	貸款注入																				
24	資本注入																				
25	現金流出																				
26	採購支出																				
27	付款延遲																				
28	費用支出																				
29	付費延遲																				
30	資本支出																				
31	貨幣資金																				
32	存貨																				
33	存貨跌價準備																				
34	應收帳款																				
35	壞帳準備																				
36	固定資產																				
37	累計折舊																				
38	應付帳款																				
39	銀行借款																				
40	預提費用																				
41	本年利潤結轉																				
42	股本																				
43	合計																				

表 8-5　經營天數的公式設置

	A	……	H	I	J	K	L	M	N	O	P	Q	R	S	T	U
1	ABC 公司 2016 年		2017 年預算模式:進取型													
2		……	年度預算	月度分解												
3	預算項目			1	2	3	4	5	6	7	8	9	10	11	12	合計
4																
5	經營天數			31	28	31	30	31	30	31	31	30	31	30	31	
6	累計經營天數			=I5	=I6+J5	=J6+K5	=K6+L5	=L6+M5	=M6+N5	=N6+O5	=O6+P5	=P6+Q5	=Q6+R5	=R6+S5	=S6+T5	
……																
……																
43	合計															

表 8-6　經營天數的預算結果

ABC 公司 2016 年		2017 年預算模式:進取型													
	……	年度預算	月度分解												
預算項目			1	2	3	4	5	6	7	8	9	10	11	12	合計
經營天數			31	28	31	30	31	30	31	31	30	31	30	31	
累計經營天數			31	59	90	120	151	181	212	243	273	304	334	365	
……															
……															
合計															

表 8-7 **銷售波動率預算結果**

ABC 公司 2016 年		2017 年預算模式:進取型													
	……	年度預算	月度分解												
預算項目			1	2	3	4	5	6	7	8	9	10	11	12	合計
經營天數			31	28	31	30	31	30	31	31	30	31	30	31	
累計經營天數			31	59	90	120	151	181	212	243	273	304	334	365	
銷售波動率			97%	63%	83%	90%	106%	120%	110%	104%	140%	102%	94%	89%	1, 198%
……															
合計															

表 8-8　基本業務月度分解公式設置

	A	……	D	……	H	I	J	K	L	M	……	T	U
1	ABC 公司 2016 年				2017 年預算模式：進取型								
2					年度預算	月度分解							
3	預算項目					1	2	3	4	5	……	12	合計
4											……		
5	經營天數					31	28	31	30	31	……	31	
6	累計經營天數					=I5	=I6+J5	=J6+K5	=K6+L5	=L6+M5	……	=S6+T5	
7	銷售波動率					0.97	0.63	0.83	0.9	1.06	……	0.888.4	=SUM(I7:T7)
8	存貨週轉天數					45	45	45	45	45	……	45	
9	收款期					60	60	60	60	60	……	60	
10	付款期					60	60	60	60	60	……	60	
11	累計營業收入					=I13	=J13+I11	=K13+J11	=L13+K11	=M13+L11	……	=T13+S11	
12	累計營業成本					=I14	=J14+I12	=J12+K14	=K12+L14	=L12+M14	……	=S12+T14	
13	營業收入				100,000	=$H$13/365 * I5 * I7	=$H$13/365 * J5 * J7	=$H$13/365 * K5 * K7	=$H$13/365 * L5 * L7	=$H$13/365 * M5 * M7	……	=$H$13/365 * T5 * T7	=SUM(I13:T13)
14	營業成本		0.7		=-H13 * D14	=-I13 *$D$14	=-J13 *$D$14	=-K13 *$D$14	=-L13 *$D$14	=-M13 *$D$14	……	=-T13 *$D$14	=SUM(I14:T14)
15	變動經營費用		0.08		=-H13 * D15	=-I13 *$D$15	=-J13 *$D$15	=-K13 *$D$15	=-L13 *$D$15	=-M13 *$D$15	……	=-T13 *$D$15	=SUM(I15:T15)
16	固定經營費用				-12,000	=$H$16/365 * I5	=$H$16/365 * J5	=$H$16/365 * K5	=$H$16/365 * L5	=$H$16/365 * M5	……	=$H$16/365 * T5	=SUM(I16:T16)
……	……												
……	……												
43	合計										……		

表 8-9

基本業務月度預算

ABC 公司 2016 年				2017 年預算模式:進取型													
				年度預算	月度分解												
預算項目					1	2	3	4	5	6	7	8	9	10	11	12	合計
經營天數					31	28	31	30	31	30	31	31	30	31	30	31	
累計經營天數					31	59	90	120	151	181	212	243	273	304	334	365	
銷售波動率					97%	63%	83%	90%	106%	120%	110%	104%	140%	102%	94%	89%	1, 198%
存貨週轉天數					45	45	45	45	45	45	45	45	45	45	45	45	
收款期					60	60	60	60	60	60	60	60	60	60	60	60	
付款期					60	60	60	60	60	60	60	60	60	60	60	60	
累計營業收入					8, 238	13, 071	20, 121	27, 518	36, 521	46, 384	55, 726	64, 559	76, 066	84, 729	92, 455	100, 000	
累計營業成本					-5, 767	-9, 150	-14, 084	-19, 262	-25, 564	-32, 468	-39, 008	-45, 191	-53, 246	-59, 310	-64, 718	-70, 000	
營業收入				100, 000	8, 238	4, 833	7, 049	7, 397	9, 003	9, 863	9, 342	8, 833	11, 507	8, 663	7, 726	7, 545	100, 000
營業成本				-70, 000	-5, 767	-3, 383	-4, 935	-5, 178	-6, 302	-6, 904	-6, 540	-6, 183	-8, 055	-6, 064	-5, 408	-5, 282	-70, 000
變動經營費用				-8, 000	-659	-387	-564	-592	-720	-789	-747	-707	-921	-693	-618	-604	-8, 000
固定經營費用				-12, 000	-1, 019	-921	-1, 019	-986	-1, 019	-986	-1, 019	-1, 019	-986	-1, 019	-986	-1, 019	-12, 000
……	……																
……	……																
合計																	

註:此表僅保留整數,數字出入系四捨五入所致。

表 8-10

存貨相關業務月度分解公式設置

	A	…	D	…	G	H	I	J	K	……	T	U
1	ABC 公司 2016 年					2017 年預算模式：進取型						
2					滾動預算	年度預算	月度分解					
3	預算項目		預測變量				1	2	3		12	合計
4												
5	經營天數						31	28	31		31	
6	累計經營天數						=I5	=I6+J5	=J6+K5		=S6+T5	
7	銷售波動率						0.97	0.63	0.83		0.888,4	=SUM(I7:T7)
8	存貨週轉天數						45	45	45		45	
…	……											
12	累計營業成本						=I14	=I12+J14	=J12+K14		=S12+T14	
13	營業收入				70,000	100,000	=$H$13/365 * I5 * I7	=$H$13/365 * J5 * J7	=$H$13/365 * K5 * K7		=$H$13/365 * T5 * T7	=SUM(I13:T13)
14	營業成本		0.7		=-G13 * C14	=-H13 * D14	=-I13 *$D$14	=-J13 *$D$14	=-K13 *$D$14		=-T13 *$D$14	=SUM(I14:T14)
15	變動經營費用		0.08		=-G13 * C15	=-H13 * D15	=-I13 *$D$15	=-J13 *$D$15	=-K13 *$D$15		=-T13 *$D$15	=SUM(I15:T15)
16	固定經營費用				-11,000	-12,000	=$H$16/365 * I5	=$H$16/365 * J5	=$H$16/365 * K5		=$H$16/365 * T5	=SUM(I16:T16)
17	存貨跌價損失		0.04		=G33	=H33-G33	=I33-G33	=J33-I33	=K33-J33		=T33-S33	=SUM(I17:T17)
…	……											
26	採購支出				=G14-G32	=H14-(H32-G32)	=I12-(I32-$G$32)	=J12-(J32-$G$32)	=K12-(K32-$G$32)		=T12-(T32-$G$32)	
…	……											
32	存貨		45		=-G14/365 * C32	=-H14/365 * D32	=-I12/I6 * I8	=-J12/J6 * J8	=-K12/K6 * K8		=-T12/T6 * T8	
33	存貨跌價準備				=-G32 * C17	=-H32 * D17	=-I32 *$D$17	=-J32 *$D$17	=-K32 *$D$17		=-T32 *$D$17	
…	……											
43	合計											

表 8-11

存貨相關業務月度預算結果

ABC 公司							2017 年預算模式:進取型													
2016 年預算與執行情況							年度預算	月度分解												合計
預算項目	變量指標			標識	單位:萬元			1	2	3	4	5	6	7	8	9	10	11	12	
	實際	預測	預算		實際數	滾動預算														
經營天數	273	365						31	28	31	30	31	30	31	31	30	31	30	31	
累計經營天數								31	59	90	120	151	181	212	243	273	304	334	365	
銷售波動率								97%	63%	83%	90%	106%	120%	110%	104%	140%	102%	94%	89%	1, 198%
存貨週轉天數								45	45	45	45	45	45	45	45	45	45	45	45	
……																				
累計營業成本								-5, 767	-9, 150	-14, 084	-19, 262	-25, 564	-32, 468	-39, 008	-45, 191	-53, 246	-59, 310	-64, 718	-70, 000	
營業收入				A	56, 000	70, 000	100, 000	8, 238	4, 833	7, 049	7, 397	9, 003	9, 863	9, 342	8, 833	11, 507	8, 663	7, 726	7, 545	100, 000
營業成本	0. 68	0. 68	0. 7		-38, 080	-47, 600	-70, 000	-5, 767	-3, 383	-4, 935	-5, 178	-6, 302	-6, 904	-6, 540	-6, 183	-8, 055	-6, 064	-5, 408	-5, 282	-70, 000
變動經營費用	0. 08	0. 08	0. 08		-4, 480	-5, 600	-8, 000	-659	-387	-564	-592	-720	-789	-747	-707	-921	-693	-618	-604	-8, 000
固定經營費用				A	-8, 600	-11, 000	-12, 000	-1, 019	-921	-1, 019	-986	-1, 019	-986	-1, 019	-1, 019	-986	-1, 019	-986	-1, 019	-12, 000
存貨跌價損失	0. 10	0. 08	0. 04		-574	-417	72	82	56	-3	-7	-16	-18	-8	-4	-16	0	2	4	72
……																				
採購支出					-43, 820	-52, 816	-73, 414	-8, 922	-10, 912	-15, 910	-21, 269	-27, 966	-35, 324	-42, 072	-48, 344	-56, 806	-62, 873	-68, 221	-73, 414	
……																				
存貨	41. 15	40	45		5, 740	5, 216	8, 630	8, 371	6, 979	7, 042	7, 223	7, 619	8, 072	8, 280	8, 369	8, 777	8, 779	8, 720	8, 630	
存貨跌價準備					-574	-417	-345	-335	-279	-282	-289	-305	-323	-331	-335	-351	-351	-349	-345	
……																				
合計																				

註:此表僅保留整數,數字出入系四捨五入所致。

表 8-12　**應收帳款相關業務月度分解公式設置**

	A	…	D	…	G	H	I	J	K	……	T	U
1	ABC 公司 2016 年					2017 年預算模式：進取型						
2					滾動預算	年度預算	月度分解					
3	預算項目		預測變量				1	2	3		12	合計
4												
5	經營天數						31	28	31		31	
6	累計經營天數						=I5	=I6+J5	=J6+K5		=S6+T5	
7	銷售波動率						0.97	0.63	0.83		0.888,4	=SUM(I7:T7)
8	存貨週轉天數						45	45	45		45	
9	收款期						60	60	60		60	
10	付款期						60	60	60		60	
11	累計營業收入						=I13	=J13+I11	=K13+J11		=T13+S11	
12	累計營業成本						=I14	=I12+J14	=J12+K14		=S12+T14	
13	營業收入				70,000	100,000	=$H$13/365 * I5 * I7	=$H$13/365 * J5 * J7	=$H$13/365 * K5 * K7		=$H$13/365 * T5 * T7	=SUM(I13:T13)
…	……											
18	壞帳損失		0.06		=G35	=H35-G35	=I35-G35	=J35-I35	=K35-J35		=T35-S35	=SUM(I18:T18)
…	……											
22	銷售回款				=G13-G34	=H13-(H34-G34)	=I11-(I34-$G$34)	=J11-(J34-$G$34)	=K11-(K34-$G$34)		=T11-(T34-$G$34)	
…	……											
34	應收帳款		60		=G13/365 * C34	=H13/365 * D34	=I11/I6 * I9	=J11/J6 * J9	=K11/K6 * K9		=T11/T6 * T9	
35	壞帳準備				=-G34 * C18	=-H34 * D18	=-I34 *$D$18	=-J34 *$D$18	=-K34 *$D$18		=-T34 *$D$18	
…	……											
43	合計											

註：此表僅保留整數，數字出入系四捨五入所致。

表 8-13

應收帳款相關業務月度預算結果

ABC 公司							2017 年預算模式:進取型												
2016 年預算與執行情況							年度預算	月度分解											合計
預算項目	變量指標			標識	單位:萬元			1	2	3	4	5	6	7	8	9	10	11	12	
	實際	預測	預算		實際數	滾動預算													
經營天數	273	365						31	28	31	30	31	30	31	31	30	31	30	31	
累計經營天數								31	59	90	120	151	181	212	243	273	304	334	365	
銷售波動率								97%	63%	83%	90%	106%	120%	110%	104%	140%	102%	94%	89%	1, 198%
存貨週轉天數								45	45	45	45	45	45	45	45	45	45	45	45	
收款期								60	60	60	60	60	60	60	60	60	60	60	60	
付款期								60	60	60	60	60	60	60	60	60	60	60	60	
累計營業收入								8, 238	13, 071	20, 121	27, 518	36, 521	46, 384	55, 726	64, 559	76, 066	84, 729	92, 455	100, 000	
累計營業成本								-5, 767	-9, 150	-14, 084	-19, 262	-25, 564	-32, 468	-39, 008	-45, 191	-53, 246	-59, 310	-64, 718	-70, 000	
營業收入				A	56, 000	70, 000	100, 000	8, 238	4, 833	7, 049	7, 397	9, 003	9, 863	9, 342	8, 833	11, 507	8, 663	7, 726	7, 545	100, 000
……																			
壞帳損失	0. 05	0. 05	0. 06		-580	-479	-507	-477	159	-7	-21	-45	-52	-24	-10	-47	0	7	10	-507
……																			
銷售回款					45, 200	60, 411	93, 151	1, 882	9, 367	16, 296	23, 348	31, 598	40, 597	49, 544	58, 207	68, 937	77, 595	85, 435	93, 151	
……																			
應收帳款	52. 65	50	60		10, 800	9, 589	16, 438	15, 945	13, 293	13, 414	13, 759	14, 511	15, 376	15, 772	15, 940	16, 718	16, 723	16, 609	16, 438	
壞帳準備					-580	-479	-986	-957	-798	-805	-826	-871	-923	-946	-956	-1, 003	-1, 003	-997	-986	
……																			
合計																			

註:此表僅保留整數,數字出入系四舍五入所致。

表 8-14　應付帳款相關業務月度分解公式設置

	A	…	D	…	G	H	I	J	K	……	T	U
1	ABC 公司 2016 年					2017 年預算模式:進取型						
2					滾動預算	年度預算	月度分解					
3	預算項目		預測變量				1	2	3		12	合計
4												
5	經營天數						31	28	31		31	
6	累計經營天數						=I5	=I6+J5	=J6+K5		=S6+T5	
7	銷售波動率						0.97	0.63	0.83		0.888,4	=SUM(I7:T7)
8	存貨週轉天數						45	45	45		45	
9	收款期						60	60	60		60	
10	付款期						60	60	60		60	
11	累計營業收入						=I13	=J13+I11	=K13+J11		=T13+S11	
12	累計營業成本						=I14	=I12+J14	=J12+K14		=S12+T14	
13	營業收入				70,000	100,000	=$H$13/365 * I5 * I7	=$H$13/365 * J5 * J7	=$H$13/365 * K5 * K7		=$H$13/365 * T5 * T7	=SUM(I13:T13)
14	營業成本		0.7		=-G13 * C14	=-H13 * D14	=-I13 *$D$14	=-J13 *$D$14	=-K13 *$D$14		=-T13 *$D$14	=SUM(I14:T14)
…	……											
27	付款延遲				=-G38	=-(H38-G38)	=-(I38-$G$38)	=-(J38-$G$38)	=-(K38-$G$38)		=-(T38-$G$38)	
…	……											
32	存貨		45		=-G14/365 * C32	=-H14/365 * D32	=-I12/I6 * I8	=-J12/J6 * J8	=-K12/K6 * K8		=-T12/T6 * T8	
…	……											
38	應付帳款		60		=G26/365 * C38	=H26/365 * D38	=I26/I6 * I10	=J26/J6 * J10	=K26/K6 * K10		=T26/T6 * T10	
…	……											
43	合計											

表 8-15

應付帳款相關業務月度預算結果

ABC 公司							2017 年預算模式:進取型													
2016 年預算與執行情況							年度預算	月度分解												合計
預算項目	變量指標			標識	單位:萬元			1	2	3	4	5	6	7	8	9	10	11	12	
	實際	預測	預算		實際數	滾動預算														
經營天數	273	365						31	28	31	30	31	30	31	31	30	31	30	31	
累計經營天數								31	59	90	120	151	181	212	243	273	304	334	365	
銷售波動率								97%	63%	83%	90%	106%	120%	110%	104%	140%	102%	94%	89%	1, 198%
存貨週轉天數								45	45	45	45	45	45	45	45	45	45	45	45	
收款期								60	60	60	60	60	60	60	60	60	60	60	60	
付款期								60	60	60	60	60	60	60	60	60	60	60	60	
累計營業收入								8, 238	13, 071	20, 121	27, 518	36, 521	46, 384	55, 726	64, 559	76, 066	84, 729	92, 455	100, 000	
累計營業成本								-5, 767	-9, 150	-14, 084	-19, 262	-25, 564	-32, 468	-39, 008	-45, 191	-53, 246	-59, 310	-64, 718	-70, 000	
營業收入				A	56, 000	70, 000	100, 000	8, 238	4, 833	7, 049	7, 397	9, 003	9, 863	9, 342	8, 833	11, 507	8, 663	7, 726	7, 545	100, 000
營業成本	0. 68	0. 68	0. 7		-38, 080	-47, 600	-70, 000	-5, 767	-3, 383	-4, 935	-5, 178	-6, 302	-6, 904	-6, 540	-6, 183	-8, 055	-6, 064	-5, 408	-5, 282	-70, 000
……																				
付款延遲					10, 600	10, 129	1, 939	7, 139	968	478	506	983	1, 581	1, 778	1, 807	2, 356	2, 280	2, 126	1, 939	
……																				
存貨	41. 15	40	45		5, 740	5, 216	8, 630	8, 371	6, 979	7, 042	7, 223	7, 619	8, 072	8, 280	8, 369	8, 777	8, 779	8, 720	8, 630	
……																				
應付帳款	66. 04	70	60		-10, 600	-10, 129	-12, 068	-17, 268	-11, 097	-10, 607	-10, 635	-11, 113	-11, 710	-11, 907	-11, 937	-12, 485	-12, 409	-12, 255	-12, 068	
……					-6, 000	-6, 000	-6, 000	-6, 000	-6, 000	-6, 000	-6, 000	-6, 000	-6, 000	-6, 000	-6, 000	-6, 000	-6, 000	-6, 000	-6, 000	
合計																				

註:此表僅保留整數,數字出入系四捨五入所致。

表 8-16　　固定資產相關業務公式設置

	A	…	D	…	G	H	I	J	K	……	T	U
1	ABC 公司 2016 年					2017 年預算模式：進取型						
2					滾動預算	年度預算	月度分解					
3	預算項目		預測變量				1	2	3		12	合計
4												
5	經營天數						31	28	31		31	
6	累計經營天數						=I5	=I6+J5	=J6+K5		=S6+T5	
7	銷售波動率						0.97	0.63	0.83		0.888,4	=SUM(I7:T7)
8	存貨週轉天數						45	45	45		45	
9	收款期						60	60	60		60	
10	付款期						60	60	60		60	
11	累計營業收入						=I13	=J13+I11	=K13+J11		=T13+S11	
12	累計營業成本						=I14	=I12+J14	=J12+K14		=S12+T14	
…	……											
20	折舊費用		0.15		=G37	=-H36 * D20	=-I36 *$D$20/365 * I5	=-J36 *$D$20/365 * J5	=-K36 *$D$20/365 * K5		=-T36 *$D$20/365 * T5	=SUM(I20:T20)
…	……											
30	資本支出				=-G36	-1,000	=H30	=I30	=J30		=S30	
…	……											
36	固定資產				=F36	=-H30+G36	=$G$36-I30	=$G$36-J30	=$G$36-K30		=$G$36-T30	
37	累計折舊				=-G36 * C20	=H20+G37	=G37+I20	=I37+J20	=J37+K20		=S37+T20	
…	……											
43	合計											

表 8-17

固定資產相關業務月度預算結果

ABC 公司							2017 年預算模式:進取型												
2016 年預算與執行情況							年度預算	月度分解											合計
預算項目	變量指標			標識	單位:萬元			1	2	3	4	5	6	7	8	9	10	11	12	
	實際	預測	預算		實際數	滾動預算													
經營天數	273	365						31	28	31	30	31	30	31	31	30	31	30	31	
累計經營天數								31	59	90	120	151	181	212	243	273	304	334	365	
銷售波動率								97%	63%	83%	90%	106%	120%	110%	104%	140%	102%	94%	89%	1, 198%
存貨週轉天數								45	45	45	45	45	45	45	45	45	45	45	45	
收款期								60	60	60	60	60	60	60	60	60	60	60	60	
付款期								60	60	60	60	60	60	60	60	60	60	60	60	
累計營業收入								8, 238	13, 071	20, 121	27, 518	36, 521	46, 384	55, 726	64, 559	76, 066	84, 729	92, 455	100, 000	
累計營業成本								-5, 767	-9, 150	-14, 084	-19, 262	-25, 564	-32, 468	-39, 008	-45, 191	-53, 246	-59, 310	-64, 718	-70, 000	
……																			
折舊費用	0. 25	0. 2	0. 15		-1, 660	-1, 800	-1, 500	-127	-115	-127	-123	-127	-123	-127	-127	-123	-127	-123	-127	-1, 500
……																			
資本支出				A	-9, 000	-9, 000	-1, 000	-1, 000	-1, 000	-1, 000	-1, 000	-1, 000	-1, 000	-1, 000	-1, 000	-1, 000	-1, 000	-1, 000	-1, 000	
……																			
固定資產					9, 000	9, 000	10, 000	10, 000	10, 000	10, 000	10, 000	10, 000	10, 000	10, 000	10, 000	10, 000	10, 000	10, 000	10, 000	
累計折舊					-1, 660	-1, 800	-3, 300	-1, 927	-2, 042	-2, 170	-2, 293	-2, 421	-2, 544	-2, 671	-2, 799	-2, 922	-3, 049	-3, 173	-3, 300	
……																			
合計																			

註:此表僅保留整數,數字出入系四捨五入所致。

表 8-18　銀行借款相關業務公式設置

	A	…	D	…	G	H	I	J	K	……	T	U
1	ABC 公司 2016 年					2017 年預算模式:進取型						
2					滾動預算	年度預算	月度分解					
3	預算項目		預測變量				1	2	3		12	合計
4												
5	經營天數						31	28	31		31	
6	累計經營天數						=I5	=I6+J5	=J6+K5		=S6+T5	
7	銷售波動率						0.97	0.63	0.83		0.888,4	=SUM(I7;T7)
…	……											
11	累計營業收入						=I13	=J13+I11	=K13+J11		=T13+S11	
12	累計營業成本						=I14	=I12+J14	=J12+K14		=S12+T14	
13	營業收入				70,000	100,000	=$H$13/365 * I5 * I7	=$H$13/365 * J5 * J7	=$H$13/365 * K5 * K7		=$H$13/365 * T5 * T7	=SUM(I13;T13)
14	營業成本		0.7		=-G13 * C14	=-H13 * D14	=-I13 *$D$14	=-J13 *$D$14	=-K13 *$D$14		=-T13 *$D$14	=SUM(I14;T14)
…	……											
19	利息費用		0.06		=G39 * C19	=H39 * D19	=I39 *$D$19/365 * I5	=J39 *$D$19/365 * J5	=K39 *$D$19/365 * K5		=T39 *$D$19/365 * T5	=SUM(I19;T19)
…	……											
23	貸款注入				=-G39	3,000	3,000	3,000	3,000		3,000	
…	……											
28	費用支出				=G15+G16+G19	=H15+H16+H19	=I15+I16+I19	=J15+J16+J19+I28	=K15+K16+K19+J28		=T15+T16+T19+S28	
…	……											
39	銀行借款				=F39	=-H23+G39	=$G$39-I23	=$G$39-J23	=$G$39-K23		=$G$39-T23	
…	……											
43	合計											

表 8-19

銀行借款相關業務月度預算結果

ABC公司							2017年預算模式:進取型													
2016年預算與執行情況							年度預算	月度分解												合計
預算項目	變量指標			標識	單位:萬元			1	2	3	4	5	6	7	8	9	10	11	12	
	實際	預測	預算		實際數	滾動預算														
經營天數	273	365						31	28	31	30	31	30	31	31	30	31	30	31	
累計經營天數								31	59	90	120	151	181	212	243	273	304	334	365	
銷售波動率								97%	63%	83%	90%	106%	120%	110%	104%	140%	102%	94%	89%	1, 198%
……																				
累計營業收入								8, 238	13, 071	20, 121	27, 518	36, 521	46, 384	55, 726	64, 559	76, 066	84, 729	92, 455	100, 000	
累計營業成本								-5, 767	-9, 150	-14, 084	-19, 262	-25, 564	-32, 468	-39, 008	-45, 191	-53, 246	-59, 310	-64, 718	-70, 000	
營業收入				A	56, 000	70, 000	100, 000	8, 238	4, 833	7, 049	7, 397	9, 003	9, 863	9, 342	8, 833	11, 507	8, 663	7, 726	7, 545	100, 000
營業成本	0. 68	0. 68	0. 7		-38, 080	-47, 600	-70, 000	-5, 767	-3, 383	-4, 935	-5, 178	-6, 302	-6, 904	-6, 540	-6, 183	-8, 055	-6, 064	-5, 408	-5, 282	-70, 000
……																				
利息費用	0. 11	0. 11	0. 06		-540	-704	-564	-48	-43	-48	-46	-48	-46	-48	-48	-46	-48	-46	-48	-564
……																				
貸款注入				A	6, 400	6, 400	3, 000	3, 000	3, 000	3, 000	3, 000	3, 000	3, 000	3, 000	3, 000	3, 000	3, 000	3, 000	3, 000	
……																				
資本支出				A	-9, 000	-9, 000	-1, 000	-1, 000	-1, 000	-1, 000	-1, 000	-1, 000	-1, 000	-1, 000	-1, 000	-1, 000	-1, 000	-1, 000	-1, 000	
……																				
銀行借款					-6, 400	-6, 400	-9, 400	-9, 400	-9, 400	-9, 400	-9, 400	-9, 400	-9, 400	-9, 400	-9, 400	-9, 400	-9, 400	-9, 400	-9, 400	
……																				
合計																				

註:此表僅保留整數,數字出入系四捨五入所致。

表 8-20　　預提費用相關業務公式設置

	A	…	D	…	G	H	I	J	K	……	T	U
1	ABC 公司 2016 年					2017 年預算模式：進取型						
2					滾動預算	年度預算	月度分解					
3	預算項目		預測變量				1	2	3		12	合計
4												
5	經營天數						31	28	31		31	
6	累計經營天數						=I5	=I6+J5	=J6+K5		=S6+T5	
7	銷售波動率						0.97	0.63	0.83		0.888,4	=SUM(I7:T7)
8	存貨週轉天數						45	45	45		45	
9	收款期						60	60	60		60	
10	付款期						60	60	60		60	
11	累計營業收入						=I13	=J13+I11	=K13+J11		=T13+S11	
12	累計營業成本						=I14	=I12+J14	=J12+K14		=S12+T14	
13	營業收入				70,000	100,000	=$H$13/365 * I5 * I7	=$H$13/365 * J5 * J7	=$H$13/365 * K5 * K7		=$H$13/365 * T5 * T7	=SUM(I13:T13)
14	營業成本		0.7		=-G13 * C14	=-H13 * D14	=-I13 *$D$14	=-J13 *$D$14	=-K13 *$D$14		=-T13 *$D$14	=SUM(I14:T14)
…	……											
27	付款延遲				=-G38	=-(H38-G38)	=-(I38-$G$38)	=-(J38-$G$38)	=-(K38-$G$38)		=-(T38-$G$38)	
…	……											
40	預提費用				-1,200	-1,800	=$H$40/365 * I6	=$H$40/365 * J6	=$H$40/365 * K6		=$H$40/365 * T6	
…	……											
43	合計											

表 8-21　預提費用相關業務預算結果

ABC 公司							2017 年預算模式:進取型													
2016 年預算與執行情況							年度預算	月度分解												合計
預算項目	變量指標			標識	單位:萬元			1	2	3	4	5	6	7	8	9	10	11	12	
	實際	預測	預算		實際數	滾動預算														
經營天數	273	365						31	28	31	30	31	30	31	31	30	31	30	31	
累計經營天數								31	59	90	120	151	181	212	243	273	304	334	365	
銷售波動率								97%	63%	83%	90%	106%	120%	110%	104%	140%	102%	94%	89%	1, 198%
存貨週轉天數								45	45	45	45	45	45	45	45	45	45	45	45	
收款期								60	60	60	60	60	60	60	60	60	60	60	60	
付款期								60	60	60	60	60	60	60	60	60	60	60	60	
累計營業收入								8, 238	13, 071	20, 121	27, 518	36, 521	46, 384	55, 726	64, 559	76, 066	84, 729	92, 455	100, 000	
累計營業成本								-5, 767	-9, 150	-14, 084	-19, 262	-25, 564	-32, 468	-39, 008	-45, 191	-53, 246	-59, 310	-64, 718	-70, 000	
營業收入				A	56, 000	70, 000	100, 000	8, 238	4, 833	7, 049	7, 397	9, 003	9, 863	9, 342	8, 833	11, 507	8, 663	7, 726	7, 545	100, 000
營業成本	0. 68	0. 68	0. 7		-38, 080	-47, 600	-70, 000	-5, 767	-3, 383	-4, 935	-5, 178	-6, 302	-6, 904	-6, 540	-6, 183	-8, 055	-6, 064	-5, 408	-5, 282	-70, 000
……																				
付費延遲					900	1, 200	600	-1, 047	-909	-756	-608	-455	-307	-155	-2	146	299	447	600	
……																				
預提費用				A	-900	-1, 200	-1, 800	-153	-291	-444	-592	-745	-893	-1, 045	-1, 198	-1, 346	-1, 499	-1, 647	-1, 800	
……																				
合計																				

註:此表僅保留整數,數字出入系四捨五入所致。

表 8-22　　月度預算公式設置表

	A	…	D	…	G	H	I	J	K	……	T	U
1	ABC 公司 2016 年					2017 年預算模式：進取型						
2					滾動預算	年度預算	月度分解					
3	預算項目		預測變量				1	2	3		12	合計
4												
5	經營天數						31	28	31		31	
6	累計經營天數						=I5	=I6+J5	=J6+K5		=S6+T5	
7	銷售波動率						0.97	0.63	0.83		0.888.4	=SUM(I7:T7)
8	存貨週轉天數						45	45	45		45	
9	收款期						60	60	60		60	
10	付款期						60	60	60		60	
11	累計營業收入						=I13	=J13+I11	=K13+J11		=T13+S11	
12	累計營業成本						=I14	=I12+J14	=J12+K14		=S12+T14	
13	營業收入				70,000	100,000	=$H$13/365 * I5 * I7	=$H$13/365 * J5 * J7	=$H$13/365 * K5 * K7		=$H$13/365 * T5 * T7	=SUM(I13:T13)
14	營業成本		0.7		=-G13 * C14	=-H13 * D14	=-I13 *$D$14	=-J13 *$D$14	=-K13 *$D$14		=-T13 *$D$14	=SUM(I14:T14)
15	變動經營費用		0.08		=-G13 * C15	=-H13 * D15	=-I13 *$D$15	=-J13 *$D$15	=-K13 *$D$15		=-T13 *$D$15	=SUM(I15:T15)
16	固定經營費用				-11,000	-12,000	=$H$16/365 * I5	=$H$16/365 * J5	=$H$16/365 * K5		=$H$16/365 * T5	=SUM(I16:T16)
17	存貨跌價損失		0.04		=G33	=H33-G33	=I33-G33	=J33-I33	=K33-J33		=T33-S33	=SUM(I17:T17)
18	壞帳損失		0.06		=G35	=H35-G35	=I35-G35	=J35-I35	=K35-J35		=T35-S35	=SUM(I18:T18)
19	利息費用		0.06		=G39 * C19	=H39 * D19	=I39 *$D$19/365 * I5	=J39 *$D$19/365 * J5	=K39 *$D$19/365 * K5		=T39 *$D$19/365 * T5	=SUM(I19:T19)
20	折舊費用		0.15		=G37	=-H36 * D20	=-I36 *$D$20/365 * I5	=-J36 *$D$20/365 * J5	=-K36 *$D$20/365 * K5		=-T36 *$D$20/365 * T5	=SUM(I20:T20)
21	現金流入											
22	銷售回款				=G13-G34	=H13-(H34-G34)	=I11-(I34-$G$34)	=J11-(J34-$G$34)	=K11-(K34-$G$34)		=T11-(T34-$G$34)	
23	貸款注入				=-G39	3,000	3,000	3,000	3,000		3,000	
24	資本注入				=-G42							
25	現金流出											

表8-22(續)

	A	…	D	…	G	H	I	J	K	……	T	U
26	採購支出				=G14-G32	=H14-(H32-G32)	=I12-(I32-$G$32)	=J12-(J32-$G$32)	=K12-(K32-$G$32)		=T12-(T32-$G$32)	
27	付款延遲				=-G38	=-(H38-G38)	=-(I38-$G$38)	=-(J38-$G$38)	=-(K38-$G$38)		=-(T38-$G$38)	
28	費用支出				=G15+G16+G19	=H15+H16+H19	=I15+I16+I19	=J15+J16+J19+I28	=K15+K16+K19+J28		=T15+T16+T19+S28	
29	付費延遲				=-G40	=-(H40-G40)	=-(I40-$G$40)	=-(J40-$G$40)	=-(K40-$G$40)		=-(T40-$G$40)	
30	資本支出				=-G36	-1,000	=H30	=I30	=J30		=S30	
31	貨幣資金				=SUM(G22:G30)	=SUM(H22:H30)+G31	=SUM(I22:I30)+$G$31	=SUM(J22:J30)+$G$31	=SUM(K22:K30)+$G$31		=SUM(T22:T30)+$G$31	
32	存貨		45		=-G14/365 * C32	=-H14/365 * D32	=-I12/I6 * I8	=-J12/J6 * J8	=-K12/K6 * K8		=-T12/T6 * T8	
33	存貨跌價準備				=-G32 * C17	=-H32 * D17	=-I32 *$D$17	=-J32 *$D$17	=-K32 *$D$17		=-T32 *$D$17	
34	應收帳款		60		=G13/365 * C34	=H13/365 * D34	=I11/I6 * I9	=J11/J6 * J9	=K11/K6 * K9		=T11/T6 * T9	
35	壞帳準備				=-G34 * C18	=-H34 * D18	=-I34 *$D$18	=-J34 *$D$18	=-K34 *$D$18		=-T34 *$D$18	
36	固定資產				=F36	=-H30+G36	=$G$36-I30	=$G$36-J30	=$G$36-K30		=$G$36-T30	
37	累計折舊				=-G36 * C20	=H20+G37	=G37+I20	=I37+J20	=J37+K20		=S37+T20	
38	應付帳款		60		=G26/365 * C38	=H26/365 * D38	=I26/I6 * I10	=J26/J6 * J10	=K26/K6 * K10		=T26/T6 * T10	
39	銀行借款				=F39	=-H23+G39	=$G$39-I23	=$G$39-J23	=$G$39-K23		=$G$39-T23	
40	預提費用				-1,200	-1,800	=$H$40/365 * I6	=$H$40/365 * J6	=$H$40/365 * K6		=$H$40/365 * T6	
41	本年利潤結轉				=-SUM(G13:G20)	=-SUM(H13:H20)+G41	=-SUM(I13:I20)+G41	=-SUM(J13:J20)+I41	=-SUM(K13:K20)+J41		=-SUM(T13:T20)+S41	
42	股本				=F42	=G42	=H42	=I42	=J42		=S42	
43	合計				=SUM(G31:G42)	=SUM(H31:H42)	=SUM(I31:I42)	=SUM(J31:J42)	=SUM(K31:K42)		=SUM(T31:T42)	

表 8-23

ABC 公司 2017 年月度預算表

ABC 公司							2017 年預算模式：進取型													
2016 年預算與執行情況							年度預算	月度分解												合計
預算項目	變量指標			標識	單位：萬元			1	2	3	4	5	6	7	8	9	10	11	12	
	實際	預測	預算		實際數	滾動預算														
經營天數	273	365						31	28	31	30	31	30	31	31	30	31	30	31	
累計經營天數								31	59	90	120	151	181	212	243	273	304	334	365	
銷售波動率								97%	63%	83%	90%	106%	120%	110%	104%	140%	102%	94%	89%	1,198%
存貨週轉天數								45	45	45	45	45	45	45	45	45	45	45	45	
收款期								60	60	60	60	60	60	60	60	60	60	60	60	
付款期								60	60	60	60	60	60	60	60	60	60	60	60	
累計營業收入								8,238	13,071	20,121	27,518	36,521	46,384	55,726	64,559	76,066	84,729	92,455	100,000	
累計營業成本								-5,767	-9,150	-14,084	-19,262	-25,564	-32,468	-39,008	-45,191	-53,246	-59,310	-64,718	-70,000	
營業收入				A	56,000	70,000	100,000	8,238	4,833	7,049	7,397	9,003	9,863	9,342	8,833	11,507	8,663	7,726	7,545	100,000
營業成本	0.68	0.68	0.7		-38,080	-47,600	-70,000	-5,767	-3,383	-4,935	-5,178	-6,302	-6,904	-6,540	-6,183	-8,055	-6,064	-5,408	-5,282	-70,000
變動經營費用	0.08	0.08	0.08		-4,480	-5,600	-8,000	-659	-387	-564	-592	-720	-789	-747	-707	-921	-693	-618	-604	-8,000
固定經營費用				A	-8,600	-11,000	-12,000	-1,019	-921	-1,019	-986	-1,019	-986	-1,019	-1,019	-986	-1,019	-986	-1,019	-12,000
存貨跌價損失	0.10	0.08	0.04		-574	-417	72	82	56	-3	-7	-16	-18	-8	-4	-16	0	2	4	72
壞帳損失	0.05	0.05	0.06		-580	-479	-507	-477	159	-7	-21	-45	-52	-24	-10	-47	0	7	10	-507
利息費用	0.11	0.11	0.06		-540	-704	-564	-48	-43	-48	-46	-48	-46	-48	-48	-46	-48	-46	-48	-564
折舊費用	0.25	0.2	0.15		-1,660	-1,800	-1,500	-127	-115	-127	-123	-127	-123	-127	-127	-123	-127	-123	-127	-1,500
現金流入																				
銷售回款					45,200	60,411	93,151	1,882	9,367	16,296	23,348	31,598	40,597	49,544	58,207	68,937	77,595	85,435	93,151	
貸款注入				A	6,400	6,400	3,000	3,000	3,000	3,000	3,000	3,000	3,000	3,000	3,000	3,000	3,000	3,000	3,000	
資本注入					6,000	6,000														

表8-23(續)

ABC 公司							2017 年預算模式:進取型													
現金流出																				
採購支出					-43,820	-52,816	-73,414	-8,922	-10,912	-15,910	-21,269	-27,966	-35,324	-42,072	-48,344	-56,806	-62,873	-68,221	-73,414	
付款延遲					10,600	10,129	1,939	7,139	968	478	506	983	1,581	1,778	1,807	2,356	2,280	2,126	1,939	
費用支出					-13,620	-17,304	-20,564	-1,726	-3,077	-4,708	-6,332	-8,119	-9,941	-11,756	-13,529	-15,482	-17,243	-18,893	-20,564	
付費延遲					900	1,200	600	-1,047	-909	-756	-608	-455	-307	-155	-2	146	299	447	600	
資本支出				A	-9,000	-9,000	-1,000	-1,000	-1,000	-1,000	-1,000	-1,000	-1,000	-1,000	-1,000	-1,000	-1,000	-1,000	-1,000	
貨幣資金					2,660	5,020	8,732	4,345	2,457	2,419	2,663	3,060	3,624	4,359	5,160	6,170	7,078	7,913	8,732	
存貨	41.15	40	45		5,740	5,216	8,630	8,371	6,979	7,042	7,223	7,619	8,072	8,280	8,369	8,777	8,779	8,720	8,630	
存貨跌價準備					-574	-417	-345	-335	-279	-282	-289	-305	-323	-331	-335	-351	-351	-349	-345	
應收帳款	52.65	50	60		10,800	9,589	16,438	15,945	13,293	13,414	13,759	14,511	15,376	15,772	15,940	16,718	16,723	16,609	16,438	
壞帳準備					-580	-479	-986	-957	-798	-805	-826	-871	-923	-946	-956	-1,003	-1,003	-997	-986	
固定資產					9,000	9,000	10,000	10,000	10,000	10,000	10,000	10,000	10,000	10,000	10,000	10,000	10,000	10,000	10,000	
累計折舊					-1,660	-1,800	-3,300	-1,927	-2,042	-2,170	-2,293	-2,421	-2,544	-2,671	-2,799	-2,922	-3,049	-3,173	-3,300	
應付帳款	66.04	70	60		-10,600	-10,129	-12,068	-17,268	-11,097	-10,607	-10,635	-11,113	-11,710	-11,907	-11,937	-12,485	-12,409	-12,255	-12,068	
銀行借款					-6,400	-6,400	-9,400	-9,400	-9,400	-9,400	-9,400	-9,400	-9,400	-9,400	-9,400	-9,400	-9,400	-9,400	-9,400	
預提費用				A	-900	-1,200	-1,800	-153	-291	-444	-592	-745	-893	-1,045	-1,198	-1,346	-1,499	-1,647	-1,800	
本年利潤結轉					-1,486	-2,399	-9,900	-2,622	-2,822	-3,168	-3,612	-4,337	-5,281	-6,110	-6,845	-8,157	-8,868	-9,421	-9,901	
股本					-6,000	-6,000	-6,000	-6,000	-6,000	-6,000	-6,000	-6,000	-6,000	-6,000	-6,000	-6,000	-6,000	-6,000	-6,000	
合計					0	0	0	0	0	0	0	0	0	0	0	0	0	0	0	

註:此表僅保留整數,數字出入系四捨五入所致。

第四節　月度預算的解讀

一、預算期基本財務狀況解讀

ABC 公司 2017 年年度預算和月度預算的結果，可以首先歸結出利潤表、資產負債表和現金預算中的三個關鍵指標，即利潤、資產負債率和現金餘額的分月數和年度數，這可以通過表 8-24 看出。

表 8-24　　基本財務數據

單位：萬元

	1	2	3	4	5	6	7	8	9	10	11	12	全年
資產合計	35,443	29,610	29,619	30,238	31,594	33,283	34,462	35,380	37,388	38,177	38,724	39,169	39,168
負債合計	26,821	20,788	20,451	20,627	21,257	22,002	22,353	22,535	23,231	23,308	23,302	23,268	23,268
負債率	76%	70%	69%	68%	67%	66%	65%	64%	62%	61%	60%	59%	59%
利潤	223	199	347	443	725	944	829	735	1,313	711	553	479	7,501
現金	4,345	2,457	2,419	2,663	3,060	3,624	4,359	5,160	6,170	7,078	7,913	8,732	8,732

從表 8-24 可以明顯看出，ABC 公司的資產負債率水平一直保證相對穩健的水平，從 1 月份最高的 76%逐漸下降至年底的 59%；從利潤的角度來看，公司每月均處於盈利狀態；從資金的角度來看，由於二月份公司銷售進入淡季，現金比一月份大幅下降，而后逐步上升，至年末達到 8,732 萬元。

二、現金安全存量

在前面的敘述中，我們一直未提及現金安全存量的問題。企業基於交易性需求、預防性需求和投機性需求，要保有一定的現金餘額，財務學中稱之為最佳現金持有量。財務管理的教科書中均講述了 3 種確定現金安全存量的方法，即成本分析模式、存貨模式和現金週轉模式，但是由於過於理論化，且將最困難的年現金需求量作為已知條件處理，這 3 種方法缺乏現實應用的基礎。企業實踐中的現金安全存量的方法有很多，我們在這裡介紹一種常用的方法，其公式如下：

現金安全存量=剛性現金流出量÷累積經營天數×應收帳款週轉天數

剛性現金流出很難準確地估計，本例中可以用經營費用支出替代，其計算結果見表 8-25。

表 8-25　　現金安全存量與現金餘缺

	1	2	3	4	5	6	7	8	9	10	11	12	全年
累積經營天數	31	59	90	120	151	181	212	243	273	304	334	365	365
變動經營費用	659	387	564	592	720	789	747	707	921	693	618	604	8, 000
固定經營費用	1, 019	921	1, 019	986	1, 019	986	1, 019	1, 019	986	1, 019	986	1, 019	12, 000
合計	1, 678	1, 307	1, 583	1, 578	1, 739	1, 775	1, 767	1, 726	1, 907	1, 712	1, 604	1, 623	20, 000
累計支出	1, 678	2, 985	4, 569	6, 147	7, 886	9, 661	11, 428	13, 154	15, 061	16, 773	18, 377	20, 000	2, 000
現金安全存量	3, 248	3, 036	3, 046	3, 073	3, 134	3, 203	3, 234	3, 248	3, 310	3, 310	3, 301	3, 288	3, 288
現金預算	4, 345	2, 457	2, 419	2, 663	3, 060	3, 624	4, 359	5, 160	6, 170	7, 078	7, 913	8, 732	8, 732
現金餘缺	1, 097	-579	-626	-410	-74	422	1, 125	1, 912	2, 860	3, 768	4, 612	5, 444	5, 444

從表 8-25 可以看出，在 2~5 月份，企業現金低於安全存量，需要通過挖掘內部潛力或外部融資的方式解決。

三、借款和還款日期的選擇與營運資金政策的調整

在第七章結尾時我們曾提及，預算年度的現金餘額為 8, 732 萬元，而且預算期內計劃借款 3, 000 萬元，當時大家可能存在疑問——既然有了這麼多的現金，還需要動用企業的融資能力嗎？我們通過表 8-25 明顯可以看出以下兩點：

（1）若不考慮現金安全存量，企業需要在 2 月份開始借款，還款期可以在 5 月份。

（2）如果考慮現金安全存量，企業年初就需要借款，最早在 10 月份還清全部款項。

如果只有年度預算，企業是不可能做出合理的資金安排的。只有進行月度分解，編制出月度預算，企業才可以在年度經營過程中調整和控製運營節奏，從而從容地面對供應市場和銷售市場的變化。

針對供銷市場變動，企業可以調整自身的營運資金政策，如在上半年放鬆應收帳款政策，在下半年加緊收款；也可以考慮在銷售的旺季放鬆應收帳款政策，在淡季加大收款力度。當然這些都需要資金的支持，需要營運資金政策與外部融資策略相結合。

四、存貨與營業成本的問題

至此，我們已經解決了預算中的絕大部分問題。但是還有兩個重要項目需要在此加以說明，即存貨與營業成本。

1. 存貨問題

存貨是一個外延寬泛的概括性項目。從財務會計的角度來看，存貨分為材料、燃料、低值易耗品、在產品、半成品、產成品等；而從預算管理的角度來看，存貨

分為採購階段存貨、生產階段存貨和銷售階段存貨，不同階段存貨的責任主體不同，編制預算時有必要將其分開考慮。

（1）採購階段是從原材料入庫到被生產部門領用之間的階段，該階段的主要責任中心是採購部門。採購階段存貨決策不能走兩個極端，一是不能一味地考核採購單價而驅使採購部門不顧生產需求進行大批量採購，二是不能搞豐田式的零庫存模式，原因我們前面已經談及。因此採購階段應該堅持經濟訂貨批量原則。編制採購期預算時應考慮 4 個問題：一是考慮庫存物品的物理特性，採購期不能超出材料保存期；二是考慮採購量的性價比，即商業折扣問題；三是考慮市場供求情況；四是考慮企業的現金支付能力。

（2）生產階段是從生產部門應用到產成品驗收入庫的階段，該階段的主要責任中心是生產部門。生產階段存貨的多少與生產組織、工藝流程、物流方式等相關，該階段存貨過多或過少都會給採購部門傳遞錯誤信息，同時在產品存量大占用資金就大，企業會付出過高的融資成本。而且在產品存量大從某種意義上說明企業的生產效率低下，因此必須控製這一階段的在產品存量。

（3）銷售階段是從產成品驗收入庫到銷售合同簽訂取得價款或債權的階段。產成品存貨數量受到生產和銷售速度的影響，銷售慢於生產則產成品增加。在「以銷定產、以產訂購」的運作方式下，生產部門的生產組織是以銷售為導向的，因此，該階段的主要責任中心是銷售部門。銷售期預算要考慮銷售速度、生產速度、產成品保存期、安全存量等因素。

2. 營業成本問題

營業成本源於產品銷售中產成品成本的結轉，因此營業成本問題與存貨問題密切相關。

首先，在預算編制中，我們並沒有將營業成本分解成變動成本與固定成本兩個部分，主要是因為沒有分解的必要。因為固定成本僅在生產成本中是固定的，比如說固定成本 10 萬元，本月生產產品 1 萬件，那麼其單位固定成本便是 10 元/件，但一旦轉到產成品和營業成本，賣出一件產品，營業成本中的固定部分就是 10 元，賣出 100 件就是 1,000 元，固定成本此時完全變成了變動成本。

此外，僅僅考察營業成本本身的大小，很難找到責任部門。銷售部門、生產部門、研發部門、人力資源部門等都可能要承擔相關的責任。

如何解決存貨與營業成本的問題，必須深入企業內部找出原因所在，這就需要財務控製和成本核算發揮作用，這也是下一章我們要解決的問題。

第九章
財務控製

本章以製造業企業為研究對象，從成本與費用的角度，將成本預算、成本核算、成本控製、成本分析有機結合，介紹財務控製的具體方法——主要包括定額成本法與標準成本法。

第一節　財務控製概述

財務控製，是根據財務計劃及相關規定，對實際財務活動進行對比檢查，發現偏差、糾正偏差的過程。鑒於本書分析的對象是製造類企業，本章主要從成本費用控製的角度，介紹財務控製的具體方法。

成本控製主要是利用成本核算所提供的各種信息資料，計算實際成本與預算成本或目標成本的差異，通過財務分析找出產生差異的責任單位與原因，並採取措施，消除不利差異，實現預算目標的過程。

按照預算成本的不同，成本控製的方法可以分為計劃成本法、定額成本法、標準成本法等。計劃成本的計算依據是計劃期內（多為1年）平均先進水平，而定額成本的計算依據是現行消耗定額，前者在計劃期內較少修改，而后者可能會隨時修改；標準成本是排除了偶然與意外情況后需要努力方可達到的成本消耗水平，在工藝技術變化不大時持續使用，不需經常修訂。以數額大小排序，可得定額成本>計劃成本>標準成本，因此定額成本最容易完成，標準成本最難完成，標準成本下的成本差異多為正數，即為超支差。

計劃成本法在財務會計與成本會計中都有具體說明，如原材料的計劃成本法、製造費用按計劃成本分配、輔助生產成本按計劃成本分配、多步驟生產中採用分批法按計劃成本結轉等，因此本章重點講述定額成本法與標準成本法。

第二節　定額成本控製

一、定額成本的概念

定額成本法是以產品品種或批別作為成本計算對象，根據產品的實際產量，計算產品的定額生產費用以及實際費用脫離定額的差異，用完工產品的定額成本加減定額差異、定額變動差異、材料成本差異，從而計算出完工產品與在產品成本的一種方法。

從預算的角度來看，定額成本法是為了加強成本控製，及時揭露預算執行過程中存在的問題，發現偏差、糾正偏差，實現預算管理的目標。定額成本法一般適用於產品已經定型、產品品種穩定、各項定額預算比較齊全準確、原始記錄健全的企業。

從成本計算的角度來看，定額成本法下，實際成本的計算異於其他成本計算方法，如品種法、分步法是在生產費用實際發生額的基礎上減去在產品成本從而計算完工產品成本。而定額成本法是在定額成本的基礎上，加減脫離定額差異、定額變動差異計算完工產品成本，若原材料按照計劃成本計算，還要加減材料成本差異。具體計算過程如下：

產品實際成本＝定額成本±脫離定額差異±定額變動差異±材料成本差異

二、定額成本的計算

定額成本是根據現行消耗定額和計劃單位成本編制的成本費用預算。實際成本與定額成本之間的差異應隨時找出原因，並採取措施，消除不利差異，不斷降低產品成本。

直接材料定額成本＝材料消耗定額×材料計劃單位成本

直接人工定額成本＝工時定額×計劃小時工資率

製造費用定額成本＝工時定額×計劃小時工資率

某產品的定額成本＝直接材料定額成本+直接人工定額成本+製造費用定額成本

定額成本與計劃成本不同，雖然兩者都是以定額為基礎進行計算的，但仍有很大區別，主要表現在計算依據和用途的不同上。定額成本的計算依據是現行消耗定額和費用預算，主要用於企業內部進行成本控製和預算考核。在現有的技術條件下，它能反映企業當前應達到的成本水平，同時又能衡量企業成本費用節約或超支的情況。隨著生產條件的變化、勞動生產率的提高，企業應隨時對定額成本進行修訂，使之與當前水平相適應。為及時反映定額的執行情況，企業應及時、經常地對定額的變動情況進行考核。

計劃成本計算的依據主要是計劃期內平均先進的消耗定額和費用預算，該指標反映企業在計劃期內應當達到的成本水平，這主要是為了進行以原材料為主的成本項目考核，為企業預算管理中的財務預測與財務決策提供資料。在整個計劃期內，計劃成本一般不進行修改，因而不必核算計劃成本的變動差異。

三、定額成本法中的差異

定額差異是指生產過程中各項實際生產費用脫離現行定額的差異，它反映了各項生產費用支出的合理程度和現行定額的執行情況。企業應及時對定額差異進行核算，以便控製生產費用的發生，降低產品成本。定額差異的計算，是採用定額成本法計算產品成本的一個重要環節。對定額成本差異，一般按成本項目即直接材料、直接人工、製造費用進行計算。

（一）直接材料定額差異的計算

直接材料脫離定額差異的計算一般有兩種方法。

1. 限額領料法

所謂限額領料法是根據企業制定的材料消耗定額來核算材料定額差異的一種方法。採用限額領料法來核算材料脫離定額的差異時，一般應實行限額領料制度。企業預算部門應根據產品定額計算表中所確定的產品消耗定額編制「限額領料單」交給各單位，按限額領料單中所規定的限額領料。這樣，在限額領料單的限額內領料，可以控製材料的消耗量。凡是超過限額的領料，應設置專門的「超額領料單」等差異憑證。如果領用代用材料，則應將領用代用材料的數量折算成原定額材料的數量，在限額領料單內衝減相應的數量。對於車間已領未用的材料，應及時辦理「假退庫」手續。如果車間超限額領料是因為增加產量引起的，則應辦理追加限額手續，仍採用限額領料單領料。月末時，將限額領料單內的材料餘額和各種差異憑證進行匯總，即可計算出定額差異。其計算公式如下：

某產品直接材料脫離定額差異=（該產品直接測量實際耗用量-該產品材料定額耗用量）×材料計劃單位成本

採用限額領料時，應注意的是，在存在期初和期末餘額的前提下，領料差異和耗用差異有時並不一致，應按以下公式計算本期直接材料的實際消耗量：

本期直接材料實際消耗量=本期領用材料數量+期初結餘材料數量-期末結餘材料數量

2. 盤存法

所謂盤存法是根據定期盤點的方法來計算材料的定額消耗量和脫離定額差異的方法，計算的時間可以是日、週、旬。這種方法的核算程序是：首先，用本期完工產品數量加上期末在產品數量，減去期初在產品數量，計算出本期投產數量，其中期末在產品數量是根據盤存數量計算的；其次，根據材料的消耗定額，計算出產品材料的實際消耗量；再次，根據材料的定額領料憑證、差異憑證、車間的盤存資料，計算出產品的實際消耗量；最后，將產品的實際消耗量和定額消耗量進行比較，計算出材料脫離定額。

在按盤存法核算定額差異時，應盡量縮短材料定額差異的核算期，以期及時發現差異、控製材料消耗、找出產生差異的原因與責任單位，並提出進一步的改進措施。

同時，縮短核算期能將差異的核算工作分散在平時進行，有利於核算工作的及時性。但採用這種方法計算投產量時，期末盤存數是通過倒擠的方法進行的，計算結果不夠準確，而且可能掩蓋領用中的問題，這點和實地盤存制的缺陷類似。

在實際工作中，無論採用何種方法，都應根據各種領料憑證和差異憑證，按照產品成本計算對象匯總編制「材料定額費用與脫離定額差異匯總表」，表中應詳細列明該批貨、該種產品所耗各種材料的計劃成本、定額費用、定額差異及差異產生的原因，並據以登記「生產成本明細帳」和各種產品成本計算單。

（二）直接人工定額差異的計算

工資定額的差異計算，會由於不同企業所採用的工資形式不同而有所不同。

（1）若企業採用計件工資形式，則按計件單價計算支付的工資都是定額工資，登記在產量記錄中。脫離定額的差異，經審批后，應登記在「工資補付單」等差異憑證中。

（2）若企業採用計量工資形式，如果生產工人工資是直接計入產品成本中的，其定額差異計算公式如下：

某產品直接人工脫離定額差異=該產品直接人工實際數-（該產品實際產量×單位產品定額工資）

若生產工人工資是根據實際工時比例分配計入產品成本的，則其差額可按下式計算：

某產品直接人工脫離定額差異=（該產品實際產量的實際生產工時×實際單位小時工資）-該產品實際產量的定額生產工時×計劃單位小時工資

實際單位小時工資=某車間實際生產工人工資總額÷該車間實際生產工時總數

計劃單位小時工資=某車間計劃產量的定額生產工人工資總額÷該車間計劃產量的定額生產工時總數

計算工資費用脫離定額差異時，應按產品的成本計算對象，匯總編制「定額工資和定額差異匯總表」。在該表內，應匯總登記定額工資、實際工資、工資差異原因等，並據以登記生產成本明細帳和相關產品成本計算單，考核和分析各種產品生產工人的執行情況。

（三）製造費用定額差異的計算

製造費用屬於部門費用、間接費用，不能在費用發生時直接按產品確定其定額的差異。企業在日常核算中，主要是通過制定費用預算，按照費用的性質下達各車間，並採用費用限額手冊，對各車間的費用支出進行核算和管理，計算費用脫離定額即費用預算的差異數額。該項差異一般在月末實際費用分配到產品之后才能確定。

差異額的計算公式如下：

某車間的製造費用定額差異＝該產品實際製造費用－（該產品實際產量的定額工時×計劃小時製造費用）

工資費用定額差異和製造費用定額差異均受工時差異和小時分配率差異兩個因素影響，因此，要使這兩項費用定額的不利差異不斷降低，不僅要控製實際費用總額，還要降低工時的消耗。

對於生產過程中發生的廢品損失，應採用廢品通知單和廢品計算表的方式單獨反映，其中不可修復廢品的成本可按定額成本計算，因在定額成本中不包括廢品損失和停工損失，故全部作為定額差異處理。

通過上述分析，我們介紹了定額差異的計算，計算出這一差異后，應採用不同的方法進行處理。如果期末在產品數量較少，為了簡化核算工作量，可將定額差異全部計入完工產品成本中；如果期末在產品數量變化較大，則定額差異應按完工產品和在產品的定額成本比例，在完工產品和在產品之間進行分配，其計算公式如下：

定額差異分配率＝定額差異合計÷（完工產品定額成本＋在產品定額成本）

完工產品應分攤的定額差異＝完工產品定額成本×定額差異分配率

在產品應分攤的定額差異＝在產品定額成本×定額差異分配率＝定額差異合計－完工產品應分攤的定額差異

四、定額變動差異的計算

所謂定額變動差異是指由於對舊定額進行修改而產生的新舊定額之間的差額。定額變動差異的產生，說明企業生產技術水平提高和生產組織的改善對定額的影響程度，它是定額本身變動的結果，與生產費用的節約或超支無關。

定額變動差異與定額差異的主要區別有二：其一，定額變動差異不是經常發生的，核算頻率較低，只有在發生變動時才需要核算；定額差異是經常發生的，為了及時瞭解定額差異產生的原因與責任單位，不斷降低生產成本，應及時對脫離定額的差異進行核算。其二，定額成本變動差異是與某一產品相聯繫的，對哪一種產品的定額進行修改，定額變動差異就可以直接計入該種產品的成本之中，而不能轉入其他產品；定額差異一般不是由某一種產品引起的，而是企業各方面工作的綜合結果，因而不一定直接計入某種產品的成本之中，往往採用分配的方法在各有關產品中進行分配。

綜上所述，定額變動差異是由於對舊定額進行修改而產生的，企業對舊定額修改一般發生在年初或月初，這樣當月投產的新產品應按新定額計算其定額成本。在實行新定額的月初如果有在產品，其定額成本是按舊定額計算的。為了使月初在產品和本月投產的新產品的定額成本保持一致，應將月初在產品的定額成本進行調整，按新定額計算，使其能夠與本月投產的新產品的定額成本相加。為此，應按成本項目即直接材料、直接人工、製造費用計算定額變動差異，該差異在調整月初在產品定額成本的同時，還應該調整本月產品成本，這兩方面的金額相等、方向相反。因此，實際上完工產品和月末在產品的總成本不變，只是其內部表現形式的改變。如果消耗定額降低，月初在產品的定額成本減少，但定額變動差異增加，那麼在將其從月初在產品的定額成本扣除的同時，還應將其計入本月生產成本與費用之中，反之亦然。

【例 9-1】ABC 公司月初在產品 300 件，直接材料單位定額成本為 50 元，從本月起直接材料定額成本降低為 48 元，本月投產 600 件，實際發生材料費用 31,000 元，900 件產品本月全部完工。假定原材料於投產時一次性投入，其實際成本的計算過程如下：

月初在產品材料定額成本	300×50=15,000（元）
加：月初在產品材料定額的變動	（48−50）×300=−600（元）
加：本月投產產品材料定額成本	48×600=28,800（元）
定額成本合計	43,200（元）
加：材料定額超支	31,000−28,800=2,200（元）
加：材料定額變動差異	600（元）
完工產品直接材料實際成本	46,000（元）

若期末有在產品，定額成本變動差異不應全部計入當月產成品成本中，而應按照完工產品和在產品的定額成本比例在完工產品和在產品之間進行分配。其計算公式如下：

定額變動差異分配率=定額變動差異合計÷(完工產品定額成本+在產品定額成本)

完工產品應負擔的定額成本變動差異=完工產品定額成本×定額變動差異分配率

在產品應負擔的定額成本變動差異=在產品定額成本×定額變動差異分配率=定額變動差異合計−完工產品應負擔的定額成本變動差異

如果定額變動差異不大，在產品可不承擔定額變動差異，而全部由完工產品負擔。

按定額成本法計算產品成本時，材料的日常核算一般都是按計劃成本進行的，因此在月末時，還應計算完工產品應負擔的材料成本差異，將材料的計劃成本調整為實際成本，其計算公式如下：

某產品應分配的材料成本差異=（該產品直接材料的定額成本±直接材料脫離定額差異）×材料成本差異率

在定額成本法下，產品實際成本就是由上述各個項目組成的，將其相加就是完工產品的實際成本，其計算公式如下：

產品實際成本=定額成本±脫離定額差異±定額變動差異±材料成本差異

五、定額成本的計算及帳務處理程序

(一) 定額成本法核算思路

1. 設置產品成本計算單

定額法下，應按產品分別設置產品成本計算單。在該成本計算單的月初在產品成本、本月生產費用、生產費用合計、完工產品成本和在產品成本欄中，應分別設置「定額成本」「定額差異」「定額變動差異」等欄目。

2. 計算定額變動差異

若本月初定額發生變動，則應計算月初在產品定額變動差異數額，並填入相應欄目中。

3. 分配費用

本月發生的費用，應區分為定額成本和定額差異兩部分。對於定額成本，應列入本月費用的「定額成本」項目下；對於定額差異，則應列入「定額差異」欄中。

4. 計算費用合計

費用合計是在月初在產品成本的基礎上，加上本月發生的費用計算得出的。在計算時，應分別計算定額成本、定額差異和定額變動差異。

5. 計算完工產品和在產品的定額成本

完工產品的定額成本是按完工產品的數量乘上產品的定額成本計算的；在產品的定額成本是用定額成本減去完工產品的定額成本計算得出的。

6. 分配定額差異和定額變動差異

若定額差異和定額變動差異很小，為了簡化成本核算工作，可將定額差異和定額變動差異全部計入完工產品；否則，應將定額差異和定額變動差異按定額成本的比例，在完工產品和在產品之間進行分配。

7. 計算完工產品成本

將完工產品的定額成本、定額差異、定額變動差異相加，就是完工產品的實際成本。

(二) 定額成本法計算舉例

【例 9-2】

◆ 相關資料：

(1) 產品定額成本計算表或產品定額卡如表 9-1 所示。

表 9-1　　產品定額成本計算表

產品：甲　　2015 年 1 月

材料編號及名稱	計算單位	材料消耗定額	計劃單價		材料費用定額
××××	千克	60 千克/件	10 元/千克		600 元
工時定額	直接人工		製造費用		產品定額成本合計
	工資率	金額	費用率	金額	
40	3 元/小時	120 元	3.5 元/小時	140 元	860 元

該企業原材料一次性投入，由於工藝改進，2015 年 6 月材料消耗定額調降為 57.6 千克。

（2）月初在產品定額成本和脫離定額差異如表 9-2 所示。

表 9-2　月初在產品成本資料

產品：甲　2015 年 7 月　單位：元

成本項目	定額成本	脫離定額差異
直接材料	6,000	-300
直接人工	600	+50
製造費用	700	+80
合計	7,300	-170

（3）7 月份生產量和生產費用。

甲產品月初在產品 10 件，本月投產 50 件，月末完工 48 件，在產品 12 件；月初與月末在產品的完工程度均為 50%。本月投入的定額工時為 1,960 小時［48×40+(12-10)×40×0.5］。

據限額領料單，企業 7 月份實際使用材料 2,800 千克，金額為 28,000 元，材料成本差異率為 4%，實際生產工人工資為 6,235 元，實際製造費用為 6,380 元。

◆ 差異核算與產品成本計算表的編制

定額成本與差異匯總表如表 9-3 所示。

表 9-3　定額成本與差異匯總表

單位：元

成本項目	定額成本	實際費用	脫離定額差異	定額變動差異	材料成本差異
直接材料	28,800	28,000	-800	+240	+1,120
直接人工	5,880	6,235	+355		
製造費用	6,860	6,380	-480		
合計	41,540	40,615	-925		

註：直接材料定額成本＝投產量×費用定額＝50×576＝28,800

帳務處理：

①領料和結轉材料成本差異。

借：基本生產成本——材料定額成本　28,800
　　基本生產成本——脫離定額差異　-800
　貸：原材料　28,000
借：基本生產成本——材料成本差異　1,120
　貸：材料成本差異　1,120

②結轉直接人工費用。

借：基本生產成本——直接人工定額成本　5,880

基本生產成本——脫離定額差異　　355
貸：應付職工薪酬　　6, 235

③結轉製造費用。

借：基本生產成本——製造費用定額成本　　6, 860
基本生產成本——脫離定額差異　　-480
貸：製造費用　　6, 380

④定額變動差異不必進行帳務處理。

產品成本計算表如表 9-4 所示。

表 9-4　**產品成本計算表**

單位：元

成本項目		直接材料	直接人工	製造費用	合計
月初在產品成本	定額成本	6, 000	600	700	7, 300
	脫離定額差異	-300	+50	+80	-170
月初在成品定額變動	定額成本調整	-240			-240
	定額變動差異	+240			+240
本月生產費用	定額成本	28, 800	5, 880	6, 860	41, 540
	脫離定額差異	-800	+355	-480	-925
	材料成本差異	+1, 120			+1, 120
生產費用合計	定額成本	34, 560	6, 480	7, 560	48, 600
	脫離定額差異	-1, 100	+405	-400	-1, 095
	材料成本差異	+1, 120			+1, 120
	定額變動差異	+240			+240
脫離定額差異分配率		-0. 031, 828, 7	+0. 062, 5	-0. 052, 91	-0. 022, 238, 7
產成品成本	定額成本	27, 648	5, 760	6, 720	40, 128
	脫離定額差異	-880	+360	-355. 56	-875. 56
	材料成本差異	+1, 120			+1, 120
	定額變動差異	+240			+240
	實際成本	28, 128	6, 120	6, 364. 44	40, 612. 44
月末在產品成本	定額成本	6, 912	720	840	8, 472
	脫離定額差異	-220	+45	-44. 44	-219. 44

⑤產成品驗收入庫的帳務處理。

借：庫存商品——甲產品　　40, 612. 44
貸：基本生產成本——定額成本　　40, 128
——脫離定額差異　　-875. 56
——材料成本差異　　1, 120
——定額變動差異　　240

第三節　標準成本控製

一、標準成本的概念與分類

標準成本是通過精確的調查、分析與技術測定而制定的，用來評價實際成本、衡量工作效率的一種預算成本。在標準成本中，基本上排除了不應發生的浪費，因此其被認為是一種「應該成本」。

按照不同條件，標準成本有不同的分類方法。

1. 按照成本制定所依據的生產技術和管理水平不同，標準成本主要分為理想標準成本與正常標準成本

(1) 理想標準成本是指在最優的生產條件下，利用現有的規模和設備能夠達到的最低成本。制定理想標準成本的依據是理論上的業績標準、生產要素的理想價格和可能實現的最高生產經營能力利用水平。因此，這種標準是「工廠的極樂世界」，很難成為現實，即使暫時出現也不能持久。它的主要用途是提供完美無瑕的目標，揭示現實成本下降的潛力。因其提出的要求太高，很難作為預算考核的依據，因此成本費用預算中不會以該成本作為編制依據。

(2) 正常標準成本是指在效率良好的條件下，根據預期一般應發生的生產要素消耗量、預計價格和預計生產能力利用程度制定出來的標準成本。在制定這種標準成本時，應把生產經營活動中一般難以避免的損耗和低效率等情況考慮在內，使之切合預算期的實際情況，成為切實可行的控製標準。從具體數量上看，正常標準成本肯定大於理想標準成本，但又小於歷史平均水平，實施后實際成本更大的可能是逆差而不是順差，故正常標準成本是要經過努力才能達到的一種標準，可以調動員工的積極性。這也是我們前面談到的，標準成本低於計劃成本和定額成本的原因。

2. 按照適用期不同，標準成本分為現行標準成本和基本標準成本

(1) 現行標準成本是指根據其使用期間應該發生的價格、效率和生產經營能力的利用程度等預計的標準成本。在這些決定因素發生變化時，需要按照改變了的情況加以修訂。這種標準成本可以成為評價預期成本執行情況的依據，也可以用來對存貨和銷售成本進行計價。

(2) 基本標準成本是指一經制定，只要生產的基本條件無重大變化，就不予變動的一種標準成本。所謂生產的基本條件的重大變化是指產品的物理結構變化、重要材料和勞動力價格的重要變化、生產技術和工藝的根本變化等。基本標準成本與前期實際成本對比，可反映成本變化的趨勢。現行標準成本適用於生產條件相對穩定的企業的預算編制，而基本標準成本適用於生產條件經常發生變動的企業預算編制。

二、標準成本差異分析

標準成本作為一種預算成本，由於種種原因，在預算執行過程中可能與實際成本不符。實際成本與標準成本之間的差額成為標準成本差異，該差異反映了實際成本脫離預算程度的信息。為了消除這種偏差，要對產生的成本差異進行分析，找出責任單位及原因，提出對策，以便消除不利差異，保證預算目標的實現。

正如前面章節所指出的，從預算的角度來看，成本費用應該按照成本性態，區分為變動成本與固定成本。在標準成本差異分析中，也應該將生產成本區分為變動與固定兩個部分，並按照價格差異與數量差異進一步計算各類差異。

(一) 價格差異與數量差異分析

標準成本差異是產品的實際生產成本與標準成本之間的差額，其計算公式如下：

標準成本差異=產品的實際成本-產品的標準成本

如果上式的計算結果為正，表示實際成本大於標準成本，稱為不利差異；如果計算結果為負，表示實際成本小於標準成本，稱為有利差異。對於不利差異應該及時找出原因和相關的責任單位，提出進一步的改進措施，以便盡快消除；對於有利差異，也應及時總結經驗，鞏固成績。

標準成本差異首先可以分為價格差異和數量差異兩種。兩種差異的計算推導過程如下：

實際成本=實際數量×實際價格

標準成本=標準數量×標準價格

成本差異=實際成本-標準成本=實際數量×實際價格-標準數量×標準價格

=實際數量×實際價格-實際數量×標準價格+實際數量×標準價格-標準數量×標準價格

=實際數量×（實際價格-標準價格）+（實際數量-標準數量）×標準價格

=價格差異+數量差異

即價格差異=實際數量×（實際價格-標準價格），而數量差異=（實際數量-標準數量）×標準價格。

掌握標準成本時，應記住一個規則：價差對應的是實際數量，量差對應的是標準價格。計算的過程中應考慮「先價差后量差」的原則。

(二) 變動成本差異分析

成本會計中，按照經濟用途可以將成本費用分為直接材料、直接人工和製造費用，其中直接材料和直接人工屬於變動成本，製造費用可以進一步分為變動製造費用和固定製造費用。本部分首先對變動成本部分即直接材料、直接人工、變動製造費用的成本差異，在價格差異和數量差異的基礎上進行分析。

1. 直接材料成本差異分析

直接材料實際成本與標準成本的差異之間的差額，即為直接材料成本差異。其差異成因有二，一是價格脫離標準，二是數量脫離標準。前者按實際用量計算，稱為價格差異，后者按標準價格計算，稱為數量差異。

直接材料價格差異=實際數量×（實際價格-標準價格）

直接材料數量差異=（實際數量-標準數量）×標準價格

【例 9-3】ABC 公司本月生產產品 400 件，使用材料 2,500 千克，材料單價 0.55 元/千克；直接材料的單位產品標準成本為 3 元，即每件產品用量標準為 6 千克/件，標準價格為 0.5 元/千克。

直接材料價格差異=2,500×（0.55-0.5）=125（元）

直接材料數量差異=（2,500-400×6）×0.5=50（元）

直接材料價格差異與數量差異之和，即為直接材料成本總差異。

直接材料差異=實際成本-標準成本=2,500×0.55-400×6×0.5=175（元）

直接材料差異=價格差異+數量差異=125+50=175（元）

直接材料區分價格差異與數量差異一方面是為找出責任單位，另一方面可以以此為基礎更準確地找到差異成因，為解決不利差異和預算的考核與獎懲提供意見。

（1）直接材料價格差異主要發生在採購過程中，主要由採購部門承擔責任，而不應由生產部門負責。採購部門未能按標準價格進貨的原因有很多，如供應商價格變動、未按經濟訂貨批量進貨、未能及時訂貨造成的緊急訂貨、人情採購中的舍近求遠使得運費和耗費增加、不必要的快速運輸方式、違反合同被罰款、承接緊急訂貨造成的額外採購等。

（2）直接材料數量差異是材料消耗過程中形成的，反映了生產部門成本控製的業績。材料數量差異形成的具體原因有很多，如操作疏忽造成的廢品增加、生產工人用料不精心、操作技術改進而節省了材料、新工人上崗造成多用料、機器或工具不使用造成的用料增加等。

（3）直接材料差異除了採購部門與生產部門可能承擔責任外，還需要進行具體分析與調查，方可明確最終原因和責任歸屬。可能關聯部門還有預算編制部門、質檢部門、研發部門等。

預算是對未來的預測與估計，如果預算編制有誤，標準制定過嚴或過鬆，都可能使得直接材料的標準數量和標準價格估計出現偏差，產生直接材料差異。因緊急訂貨造成的額外採購不僅是採購部門的問題，也和企業計劃部門有關係。此外，質監部門檢驗過嚴也可能造成實際成本的增加。

現實中，研發部門對於直接材料成本的影響可能是巨大的，設計環節腐敗問題其實是個很嚴重的問題，供應商通過買通企業設計人員在產品設計環節加入不同的產品，都會對材料成本造成巨大影響。

2. 直接人工成本差異分析

直接人工成本差異是指直接人工實際成本與標準成本之間的差額，它也可以區分為「價格差異」和「數量差異」兩部分。價差是指實際工資率脫離標準工資率的差異，稱為工資率差異；量差是指實際工時脫離標準工時的差異，稱為人工效率差異。

工資率差異=實際工時×（實際工資率−標準工資率）

人工效率差異=（實際工時−標準工時）×標準工資率

【例 9-4】ABC 公司本月生產產品 400 件，實際使用工時 890 小時，支付工資 4,539 元；直接人工的單位產品標準成本為 10 元，即每件產品標準工時為 2 小時，標準工資率為 5 元/小時。

工資率差異=890×（4,539÷890−5）=89（元）

人工效率差異=（890−400×2）×5=450（元）

直接人工成本差異=實際直接人工成本−標準直接人工成本=4,539−400×10=539（元）

直接人工成本差異=工資率差異+人工效率差異=89+450=539（元）

（1）工資率差異形成的原因包括直接生產工人升級或降級使用、獎懲制度不完善、工資進行調整、加班或使用臨時工、出勤率變化等，原因複雜需要我們進行細緻分析。一般而言，該差異由人力資源部承擔，當然也有生產部門、計劃部門及其他部門的責任。

（2）人工效率差異形成的原因包括工作環境不良、工人經驗不足、勞動情緒不佳、新工人上崗太多、機器或工具選用不當、設備故障率較多、作業計劃安排不當、產量過少而無法發揮批量節約優勢、產量不穩定影響穩定生產等。這些很多屬於生產部門的責任，但是也不絕對，如採購部門的材料質量問題、研發部門的生產設計問題、計劃部門的生產安排問題等也會造成這些差異。

3. 變動製造費用差異分析

變動製造費用差異是指實際變動製造費用與標準變動製造費用之間的差異，它也可以區分為「價格差異」和「數量差異」兩部分。價差是指變動製造費用的實際小時分配率脫離標準，按實際小時計算的金額反映耗費水平的高低，稱之為變動製造費用耗費差異；量差是指實際工時脫離標準工時，按標準的小時費用率計算確定金額反映工作效率變化引起的費用節約或超支，稱之為變動製造費用效率差異。

變動製造費用耗費差異=實際工時×（變動製造費用實際分配率−變動製造費用標準分配率）

變動製造費用效率差異=（實際工時−標準工時）×變動製造費用標準分配率

【例 9-5】ABC 公司本月生產產品 400 件，實際使用工時 890 小時，實際發生的變動製造費用為 1,958 元；變動製造費用的單位產品標準成本為 4 元，即每件產品標準工時為 2 小時，標準分配率為 2 元/小時。

變動製造費用耗費差異=890×（1,958÷890−2）=178（元）

變動製造費用效率差異=（890−400×2）×2=180（元）

變動製造費用成本差異=實際變動製造費用−標準變動製造費用=1,958−400×4

=358（元）

變動製造費用成本差異=變動製造費用耗費差異+變動製造費用效率差異=178+180=358（元）

（1）變動製造費用耗費差異，是實際支出與按實際工時和標準分配率計算的預算數之間的差額。由於后者承認實際工時是在必要的前提下計算出來的彈性預算數，因此該項差異反映耗費水平即小時業務量支出的變動製造費用脫離了標準。耗費差異是部門經理的責任，他們有責任將變動製造費用控製在彈性預算的限額之內。

（2）變動製造費用效率差異，是由於實際工時脫離了標準，多用工時導致了費用增加，因此其形成原因與直接人工效率差異相同，責任歸屬也相同。

（三）固定成本差異分析

標準成本中的固定成本主要指固定製造費用，差異分析方法有兩種，即二因素分析法和三因素分析法。

1. 二因素分析法

二因素分析法是將固定製造費用分為耗費差異和能量差異兩類。

固定製造費用耗費差異=固定製造費用實際數-固定製造費用預算數

固定製造費用能量差異=固定製造費用預算數-固定製造費用標準成本=固定製造費用標準分配率×設計生產能量-固定製造費用標準分配率×實際產量標準工時=（設計生產能量-實際產量標準工時）×固定製造費用標準分配率

【例9-6】ABC公司本月生產產品400件，發生固定製造費用1,424元，實際工時為890小時，企業設計生產能力為500件即1,000小時；每件產品固定製造費用標準成本為3元，即每件產品標準工時2小時，標準分配率為1.5元/小時。

固定製造費用耗費差異=1,424-1,000×1.5=-76（元）

固定製造費用能量差異=1,000×1.5-400×2×1.5=300（元）

固定製造費用成本差異=實際固定製造費用-標準固定製造費用=1,424-400×3=224（元）

固定製造費用成本差異=固定製造費用耗費差異+固定製造費用能量差異=-76+300=224（元）

2. 三因素分析法

三因素分析法是將固定製造費用成本差異中的能力差異細分為閒置能量差異和效率差異兩種，最終將總差異分為耗費差異、閒置能量差異、效率差異三部分。

固定製造費用閒置能量差異=固定製造費用預算數-實際工時×固定製造費用標準分配率=（生產能量-實際工時）×固定製造費用標準分配率

固定製造費用效率差異=（實際工時-實際產量標準工時）×固定製造費用標準分配率

依【例9-6】資料：

固定製造費用閒置能量差異=（1,000-890）×1.5=165（元）

固定製造費用效率差異＝（890－400×2）×1.5＝135（元）

固定製造費用能量差異＝閒置能量差異＋效率差異＝165＋135＝300（元）

三、標準成本的帳務處理

作為一種內部管理手段，不同企業對標準成本進行帳務處理的方式不同。有的企業僅將標準成本作為統計資料處理，並不記入帳簿，作為提供財務控製的有關信息。但是，把標準成本納入帳簿體系不僅可以簡化記帳手續、提高成本計算的質量和效率，還可以將成本預算、成本核算、成本控製、成本分析有機結合，提高預算管理水平。

（一）標準成本帳務處理的特點

為了同時提供標準成本、實際成本和成本差異的信息，標準成本的帳務處理具有以下三個特點：

1. 標準成本的帳戶設置

從預算管理的角度來看，存貨分為採購期存貨、生產期存貨和銷售期存貨，標準成本法下的帳務處理主要包括前兩個階段的存貨。與實際成本法不同，從原材料到產成品的流轉過程，標準成本法均使用標準成本，其涉及的帳戶包括「原材料」「生產成本」和「庫存商品」。

在這一點上，標準成本法與計劃成本法不同。計劃成本法下只有「原材料」用計劃成本核算，實際成本脫離計劃的差異在月末要結轉到「生產成本」等帳戶中，從而保證資產負債表和利潤表按實際成本而不是計劃成本計量。

2. 成本差異的帳戶設置

標準成本法下，原材料、生產成本和庫存商品科目使用標準成本計量，實際成本與標準成本的差額即成本差異有很多分類。由於固定製造費用的計算可以採用二因素分析法和三因素分析法兩種，因此成本差異可以分為八種或九種。本章后面的例題採用三因素分析法分析固定製造費用成本差異，因此需要設置九個成本差異帳戶，即「直接材料價格差異」「直接材料數量差異」「直接人工工資率差異」「直接人工效率差異」「變動製造費用耗費差異」「變動製造費用效率差異」「固定製造費用耗費差異」「固定製造費用閒置能量差異」「固定製造費用效率差異」。

為了便於分析、控製與考核，各成本差異帳戶在實踐中可以按責任中心設置明細帳，分別記錄各部門的各種成本差異。

3. 會計期末對成本差異的帳務處理

各成本差異帳戶的累計發生額，反映了財務預算與控製的業績。企業在月末或年末對成本差異的處理方法有兩種：

（1）結轉本期損益法。

在此方法下，可以在會計期末將所有差異直接轉入「本年利潤」帳戶中，也可以先將差異轉入「主營業務成本」帳戶，再隨同已經銷售產品的標準成本一起轉至

「本年利潤」帳戶。

採用這種方法的假設前提是企業確信標準成本是真正的正常成本，成本差異是由不正常的低效率和浪費造成的，應當直接體現在當期損益之中，使利潤能體現企業當期業績的好壞。此外，這種方法的帳務處理相對簡便。

但是，如果制定的標準成本不符合實際的正常水平從而差異數額較大，則不僅會使存貨成本嚴重脫離實際成本，而且會歪曲本期經營成果。因此，如果預算水平不高或處在建立預算體系的前期，企業成本差異較大，不適合採用此法。

（2）分攤法。

在此方法下，在會計期末將成本差異按比例在已經銷售產品和存貨成本之間分攤，由存貨成本承擔的差異反映在差異帳戶的期末餘額上。

採用這種方法的依據是稅法和會計準則均要求以實際成本反映存貨成本和銷貨成本。本期發生的成本差異，應由存貨和銷貨成本共同承擔。

當然，這種方法會增加會計核算的工作量和主觀性。此外，有些費用計入存貨並不一定合理，例如固定製造費用閒置能量差異是一種損失，並不能在未來換取收益，作為資產計入存貨明顯不合理，作為期間費用或損失計入當期損益更加合理。

成本差異的帳務處理方法選擇要考慮很多因素，包括差異的類型（材料、人工和製造費用）、差異的大小、差異的成因、差異的時間（如季節性變動引起的非常性差異）等。因此，可以對各種成本差異採用不同的會計處理方法，如材料價格差異一般採用分攤法，由存貨成本和銷售成本共同承擔，而固定製造費用閒置能量差異一般採用結轉本期損益法，其他差異則可因企業的具體情況而定。需要強調的是，差異處理方法應該保持一貫性原則，以便使成本數據保持可比性，避免信息使用者發生誤解。

四、標準成本法計算及帳務處理程序

下面通過舉例說明的方式講述標準成本的帳務處理程序。

（一）已知條件

1. 費用預算

生產能量 4,000 小時；變動製造費用 6,000 元，即變動製造費用標準分配率為 1.5 元/小時；固定製造費用 4,000 元，即固定製造費用標準分配率為 1 元/小時；變動銷售費用 2 元/件，固定銷售費用 24,000 元，管理費用 3,000 元。

2. 單位產品標準成本

直接材料 30 元（100 千克×0.3 元/千克）；直接人工 32 元（8 小時×4 元/小時）；

變動製造費用 12 元（8 小時×1.5 元/小時）；固定製造費用 8 元（8 小時×1 元/小時）；

單位標準成本為 82 元。

3. 生產及銷售情況

(1) 本月初在產品存貨50件，原材料一次投入，其他成本項目採用約當產量法，在產品約當完工產品的系數為0.5。本月投產450件，完工入庫430件，月末在產品70件。

本月月初產成品存貨30件，本月完工入庫430件，本月銷售440件，月末產成品存貨20件。銷售單價125元/件。

(2) 原材料的購入與領用。

本月購入第一批原材料30,000千克，實際成本0.27元/千克，共計8,100元。

本月購入第二批原材料20,000千克，實際成本0.32元/千克，共計6,400元。

本月投產450件，領用原材料45,500千克。

(3) 直接人工工資。本月實際使用直接人工3,500小時，支付工資14,350元，平均4.10元/小時（14,350/3,500）。

(4) 變動製造費用。本月實際發生變動製造費用5,600元，實際費用分配率為1.6元/小時（5,600/3,500）。

(5) 固定製造費用。本月實際發生固定製造費用3,675元，實際費用分配率為1.05元/小時（3,675/3,500）。

(6) 本月發生變動銷售費用968元，固定銷售費用2,200元，管理費用3,200元。

(二) 帳務處理程序

1. 直接材料的帳務處理

本月購入第一批原材料時，其標準成本、實際成本和成本差異計算過程如下：

標準成本 = 30,000×0.3 = 9,000（元）

實際成本 = 30,000×0.27 = 8,100（元）

直接材料價格差異 = 8,100−9,000 = −900（元）

其會計分錄如下：

①借：原材料	9,000	
貸：直接材料價格差異		900
應付帳款		8,100

本月購入第二批原材料時，其標準成本、實際成本和成本差異計算過程如下：

標準成本 = 20,000×0.3 = 6,000（元）

實際成本 = 20,000×0.32 = 6,400（元）

直接材料價格差異 = 6,400−6,000 = 400（元）

其會計分錄如下：

②借：原材料	6,000	
直接材料價格差異	400	
貸：應付帳款		6,400

本月投產450件時領用原材料45,500千克，由於原材料一次性投入，則從原材

料角度而言本月實際完成的約當產量就是 450 件，其標準成本、實際成本和成本差異計算過程如下：

標準成本＝450×100×0. 3＝13, 500（元）

實際成本＝45, 500×0. 3＝13, 650（元）

直接材料價格差異＝13, 650－13, 500＝150（元）

其會計分錄如下：

③借：生產成本　　13, 500

　　直接材料數量差異　　150

　貸：應付帳款　　13, 650

通過上述分析，可以印證前面談到的「先價差后量差」原則，價格差異使用實際數量，數量差異使用標準價格。

2. 直接人工的帳務處理

直接人工的帳務處理分兩步，第一步是工資的發放，第二步是將工資計入生產成本。

假定當月工資當月發放，其帳務處理如下：

④借：應付職工薪酬　　14, 350

　貸：銀行存款　　14, 350

為了確定應記入「生產成本」帳戶的標準成本數額，需要從直接人工的角度計算本月實際完成的約當產量，約當產量、標準成本、實際成本和成本差異計算過程如下：

約當產量＝70×0. 5+430－50×0. 5＝440（件）

標準成本＝440×8×4＝14, 080（元）

實際成本＝3, 500×4. 1＝14, 350（元）

直接人工成本差異＝14, 350－14, 080＝270（元）

直接人工工資率差異＝3, 500×（4. 1－4）＝350（元）

直接人工效率差異＝（3, 500－440×8）×4＝－80（元）

其帳務處理如下：

⑤借：生產成本　　14, 080

　　直接人工工資率差異　　350

　貸：應付職工薪酬　　14, 350

　　直接人工效率差異　　80

3. 變動製造費用的帳務處理

變動製造費用的帳務處理也分為兩步，即變動製造費用的歸集與分配。

變動製造費用的歸集的帳務處理如下：

⑥借：變動製造費用　　5, 600

　貸：各相關帳戶　　5, 600

約當產量、標準成本、實際成本和成本差異計算過程如下：

約當產量＝70×0.5+430−50×0.5＝440（件）

標準成本＝440×8×1.5＝5,280（元）

實際成本＝3,500×1.6＝5,600（元）

變動製造費用成本差異＝5,600−5,280＝320（元）

變動製造費用耗費差異＝3,500×（1.6−1.5）＝350（元）

直接人工效率差異＝（3,500−440×8）×1.5＝−30（元）

其帳務處理如下：

⑦借：生產成本	5,280	
變動製造費用耗費差異	350	
貸：變動製造費用		5,600
變動製造費用效率差異		30

4. 固定製造費用的帳務處理

固定製造費用的帳務處理也分為兩步，即固定製造費用的歸集與分配。

製造費用的歸集的帳務處理如下：

⑧借：固定製造費用	3,675	
貸：各相關帳戶		3,675

由於固定製造費用與產量無關，故不需要計算約當產量，其標準成本、實際成本和成本差異計算過程如下：

標準成本＝440×8×1＝3,520（元）

實際成本＝3,500×1.05＝3,675（元）

固定製造費用成本差異＝3,675−3,520＝155（元）

固定製造費用耗費差異＝3,675−4,000＝−325（元）

固定製造費用閒置能量差異＝（4,000−3,500）×1＝500（元）

固定製造費用效率差異＝（3,500−440×8）×1＝−20（元）

其帳務處理如下：

⑨借：生產成本	3,520	
固定製造費用閒置能量差異	500	
貸：固定製造費用		3,675
固定製造費用耗費差異		325
固定製造費用效率差異		20

5. 產成品入庫的帳務處理

本月完工產成品的標準成本＝430×82＝35,260（元），其帳務處理如下：

⑩借：庫存商品	35,260	
貸：生產成本		35,260

6. 產品銷售的帳務處理

本月銷售收入＝440×125＝55, 000（元）

⑪借：應收帳款	55, 000	
貸：主營業務收入		55, 000

同時結轉營業成本＝440×82＝36, 080（元），其帳務處理如下：

⑫借：主營業務成本	36, 080	
貸：庫存商品		36, 080

7. 銷售費用與營業費用的帳務處理

標準成本法下，銷售費用和營業費用這兩種經營費用是按實際成本計量的，因此其帳務處理如下：

⑬借：變動銷售費用	968	
固定銷售費用	2, 200	
管理費用	3, 200	
貸：各相關帳戶		6, 368

8. 結轉成本差異的帳務處理

假定企業採用「結轉本期損益法」處理成本差異，則其帳務處理如下：

⑭借：主營業務成本	395	
直接材料價格差異	500	
直接人工效率差異	80	
變動製造費用效率差異	30	
固定製造費用耗費差異	325	
固定製造費用效率差異	20	
貸：直接材料數量差異		150
直接人工工資率差異		350
變動製造費用耗費差異		350
固定製造費用閒置能量差異		500

上述結轉過程可見圖 9-1。

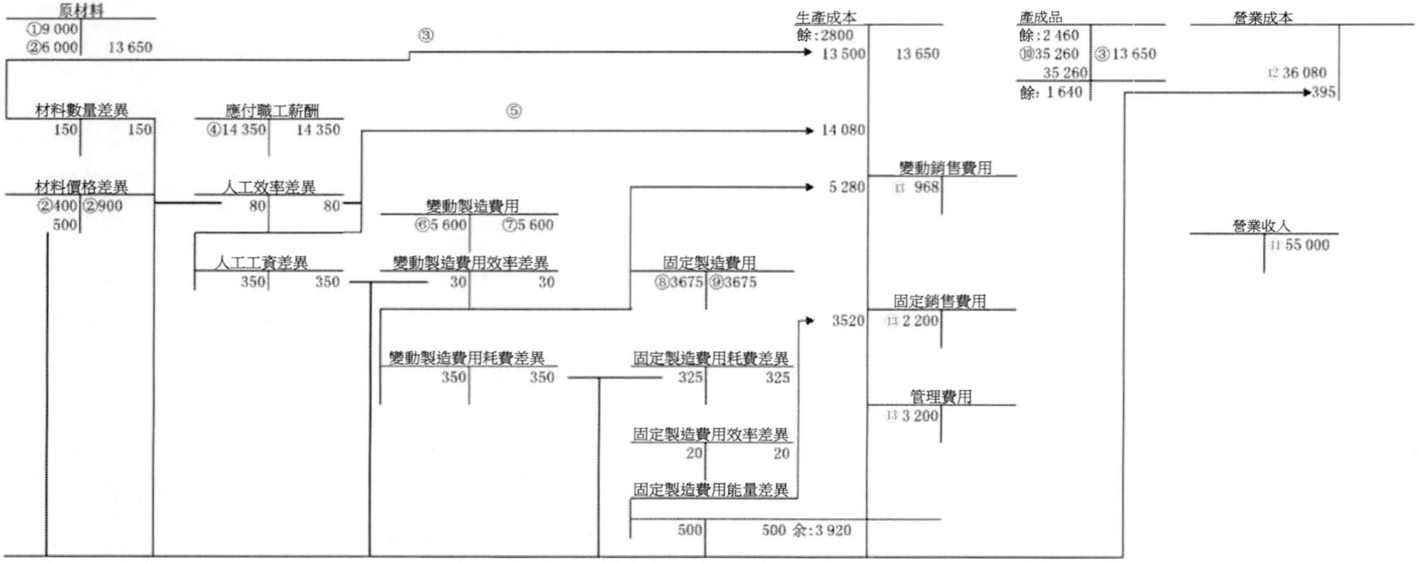

图 9-1 標準成本系統帳務處理程序

國家圖書館出版品預行編目(CIP)資料

財務預算與控制 / 江濤 編著. -- 第一版.
-- 臺北市 : 崧博出版 : 崧燁文化發行, 2018.09

面 ; 公分

ISBN 978-957-735-429-7(平裝)

1.財務管理 2.預算控制

494.7 107014891

書　名：財務預算與控制

作　者：江濤 編著

發行人：黃振庭

出版者：崧博出版事業有限公司

發行者：崧燁文化事業有限公司

E-mail：sonbookservice@gmail.com

粉絲頁　　　網　址：

地　址：台北市中正區重慶南路一段六十一號八樓 815 室

8F.-815, No.61, Sec. 1, Chongqing S. Rd., Zhongzheng Dist., Taipei City 100, Taiwan (R.O.C.)

電　話：(02)2370-3310 傳　真：(02) 2370-3210

總經銷：紅螞蟻圖書有限公司

地　址：台北市內湖區舊宗路二段 121 巷 19 號

電　話：02-2795-3656　傳真：02-2795-4100　網址：

印　刷：京峯彩色印刷有限公司（京峰數位）

定價：400 元

發行日期：2018 年 9 月第一版

◎ 本書以POD印製發行